U0393623

大型同步调相机组
运维检修技术丛书

技术监督

国家电网有限公司◎组编

中国电力出版社
CHINA ELECTRIC POWER PRESS

内 容 提 要

本书是《大型同步调相机组运维检修技术丛书》的《技术监督》分册，主要内容包括大型同步调相机组技术监督管理，绝缘、励磁和静止变频器系统、继电保护、直流电源系统、热工仪表及控制系统、机务、化学、环境、金属的技术监督，以及消防技术监督的要求与实践，共计十一章。

本书适用于大型同步调相机组的技术监督工作，也可供相关专业大中院校师生参考。

图书在版编目（CIP）数据

大型同步调相机组运维检修技术丛书. 技术监督/国家电网有限公司组编. —北京：中国电力出版社，2024.1

ISBN 978-7-5198-7701-9

Ⅰ. ①大… Ⅱ. ①国… Ⅲ. ①同步补偿机－电力系统运行－技术监督 ②同步补偿机－设备检修－技术监督 Ⅳ. ①TM342

中国国家版本馆 CIP 数据核字（2023）第 057091 号

出版发行：中国电力出版社
地　　址：北京市东城区北京站西街 19 号（邮政编码 100005）
网　　址：http://www.cepp.sgcc.com.cn
责任编辑：吴　冰（010-63412356）
责任校对：黄　蓓　李　楠
装帧设计：赵丽媛
责任印制：石　雷

印　　刷：北京九天鸿程印刷有限责任公司
版　　次：2024 年 1 月第一版
印　　次：2024 年 1 月北京第一次印刷
开　　本：787 毫米×1092 毫米　16 开本
印　　张：21
字　　数：426 千字
印　　数：0001—1500 册
定　　价：158.00 元

序　言

　　近年来，在"双碳"目标下，我国新能源产业发展迅速，为将风、光等清洁能源从西、北部大规模输送到电能需求巨大的中、东部地区，我国特高压直流工程建设步伐进一步加快。随着特高压直流工程的大规模建设投产，电力系统网架结构和运行特性已发生较大变化。高比例新能源的发展改变了传统电力系统以火力发电为主的运行方式。在新能源送出地区，转动惯量的降低会对系统频率稳定造成影响；而在华东等负荷中心地区，大规模直流馈入和分布式新能源的蓬勃发展使本地常规电源空心化严重，系统动态无功储备不足引起的电压稳定问题日益突出。

　　为解决新能源消纳和特高压直流输电安全问题，2015 年 9 月，国家电网有限公司启动新一代大容量同步调相机项目。与静态无功补偿装置（STATCOM、SVC 等）相比，新一代大容量同步调相机具备优异的暂动态特性、较强的稳态无功调节能力，可以有效提高系统短路容量和转动惯量，为电网安全稳定运行提供有力保障。相比于对常规同步调相机进行扩容改造或利用常规发电机进行无功调节，新一代大容量同步调相机在电磁特性参数、机械性能指标、启动方式、非电量保护要求等方面有着更高要求，国内外没有现成的经验可以借鉴。秉持开拓创新理念，坚持需求导向，公司提出"暂动态特性优、安全可靠性高、运行维护方便"的技术要求，组织相关科研机构和设备厂家，在系统无功需求、整体设计、装备研发、性能验证、工程建设、调试试验、运维检修等方面开展了大量研究及验证工作，取得了一系列突破性研究成果，建立了完善的调相机技术支撑体系。2017 年 12 月，世界首台 300Mvar 全空冷新型调相机在扎鲁特换流站顺利投运，截至 2024 年 1 月，已有 19 站 43 台新型大容量调相机投运。

　　为总结和传播"新一代大容量同步调相机"项目在特高压直流输电工程的应用成果，国家电网有限公司组织编写了《大型同步调相机组运维检修技术丛书》，全面介绍新一代大容量同步调相机的相关理论、设备与工程技术，希望能够对大型同步调相机的研究、设计和工程实践提供借鉴，为科研和工程技术人员的学习提供有益的帮助。

随着我国新型电力系统的持续建设，新能源在电力系统中的占比将继续提高，电网电压稳定和转动惯量需求会更高。新一代大容量同步调相机的大规模工程应用，将会在提升电网跨区输电能力和支撑新能源消纳方面发挥重要作用。未来，在电网公司、制造厂家和科研机构的共同努力下，通过对调相机理论、技术、装备、工程等方面持续开展更加深入的研究和探索，必将促进调相机技术的迭代更新和质量升级，调相机在我国电力系统中的应用前景将更加广阔。

国家电网有限公司副总经理

2024 年 1 月

前　言

随着新型能源体系加快规划建设，新型电力系统新能源占比逐渐提高，清洁电力资源大范围优化配置持续有序推进。新一代大型调相机作为保障清洁能源输送的重要电网设备，能进一步提高电网安全稳定运行水平和供电保障能力。目前，调相机也正向着高可靠、高自动化方向发展。新技术、新设备、新工艺、新材料应用逐年迭代更新，相关运维管理、技术监督和专业技术发展也是日新月异。因此为提高从业人员知识的深度与广度，提升掌握新技术、新工艺的能力，达到一岗多能的要求，特编制《大型同步调相机组运维检修技术丛书》。

丛书包括《运行与维护》《检修与试验》《技术监督》《基础知识问答》《典型问题分析》五个分册，可供从事调相机设计、安装、调试、运行、检修及管理工作的专业技术人员阅读，或作为培训教材使用。

《技术监督》是丛书的第三分册，调相机技术监督作为确保调相机设备安全、稳定、经济运行的重要手段，实行从规划可研、工程设计、采购制造、运输安装、调试验收、运维检修到退役报废的全过程、全专业技术监督，认真贯彻执行国家、行业及国家电网有限公司有关技术标准和预防设备事故措施在各阶段的执行落实情况，分析评价调相机各设备和系统的健康状况、运行风险和安全水平，及时发现并消除调相机设备缺陷，制定反事故措施及隐患治理方案，不断提高调相机设备安全运行稳定水平。

全书共有十一章，第一章介绍了调相机技术监督管理的有关内容，内容包括：说明调相机技术监督的定义、意义与作用、发展现状，提出优化调相机技术监督管理的有关措施，介绍调相机技术监督管理三级网络和主要工作内容。第二章至第十一章分别介绍了绝缘、励磁和 SFC 系统、继电保护、直流电源、热工、机务、化学、环境保护、金属、消防等十个调相机重点专业的技术监督内容，内容包括：说明专业技术监督的任务、范围和执行依据，列出专业技术监督必备的档案记录和监督报表，讲解在开展专业技术监督的过程中应重点关注的有关内容，在各章最后一节介绍调相机各专业领域的有关技术知识，拓宽技术监督人员专业知识面。

希望本书能成为调相机技术监督工作人员的工具书，对调相机技术监督工作有所帮助，为提高调相机技术监督水平发挥积极作用。

由于编者水平和搜集的资料有限，且编写时间仓促，书中缺点和谬误在所难免，如有任何意见和问题，欢迎读者批评指正，以便在日后的版本修订中加以完善。

编　者

2023 年 8 月

序言

前言

第一章　大型调相机组技术监督管理 ···1

　　第一节　大型调相机组技术监督概述 ·····································1

　　第二节　大型调相机组技术监督管理提升措施 ·······················4

　　第三节　大型调相机组技术监督管理内容 ·····························7

第二章　绝缘技术监督 ···15

　　第一节　绝缘技术监督概述 ···15

　　第二节　绝缘技术监督执行资料 ·······································19

　　第三节　绝缘技术监督重点内容 ·······································20

　　第四节　绝缘技术监督诊断试验 ·······································46

第三章　励磁和静止变频器系统技术监督 ·······························64

　　第一节　励磁和SFC系统技术监督概述 ································64

　　第二节　励磁和SFC系统技术监督执行资料 ··························67

　　第三节　励磁和SFC系统技术监督重点内容 ··························69

　　第四节　励磁和SFC系统静、动态试验监督要求 ·····················88

第四章　继电保护技术监督 ···103

　　第一节　继电保护技术监督概述 ······································103

　　第二节　继电保护技术监督执行资料 ··································107

　　第三节　继电保护技术监督重点内容 ··································109

　　第四节　继电保护技术监督管理与技术提升 ····························122

第五章　直流电源系统技术监督 ·· 130

　　第一节　直流电源系统技术监督概述 ······························· 130

　　第二节　直流电源系统技术监督执行资料 ······················· 134

　　第三节　直流电源系统技术监督重点内容 ······················· 136

　　第四节　直流电源系统重点试验 ··································· 150

第六章　热工仪表及控制系统技术监督 ···························· 156

　　第一节　热工仪表及控制系统技术监督概述 ····················· 156

　　第二节　热工仪表及控制系统技术监督执行资料 ················· 159

　　第三节　热工仪表及控制系统技术监督重点内容 ················· 161

　　第四节　热工系统在改造优化过程中的注意事项 ················· 180

第七章　机务技术监督 ·· 186

　　第一节　机务技术监督概述 ······································· 186

　　第二节　机务技术监督执行资料 ··································· 188

　　第三节　机务技术监督重点内容 ··································· 190

　　第四节　调相机常见振动故障及处理 ······························· 205

第八章　化学技术监督 ·· 213

　　第一节　化学技术监督概述 ······································· 213

　　第二节　化学技术监督执行资料 ··································· 216

　　第三节　化学技术监督重点内容 ··································· 218

　　第四节　其他水处理技术及仪表校验 ······························· 236

第九章　环境保护技术监督 ··· 245

　　第一节　环境保护技术监督概述 ··································· 245

　　第二节　环境保护技术监督执行资料 ······························· 247

　　第三节　环境保护技术监督重点内容 ······························· 249

　　第四节　噪声检测及水土保持监测 ································· 256

第十章　金属技术监督 ·· 261

　　第一节　金属技术监督概述 ······································· 261

第二节　金属技术监督执行资料 ································· 264

第三节　金属技术监督重点内容 ································· 265

第四节　无损检测技术介绍 ···································· 279

第十一章　消防技术监督的要求与实践 ··············· 287

第一节　消防技术监督概述 ···································· 287

第二节　消防技术监督重点内容 ································· 292

第三节　消防技术监督推荐性试验 ······························ 311

第一章

大型调相机组技术监督管理

随着我国新一代大型调相机工程的陆续投运，加强调相机设备管理已成为维护大电网安全稳定运行的重要工作内容，同时也对调相机技术监督管理提出了更高要求。调相机技术监督是保证调相机工程建设质量、发挥调相机设备性能、促进调相机运行安全优化、支撑大电网运行安全稳定的重要手段之一，也是电网安全生产技术管理的一项重要基础工作。因此，要对调相机工程建设及运行维护等开展全过程、全方位技术监督，认真贯彻执行国家、行业及企业相关制度标准与反事故措施，及时发现和消除调相机设备缺陷隐患，分析故障事故并制定有效预防措施，不断提高调相机运行的安全可靠性。

第一节 大型调相机组技术监督概述

一、调相机技术监督的定义

调相机技术监督是指在调相机规划可研、工程设计、采购制造、运输安装、调试验收、运维检修、退役报废等全过程中，采用有效的检测、试验和抽查等手段，监督国家、行业及企业有关技术标准和预防设备事故措施在各阶段的执行落实情况，分析评价调相机各设备和系统的健康状况、运行风险和安全水平，并反馈到规划、设计、建设、运检、物资、调度等部门，以确保调相机设备安全可靠经济运行。

调相机技术监督工作以提升调相机全过程管理水平为中心，在绝缘、励磁、静止变频器（SFC）、继电保护、直流电源、热工仪表、控制系统、机务、化学、环境保护、金属、消防等专业技术监督工作基础上，以调相机各设备和系统为对象，依据技术标准和预防事故措施并充分考虑实际情况，采用检测、试验和抽查等多种手段，全过程、全方位、全覆盖地开展技术监督工作。

调相机技术监督工作实行统一制度、统一标准、统一流程、依法监督和分级管理的原则，坚持技术监督管理与技术监督执行分开、技术监督与技术服务分开、技术监督与日常设备管理分开，坚持技术监督工作独立开展。

总之，安全、质量和效益是调相机技术监督管理的主要目的。通过对调相机实行全过程技术监督管理，将调相机各设备和系统的使用寿命及消耗控制在合理范围内，用最小的投入获得最佳的效益和技术性能，是调相机技术监督管理的主要任务。

二、调相机技术监督的意义与作用

技术监督在保证调相机工程建设质量和发挥调相机设备性能等方面有着重要意义，在促进调相机运行安全优化、维护大电网安全运行稳定等方面发挥积极作用。调相机技术监督的意义主要体现在以下两个方面：

第一，技术监督是实现调相机精益化运维、标准化检修的基础。通过加强技术监督管理，把调相机的安装调试、运行检修等工作管控于规章制度的严格要求和监管之下，严格执行调相机监造及调试技术要求、交接和预防性试验规程、检修技术规范、验收及运行规程等，将"安全第一、预防为主"的安全生产工作理念真正融入每一项工作中。只有制定了严格的技术标准和规程并加以执行，才能在调相机工程实践中保证设备运行符合各项指标，有效减少调相机设备缺陷及故障发生频次，切实提升调相机设备安全稳定水平。

第二，技术监督工作能够在很大程度上展现我国新一代大型调相机工程的科技发展水平，并对促进大电网安全技术水平具有积极的意义和作用。提升调相机技术监督工作水平，会促进调相机工程领域的科技创新和技术进步，反过来又会促进调相机技术监督工作水平的提高，形成这样一种良性循环，能够有效促进我国新一代大型调相机工程的高质量持续发展。与此同时，调相机技术监督工作也会提高我国大电网安全技术水平，从而促进我国大电网安全稳定水平持续提升。

三、调相机技术监督的发展现状

（一）我国电力技术监督发展历程

新中国成立初期，我国的电力技术监督管理工作沿用苏联的技术，主要是对水、汽、油品质的化学监督及计量仪表监督，1954 年增加绝缘监督，20 世纪 50 年代后期，随着高温、高压汽轮发电机组的发展，又增加了金属监督。1963 年，水利电力部明确把电力设备技术监督作为电力生产技术管理的一项具体内容，主要包括四项监督：化学监督（水汽品质和油务监督）、绝缘监督（电气设备绝缘检查）、仪表监督（热工仪表及自动装置检查）、金属监督（高温高压管道与部件金属材料检查）。

20 世纪 90 年代，随着我国电力事业的不断发展，电力设备技术监督的范围、内容和工作要求也逐步得到扩充。在监督范围上，扩大为电能质量、金属、化学、绝缘、热工、电测、环保、继电保护、节能等 9 个方面。在监督内容和要求上，实行从工程设计、设备选型、监造、安装、调试、试生产及运行、检修、停（备）用、技术改造等电力建设与电力生产全过程的技术监督。21世纪初，随着电力技术水平的日益提高，新技术、新设备不断投入使用，为适应电网的发展和现代化安全生产管理的要求，实现安全生产要求与技术监督内容动态管理的有机结合，一些省级技术监督部门又陆续把励磁技术监督、锅炉技术监督和汽机技术监督加了进来，形成了比较规范的专业技术监督体系。

2002年厂网分离以后，发电侧与电网侧电力企业对技术监督工作更加重视。2003年4月21日，国家电网有限公司下发的《关于加强电力生产技术监督工作的意见》中明确提出技术监督"要根据技术发展和电网运行特性不断扩充、延伸和界定"，为电网技术监督工作的发展奠定了基础。近年来，随着我国经济社会的不断发展和电力需求的不断增长，电网技术监督管理体系和工作内容也不断完善，使得电网技术监督水平得到进一步提高。

（二）调相机技术监督工作不断发展

自2017年12月11日，我国首台新一代大容量300Mvar调相机在内蒙古±800kV扎鲁特换流站成功投运以来，国家电网有限公司高度重视调相机设备安全技术管理工作，努力提升调相机技术监督工作水平，积累了许多宝贵经验，取得了良好效果，具体表现如下：

（1）调相机技术监督管理水平不断提升。调相机设备在大电网安全稳定运行中提供了重要的支撑，因此国家电网有限公司近年来不断加强调相机设备管理，逐步提升调相机技术监督管理的水平，通过严格的监督和管理，不断提升调相机精益化运维水平和检修质量，并制定了一系列技术标准和规章制度，对调相机安全生产和质量监督进行严格管控。

（2）调相机安全生产水平和社会、经济效益相适应。安全是第一位的，任何行业都是如此，电力企业也不例外。安全可以说是电力行业的生命线，不能有任何差池或是踩线的行为。安全生产与企业的经济社会效益是相互制约、相关影响的，只有在安全生产的前提下才能实现企业的经济社会效益，也只有确保了企业的经济社会效益，才能为企业安全生产提供有效保障。

技术监督管理是保证调相机安全生产的重要手段之一，在调相机技术监督管理不断发展的条件下，调相机设备的安全生产水平得到了长足进步，为大电网安全稳定提供了有力支撑，调相机安全生产与经济社会效益逐步平衡。

（3）促进电力技术监督工作水平得到提升。在社会不断发展、技术不断进步、专业不断融合的背景下，电力行业与其他行业之间的联系也更加紧密了。调相机系统所包含的设备组部件复杂，技术监督管理既要符合国家电网有限公司技术监督管理体系的具体要求，又要积极吸收发电企业在大型旋转电机运行过程中积累的宝贵经验，同时还要符合国家有关环境保护、节能、消防安全等行业领域的最新政策要求。在调相机技术监督不断发展的趋势下，电网企业、发电企业与其他行业之间的技术监督也更加联系密切，并且促进了与其他行业之间的技术监督协调发展。

（三）调相机技术监督工作存在的不足

在我国特高压直流输电网规模不断扩大、电力技术装备水平不断发展进步的趋势下，新一代大型调相机工程的发展取得了一定成绩，但同时也暴露出一些问题：

（1）调相机工程前期技术监督力度不够。在早期的调相机工程建设过程中，由于当时的调相机技术标准体系不完善、技术人员经验不足、工程建设工期紧张等原因，对调相机工程设计审查、设备技术性能验证、工程建设质量把关等相关工作的监督力度不够，导致不能及时发现并处理问题。

（2）基建与生产之间监督协作机制衔接不畅。早期的大型调相机工程，在调相机基建阶段的图纸审查、技术规范把关、质检、验收等环节，由于技术人员存在水平上的差异和所用标准体系不完善等原因，基建和生产部门之间对某些问题存在不同的见解，导致部分缺陷遗留，在工程移交时造成不必要的纠纷。

（3）调相机技术监督评价与绩效考核未充分挂钩。在调相机安全生产与监督执行过程中，因技术监督工作评价与技术监督人员绩效考核之间未充分挂钩，导致有些技术监督人员工作积极性不高，缺乏主观能动性。长此以往，容易导致技术监督工作执行不到位，技术监督实施成效无法得到保证。例如，监督人员未深入把握有关技术标准和预防设备事故措施的精髓，现场开展检查工作时流于形式走过场，无法为调相机安全生产提供有益指导意见。生产人员对标准作业规范理解不深、简化工作程序，在需要对设备故障处理或运行状态进行详细记录时，未能对关键环节和异常状况有效记录，或者记录不完整，无法对设备进行故障溯源和设备运行状态的有效评估。

（4）调相机技术监督人员技术水平有待提高。厂网分离后，电网企业内掌握大型旋转电机技术的人才逐渐减少，加之专业技术人员培养周期漫长，难以跟上调相机大规模应用的发展脚步。目前调相机技术监督和生产管理一线人员中，具有相应理论知识和实践经验，能独立完成调相机设备运检技术分析和故障诊断工作的技术人才相对欠缺，导致调相机在建设生产过程中存在的一些安全隐患或设备问题不能及时发现，给后期运维和隐患治理造成一定影响。

第二节　大型调相机组技术监督管理提升措施

一、不断对技术监督管理体系进行完善

在调相机技术监督的全过程中，认真落实各方责任，建立并完善技术监督管理体系网络具有重要意义。调相机技术监督工作是一项涉及范围广、内容多且要求严的技术管

理工作，涉及各层级的生产管理部门以及各专业的相关生产技术人员。要想全面做好技术监督管理工作，各方必须全部参与、有效协调，有组织、有计划、有次序的推进并完成各项监督工作，这就要求必须从上到下建立各级技术监督管理网络，且网络要层次分明、职责清晰、落实到人。各级领导、生产技术人员、各专业技术监督人员都要相互配合、积极负责，各级技术管理部门要重视并且应用现代科学技术提高技术监督手段、协调一致，将动态管理、预（告）警和跟踪、检查评估考核、报告例会等工作落到实处。

实践经验表明，建立包括技术监督三级网络、技术监督管理部门和技术监督支撑部门的技术监督管理体系是开展技术监督比较好的方法。其中，由企业技术支撑单位负责开展调相机技术监督工作，按照国家、行业及企业有关技术标准和预防事故措施，对调相机建设、运维和检修等单位进行技术监督和指导，解决调相机建设、运维和检修等过程中的重大技术问题；技术监督管理部门负责制定调相机技术监督的工作范围和内容，按照国家、行业及企业的相关规定和技术监督管理制度开展技术监督管理工作，确保实现调相机技术监督工作目标；技术监督支撑部门由企业相关的研究部门或业务支撑机构承担具体工作任务，负责调相机技术监督工作的总结和改进。

二、制定技术监督标准，实现全过程技术监督

通过制定调相机全过程技术监督标准，对调相机全过程技术监督工作内容进行统一规范，明确界定规划可研、工程设计、采购制造、运输安装、调试验收、运维检修和退役报废等各阶段的工作标准，从而对调相机全寿命周期进行精准把控。

需要注意的是，调相机设备能否安全可靠的投入运行，在很大程度上取决于调相机工程建设质量的把控，而工程建设质量的好坏又与调相机设计技术标准、设备材料选型、制造安装工艺、基建施工质量和调试验收质量等环节密切相关。因此，在调相机设备投产前就严格开展技术监督工作是十分必要的。

调相机全过程技术监督工作内容主要有：

（1）在规划设计阶段，要严格落实国家、行业及企业有关调相机技术标准和预防事故措施的要求，严格审查调相机设计图纸、主辅设备选型等是否满足相关要求。

（2）在采购制造阶段，对调相机设备制造环节一定要监管到位，要重视调相机相关设备的驻厂监造、型式试验和出厂试验的技术监督工作，尤其对于调相机重要组部件及材料、关键试验项目和关键制造工艺，必须选派责任心强、技术过硬的专业技术人员对调相机制造过程中的重要工序工艺和试验测试等开展驻厂监造工作，从源头上严格管控调相机设备的生产加工质量。

（3）在安装调试阶段，要重视调相机设备安装调试全过程的旁站见证及记录工作，敦促施工单位提高现场施工水平，严格执行并落实交接验收规范及预防事故措施的有关要求，做好调相机工程竣工验收工作，提前跟踪隐蔽工程的施工质量，及时发现并通报

存在的缺陷和问题，下发技术监督工作告警单和整改通知书，明确整改实施方案和缺陷闭环时间，努力实现调相机工程"零缺陷"投产。

（4）在运维检修阶段，新建调相机在试运行期间，要认真记录调相机的电气、温度、油水介质流量和压力等各项运行参数，加强调相机试运行期间各主辅设备的巡检巡视，及时发现并消除试运行期间所暴露的各种缺陷问题，确保调相机设备不"带病"运行。调相机正式投运后，要严格执行调相机精益化运维和检修的有关要求，确保调相机设备安全稳定运行。

（5）在退役报废阶段，要重视对调相机相关设备及系统的使用寿命评估和技术改造工作。当调相机设备在运行过程中出现老化现象时，要加大技术监督评价力度，积极开展技术诊断和运行状态评估等工作，在保证调相机运行安全的前提下，综合考虑经济效益，对老旧的调相机设备进行技术改造，延长其使用寿命。对于维护成本高、运行可靠性差和经济效益低的老旧设备要及时停用报废。

三、加强调相机基建和生产之间沟通协调

作为调相机技术监督工作的归口部门，生产管理部门应组织调相机技术监督单位及时汇总调相机各专业相关技术标准、预防事故措施、主辅设备技术规范以及投产前应消除的缺陷隐患项目。积极开展集中宣贯、培训和学习，使调相机技术监督人员及时掌握有关技术标准规范和现场工作进展。还要联合其他有关部门对以往经常出现的问题进行深入分析和沟通协商，并最终达成达成共识。定期组织建设、施工和厂家等单位，按照国家、行业及企业有关技术标准、规范和反事故措施等有关文件，对调相机工程建设过程中出现的新问题、新缺陷进行分析，及时制定整改措施并加以改进，在保证调相机工程质量的前提下持续推进施工进度。

四、完善技术监督工作考评机制

应根据企业关于加强调相机设备管理的工作要求，完善并量化调相机技术监督工作考核机制。首先，要按照规定的工作计划对调相机技术监督人员的工作质量进行定期考评，可以将考核指标细化到个人，以"小指标"管理带动提升整体的工作质量。其次，可以引入反措执行率、缺陷消除率、隐患治理率、故障处理率、调相机运行可靠性等关键指标，对调相机可研规划、工程设计、采购制造、运输安装、调试验收、运维检修、退役报废等全过程中的技术监督进行约束与考核。最后，应将考核结果纳入对各单位（部门）的绩效考核体系，严格执行绩效奖惩，提高技术监督人员的工作主动性。

五、提高人员专业素养

技术监督人员应具备两方面的基本素质：思想品质和专业技术。想要做好调相机技

术监督工作，技术监督人员一定要有很强的责任心，对待工作认真负责，并且要有较强的专业技术能力，除了要有较丰富的工作经验外，技术监督人员还必须要有一定的理论功底。首先，要将技术培训工作纳入常态化管理，合理制定培训计划，分层次、分批次、分专业对技术监督人员开展定期培训；在提升调相机技术监督人员专业技术水平和技术监督意识的同时，最大限度降低对日常技术监督工作的影响。其次，要采用"请进来、送出去"的方式，针对调相机新工艺、新技术以及新方向等进行重点培训，拓宽技术监督人员专业眼界，着力提升技术监督工作创新能力。再次，要严格落实调相机设备主人制，加强调相机运维、检修技术人员的业务知识和岗位技能等方面的学习培训，扩展人才成长通道，鼓励兼职兼岗、轮值轮岗，培养复合型人才。最后，调相机技术监督队伍应相对稳定，以确保技术监督工作具有连续性。

六、推进调相机技术监督管理信息化发展

在信息技术不断发展的趋势下，技术监督管理正向着信息化迈进，不断推动调相机技术监督管理的规范化、信息化体系建设。要结合数字化换流站技术路线，运用大数据分析和故障远程诊断等先进技术，积极推进调相机综合监测和调相机远程预警分析等运维辅助平台的建设，实现调相机远程集中监视、早期故障预警、运行监督和应急响应支持。

第三节　大型调相机组技术监督管理内容

下面介绍国家电网有限公司大型调相机组技术监督管理有关内容。

一、调相机技术监督三级网络

国家电网有限公司大型调相机组技术监督实行三级网络管理。

国家电网有限公司层级设三级技术监督管理机制，即：公司总部为第一级，设技术监督领导小组和技术监督办公室（设在公司设备管理部）；国网调相机运检技术中心为第二级，设调相机技术监督专业机构；省电力公司为第三级。

省电力公司层级设三级技术监督管理机制，即：省电力公司为第一级，设省技术监督领导小组和技术监督办公室（设在省公司设备管理部）；省电力科学研究院等省级技术监督单位为第二级，设调相机技术监督专业机构；负责调相机日常运检工作的省超高压公司为第三级。

省超高压公司层级设三级技术监督管理机制，即：主管生产的部门（设在省超高压公司运检部）为第一级；加装调相机的换流站或变电站为第二级；换流站或变电站运维检修班组为第三级。

下面以国家电网有限公司为例，介绍调相机技术监督各级部门主要职责。

（一）公司总部主要职责

成立调相机技术监督领导小组和技术监督办公室，明确调相机技术监督工作归口管理的职能部门，统一管理公司的调相机技术监督工作。

（1）贯彻落实国家、行业及国家电网有限公司有关调相机技术监督的方针政策、法规、标准、规程、制度等。

（2）审议公司调相机技术监督相关规章制度，批准年度技术监督计划。

（3）裁定、统一公司调相机全过程管理各环节技术标准。

（4）审批公司调相机技术监督工作考核评比结果。

（5）协调解决公司调相机技术监督工作中的重大问题。

（6）指导公司各级调相机技术监督组织体系建设和日常管理。

（7）建立并完善公司调相机技术监督工作机制，协调相关部门和单位具体开展全过程调相机技术监督工作。

（8）组织制定公司调相机技术监督规章制度、工作规划与年度计划（含专项费用）。

（9）定期梳理分析公司调相机全过程管理各环节技术标准差异，提出统一技术标准建议。

（10）审批、发布公司调相机技术监督预警单、告警单、家族缺陷、预防事故措施。

（11）对公司各部门、各单位调相机技术监督工作开展情况提出考评意见。

（12）组织召开公司调相机技术监督工作例会和专项工作会议。

（13）建立健全调相机技术监督专家管理机制，组建并维护公司级技术监督专家库。

（二）国网调相机运检技术中心主要职责

国网调相机运检技术中心是国家电网有限公司调相机技术监督工作执行单位，负责国家电网有限公司调相机技术监督网的技术管理。

（1）贯彻执行国家、行业及国家电网有限公司有关调相机技术监督的方针、政策、法规、标准、制度等。

（2）在公司技术监督办公室的领导下，结合公司工作实际，开展公司调相机全过程技术监督。编制技术监督年度工作计划，定期向公司技术监督办公室汇报工作开展情况，报送技术监督分析报告和总结。

（3）在公司技术监督办公室的领导下，指导和规范省级电力科学研究院的技术监督工作。

（4）结合公司调相机工程发展、新设备、新技术应用情况，研究拓展调相机技术监督工作的范围和内容。

（5）分析比对技术标准差异，提出统一建议，并提交公司技术监督办公室。

（6）向公司技术监督办公室提交预警单、告警单或家族缺陷认定情况，并跟踪整改落实。

（7）参加公司调相机重大设备事故调查、故障分析。

（8）了解和掌握公司调相机工程的建设和运行状况，建立健全调相机设备的技术监督档案。

（9）研究和推广新技术，开展科技攻关，不断完善和丰富技术监督手段。

（10）协助公司技术监督办公室召开调相机技术监督工作会议和专项工作会议，开展技术监督工作交流和培训。

（三）省电力公司主要职责

成立调相机技术监督领导小组和技术监督办公室，在国家电网有限公司的统一领导下，做好省公司管辖范围内的调相机技术监督工作。

（1）贯彻落实国家、行业及国家电网有限公司各级技术监督方针政策、法规、标准、规程、制度等。

（2）批准省公司年度调相机技术监督计划，落实技术监督专项费用。

（3）梳理省公司调相机全过程管理各环节技术标准差异并提出修订建议。

（4）审批省公司调相机技术监督工作考核评比结果。

（5）协调解决省公司调相机技术监督工作中的重大问题。

（6）指导省公司各级调相机技术监督组织体系建设和日常管理。

（7）建立并完善省公司调相机技术监督工作机制，协调相关部门和单位具体开展全过程技术监督。

（8）组织制定省公司调相机技术监督工作规划与年度计划。

（9）定期梳理分析省公司调相机全过程管理各环节技术标准差异，提出统一技术标准建议。

（10）审批、发布省公司调相机技术监督预警单、告警单、家族缺陷、预防事故措施。

（11）对省公司各部门、各单位调相机技术监督工作开展情况提出考评意见。

（12）组织召开省公司调相机技术监督工作例会和专项工作会议。

（13）建立健全调相机技术监督专家管理机制，组建并维护省公司级技术监督专家库。

（四）省级技术监督单位主要职责

省级电力科学研究院等省级技术监督单位是省电力公司调相机技术监督的执行单位，负责省公司调相机技术监督网的技术管理。

（1）贯彻执行国家、行业及国家电网有限公司有关调相机技术监督的方针、政策、法规、标准、制度等。

（2）在省公司技术监督办公室的领导下，结合本单位工作实际，开展调相机全过程技术监督。编制技术监督年度工作计划，定期向省公司技术监督办公室汇报工作开展情况，报送技术监督分析报告和总结。

（3）结合省公司调相机工程发展、新设备、新技术应用情况，研究拓展调相机技术监督工作的范围和内容。

（4）分析比对技术标准差异，提出统一建议，并提交省公司技术监督办公室。

（5）向省公司技术监督办公室提交预警单、告警单或家族缺陷认定情况，并跟踪整改落实。

（6）参加省公司调相机重大设备事故调查、故障分析。

（7）了解和掌握省公司调相机工程的建设和运行状况，建立健全调相机设备的技术监督档案。

（8）研究和推广新技术，开展科技攻关，不断完善和丰富技术监督手段。

（9）协助省公司技术监督办公室召开调相机技术监督工作会议和专项工作会议，开展技术监督工作交流和培训。

（五）省超高压公司主要职责

省超高压公司作为调相机的日常运维单位，归口管理管辖范围内的调相机技术监督工作。

（1）贯彻落实国家、行业及国家电网有限公司各级调相机技术监督方针政策、法规、标准、规程、制度等。

（2）批准年度调相机技术监督计划，落实技术监督专项费用。

（3）审批调相机技术监督工作考核评比结果。

（4）协调解决管辖范围内的调相机技术监督工作中的重大问题。

（5）负责省超高压公司各级调相机技术监督组织体系建设和日常管理。

（6）建立并完善省超高压公司调相机技术监督工作机制，协调相关部门和单位具体开展全过程技术监督。

（7）组织制定省超高压公司调相机技术监督工作规划与年度计划。

（8）审批、发布省超高压公司调相机技术监督预警单和告警单。

（9）对省超高压公司各部门、各单位调相机技术监督工作开展情况提出考评意见。

（10）组织召开省超高压公司调相机技术监督工作会议和专项工作会议。

（11）建立健全技术监督专家管理机制，组建并维护地市公司级（省超高压公司）技术监督专家库。

（六）换流站/变电站主要职责

建立健全调相机技术监督网和监督人员责任制。执行上级有关调相机技术监督的各项规章制度和工作要求，组织开展本站（班组）相关技术监督工作。实施所辖调相机各相关设备全过程技术监督，掌握设备运行状况，参加设备事故调查分析，落实反事故措施。

二、调相机技术监督主要内容

调相机技术监督贯穿规划可研、工程设计、设备采购、设备制造、设备验收、设备安装、设备调试、竣工验收、运维检修、退役报废等全过程，在电气设备性能、励磁和静止变频器（SFC）、继电保护、直流电源、热工仪表和自动控制、机务、化学、环境保护、金属、消防安全等各个专业方面，对调相机设备的健康水平和安全、质量、经济运行方面的重要参数、性能和指标，以及生产活动过程进行监督、检查、调整及考核评价。

（一）全过程技术监督内容

（1）规划可研阶段：监督规划可研相关资料是否满足国家电网有限公司有关规划可研标准、设备选型标准、预防事故措施、差异化设计要求等。

（2）工程设计阶段：监督工程设计图纸、施工图纸、设备选型等内容是否满足国家电网有限公司有关工程设计标准、设备选型标准、预防事故措施、差异化设计要求等。

（3）设备采购阶段：依据采购标准和有关技术标准要求，监督设备招、评标环节所选设备是否符合安全可靠、技术先进、运行稳定、高性价比的原则。对明令停止供货（或停止使用）、不满足预防事故措施、未经鉴定、未经检测或检测不合格的产品，技术监督办公室以告警单形式提出书面禁用意见。

（4）设备制造阶段：监督调相机设备制造过程中订货合同和有关技术标准的执行情况，必要时可派监督人员到制造厂采取过程见证、部件抽测、试验复测等方式开展专项技术监督。

（5）设备验收阶段：设备验收阶段分为出厂验收和现场验收。出厂验收阶段，监督调相机设备制造工艺、装置性能、检测报告等是否满足订货合同、设计图纸、相关标准和招投标文件要求；现场验收阶段，依据国家电网有限公司现场交接验收有关要求，监督调相机设备供货单与供货合同及实物一致性等。

（6）运输储存阶段：监督调相机相关设备运输、储存过程中相关技术标准和反事故措施的执行情况。

（7）安装调试阶段：依据相关施工验收规范标准，监督安装单位及人员资质、工艺控制资料、安装过程是否符合相关规定，对重要工艺环节开展安装质量抽检；在调相机相关设备单体调试、系统调试、系统启动调试过程中，监督调试方案、重要记录、调试仪器设备、调试人员是否满足相关标准和预防事故措施的要求。

（8）竣工验收阶段：对前期各阶段技术监督发现问题的整改落实情况进行监督检查。调相机设备投产前，技术监督办公室应结合调相机工程竣工验收，组织开展现场技术监督，编写《调相机工程投产前技术监督报告》，并作为调相机工程验收依据之一，与调相机工程竣工资料一起存档。

（9）运维检修阶段：监督调相机设备状态信息收集、综合评价、检修策略制定、检修计划编制、检修实施和绩效评价等工作中相关技术标准和预防事故措施的执行情况。

（10）退役报废阶段：监督调相机相关设备部件退役报废处理过程中相关技术标准和预防事故措施的执行情况。

（二）调相机重点专业的技术监督内容

在执行国家电网有限公司技术监督管理规定的基础上，调相机技术监督应重点关注以下专业内容：

（1）绝缘监督。调相机电气设备的绝缘强度，包括调相机本体、封闭母线、出口电压设备、在线监测装置等电气设备。

（2）励磁和静止变频器（SFC）系统监督。调相机励磁系统、静止变频器（SFC）系统的控制特性、功能。

（3）继电保护监督。调相机继电保护和安全自动装置及其投入率、动作正确率；继电保护及安全自动装置二次回路所涉及的电气量和非电气量继电器；换流站/变电站的站用电系统保护、调变组及其元器件保护，静止变频器（SFC）系统保护、备用电源自投装置、同期装置与故障录波装置等；调相机继电保护及安全自动装置涉及的公用交流电流和电压回路、直流控制和信号回路、保护的开入和开出回路、接地回路等。

（4）直流电源系统监督。调相机直流电源系统的蓄电池组、直流电源充电装置、保护级空气开关、绝缘监查装置、蓄电池巡检装置等电气设备的性能及状况。

（5）热工仪表及控制系统监督。调相机各类温度、压力、液位、流量测量仪表、装置、变换设备及回路计量性能，及其量值传递和溯源；热工计量标准；控制系统的脉冲管路及控制设备的性能。

（6）机务监督。调相机定转子—轴承系统、润滑油系统、定转子冷却水系统、空气冷却系统、外冷水系统等，包括各类泵体、电机、管道、阀门、风机等设备的工作状态。

（7）化学监督。调相机的水、油品质，生产用各种药品质量，化学仪器仪表，调相机主辅设备的防化学腐蚀、结垢或者积盐等。

（8）环境保护监督。调相机设备噪声、废水、废油、废电池、固体废弃物和环境保护设施的检查评估。

（9）金属监督。调相机金属材料、部件和承压管道及部件、高速转动部件的材质、组织和性能变化分析、安全和寿命评估；焊接材料、胶接材料、焊缝、胶接面的质量，部件、焊缝、胶接面和材料的无损检验。

（10）消防监督。调相机生产区域内的消防系统、消防器材、防火设施技术监督。

三、调相机技术监督工作要求

（1）调相机技术监督应坚持"公平、公正、公开、独立"的工作原则，按全过程、闭环管理方式开展工作。

（2）调相机技术监督工作应以技术标准和预防事故措施为依据，结合实际，对现场工作进行抽查，对设备质量进行抽检，有重点、有针对性地开展专项技术监督工作。抽查和抽检也可委托第三方进行。

（3）调相机技术监督工作应建立开放性的常效机制，建立由现场经验丰富、理论知识扎实、责任心强的人员组成的技术监督专家库，为技术监督工作提供技术支撑。

（4）调相机技术监督工作应建立动态管理、预警和跟踪、告警和跟踪、检查评估和考核、报告、例会六项制度。

1）动态管理制度。技术监督办公室根据科技进步、电网发展以及新技术、新设备应用情况，按年度对调相机技术监督工作的内容、方式、手段进行拓展和完善，提高调相机各专业技术监督工作的水平，做到对调相机各设备和系统的有效、及时监督。

2）预警和跟踪制度。技术监督办公室在全过程、全方位开展技术监督工作的基础上，结合对调相机的运行指标分析、评估、评价，针对技术监督工作过程中发现的具有趋势性、苗头性、普遍性的问题及时发布技术监督工作预警单，并跟踪整改落实情况。

调相机技术监督工作预警单由技术监督执行单位组织专家编制并签字确认，经技术监督办公室审批盖章后，及时向相关单位和部门进行发布。预警单发布后 10 个工作日内，由主管部门组织相关单位向技术监督办公室提交反馈单。

3）告警和跟踪制度。技术监督办公室在调相机技术监督中发现设备存在严重缺陷或隐患、技术标准或反措执行存在重大偏差等严重问题，将对安全生产带来较大影响时，应及时发布技术监督工作告警单，并跟踪整改落实情况。

调相机技术监督工作告警单由技术监督执行单位组织专家编制并签字确认，经技术监督办公室审批盖章后，及时向相关单位和部门进行发布。告警单发布后 5 个工作日内，由主管部门组织相关单位向技术监督办公室提交反馈单。

4）检查、评估和考核制度。调相机技术监督工作应建立检查、评估和考核制度。应分阶段、分专业、分设备，有重点地对调相机技术监督工作的内容、标准和实施情况进行检查、分析、评估和考核，及时发现技术监督工作存在的问题。对严重违反技术标准、技术监督不到位，造成严重后果的单位，要责令限期整改。

5）报告制度。公司实行双月报制度。省电力公司在每月 5 日前向公司技术监督办公室、国网调相机运检技术中心报送上月调相机技术监督月报，每奇数月国网调相机运检技术中心于当月 20 日前汇总分析后形成公司调相机运行分析双月报，并上报公司技术监督办公室。

省公司实行月报制度，省超高压公司在本月 5 日前向省公司技术监督办公室报送上月调相机技术监督月报，换流站/变电站按照上级单位要求提供相关材料。

专项技术监督工作应形成专项技术监督报告，由工作负责人和执行单位签字盖章，在监督结束后一周内上报技术监督办公室。

6）例会制度。公司技术监督办公室每奇数月底前组织召开由各省公司参加的调相机运行分析会，听取各相关部门和单位调相机工作开展情况汇报，协调解决工作中的具体问题，提出下阶段工作计划。必要时临时召集相关会议。

（5）计划编制与下达。公司技术监督办公室结合调相机生产实际和年度重点工作，组织国网调相机运检技术中心制定年度工作计划，经公司领导小组审核批准后，在当年 12 月底前下达各有关单位和部门执行。公司各相关部门应于当年 11 月底前向技术监督办公室提交下年度工作计划，年度计划中要明确工作项目、重点监督内容、实施时间以及费用。

各省公司技术监督办公室应于 1 月 25 日之前将本单位调相机年度技术监督工作计划上报公司技术监督办公室备案。

各省超高压公司按照省公司要求将本单位调相机年度技术监督工作计划上报省公司技术监督办公室。

（6）在设备（资产）运维精益管理系统（即 PMS 系统）中建立技术监督模块，构建相关流程和文本格式。技术监督办公室应定期组织人员核查信息质量，提高基层单位上报信息的及时性和准确性。

（7）调相机技术监督执行单位应配置开展技术监督所必需的装备，做好新技术、新设备的宣传与推广工作，不断完善技术监督的方法和手段。

第二章

绝缘技术监督

第一节 绝缘技术监督概述

一、绝缘技术监督的定义

绝缘技术监督既是保证调相机安全、稳定、经济运行的重要手段，也是生产技术管理的基础工作。调相机绝缘技术监督以安全和质量为中心，以标准为依据，以有效的测试和管理为手段，对调相机本体、封闭母线及出口电压设备等电气设备的绝缘状况等进行全过程监督，以确保调相机设备在良好绝缘状态下运行，防止绝缘事故的发生。

二、绝缘技术监督的任务

在认真贯彻执行国家、行业及国家电网有限公司发布的各项标准规程、规章制度及反事故措施的基础上，在包含规划可研、工程设计、采购制造、运输安装、调试验收、运维检修、退役报废等各阶段的调相机全寿命周期内，通过定期、定项目对调相机本体、封闭母线及出口电压设备等电气设备的绝缘性能进行测试、评价，及时发现和消除绝缘缺陷，了解和掌握绝缘变化规律，指导现场做出跟踪、处理、更换等具体决定，不断提高调相机运行的安全可靠性。对于已发生的绝缘事故开展事故调查分析，制定相应反事故措施，减少和预防绝缘损坏事故的再次发生。

由于调相机运行在复杂的电、磁、力交变环境中，调相机本体、封闭母线及出口电压设备等电气设备的绝缘性能受到电气量、机械力、温度、湿度、脏污等多种因素的共同影响，不可避免地存在绝缘老化现象，异常时会存在老化加速甚至突发性损坏情况。一旦出现绝缘损坏，将会使调相机退出运行，严重者甚至会造成重大安全生产事故。通过开展绝缘技术监督，提升调相机电气设备运行健康程度，降低和预防绝缘损坏事故，是调相机安全稳定地长期运行的必要条件。

绝缘技术监督涉及范围广、跨越时间长、介入程度深，是贯穿于调相机全寿命周期的一项综合性工作，主要包含绝缘技术监督管理及现场检测诊断两部分。

绝缘技术监督管理，主要包含制度建设、条例颁布、信息管理等综合性技术监督管理工作。为了切实做好绝缘技术监督工作，国家电网有限公司陆续制定并发布了《快速动态响应同步调相机技术规范》《快速动态响应同步调相机组运维规范》《快速动态响应同步调相机组检修规范》《快速动态响应同步调相机工程调试技术规范》《国家电网有限公司防止调相机事故措施及释义》等一系列技术规范及反事故措施，具体明确了绝缘技术监督的技术内容，使工作有章可循，并对各级监督体系及具体工作都做出了相应的规定。在逐步完善制度化建设的同时，要更加注重对于绝缘信息的管理，例如技术标准、档案记录、报表总结等信息的维护，提升绝缘监督信息的完备性。

现场检测诊断主要指根据国家、行业及国家电网有限公司相应技术标准要求，定期对调相机相关设备开展绝缘检测诊断试验。随着检测技术的不断进步，绝缘检测诊断的方式更为便捷，检测诊断结果更为准确，为有效把握调相机设备绝缘状况提供了有力支撑。但绝缘老化是一个循序渐进的过程，在关注检测诊断结果的同时，应注重对于设备历次检测数据的横向、纵向及综合比较，深入分析电气设备绝缘性能的变化趋势，有效防止绝缘损坏。

因此，在调相机绝缘技术监督的过程中，应坚持绝缘技术监督管理及现场检测诊断的有机结合，提升管理手段，加强绝缘检测，不断提升绝缘技术监督的科学性和有效性。

三、绝缘技术监督的范围

绝缘技术监督针对的是调相机本体、封闭母线及调相机出口电压设备等电气设备，涵盖规划可研、工程设计、采购制造、运输安装、调试验收、运维检修、退役报废等调相机全寿命周期的监督工作。

随着绝缘材料、结构设计、制造工艺等条件的不断进步，电气设备的单体容量、电压等级等电气参数不断提升，设备逐渐呈现容量大型化、功能集成化的特点。在带来单位建设成本降低、设备利用率提高等优点的同时，也导致了修复过程繁琐、事故影响增大等不利影响。目前，国家电网有限公司已投运的大型调相机除西藏拉萨站外（拉萨站调相机额定容量 100Mvar/额定电压 13.8kV），其他的均为额定容量 300Mvar/额定电压 20kV 等级，极大提升了特高压直流输电工程中电网电压无功快速动态响应能力。调相机一旦绝缘发生故障，将直接影响机组与电网的安全稳定运行，严重者会造成人员设备损伤的安全生产事故，并将耗费大量的人力、财力及时间成本用于设备修复，对特高压直流输电工程造成不良影响。因此，应当重视调相机绝缘技术监督，预防绝缘事故的发生。作为绝缘技术监督的重要手段，定期开展电气试验可以有效检测调相机绝缘水平的变化情况，掌握变化趋势，但同时也应注意到其结果容易受到温度、环境、设备本身准确度及操作人员技术水平等因素的影响。随着检测技术的不断发展，红外测温、重复脉冲（RSO）法测量转子匝间短路、小电流电磁铁心故障检测（ELCID）等新手段为提升绝缘检测覆盖面、实时把握绝缘变化趋势提供了有力支撑。因此，通过多种检测手段的紧密结合，实现停电和在线绝缘检测的合理配置，加强对调相机电气设备绝缘的检测分析，才能提升绝缘技术监督水平，保障设备安全稳定运行。

四、绝缘技术监督的依据

（一）一般原则

根据国家、行业及国家电网有限公司相应标准、规定及反事故措施等要求，调相机绝缘技术监督工作应以安全和质量为中心，以标准为依据，以有效的测试和管理为手段，结合新技术、新设备、新工艺应用情况，动态开展工作，对调相机电气设备绝缘状况进行全过程监督，以确保电气设备在良好绝缘状态下运行，防止绝缘事故的发生。

（二）依据标准

绝缘技术监督必备标准见表 2-1，应查询、使用最新版本。

表 2-1　　　　　　　　　　　绝缘技术监督必备标准

序号	标准号	标准名称
1	国能发安全〔2023〕22 号	国家能源局关于印发《防止电力生产事故的二十五项重点要求（2023版）》的通知
2	GB/T 755	旋转电机 定额和性能
3	GB/T 1029	三相同步电机试验方法
4	GB/T 5321	量热法测定电机的损耗和效率
5	GB/T 7064	隐极同步发电机技术要求
6	GB/T 10069.1	旋转电机噪声测定方法及限值　第 1 部分：旋转电机噪声测定方法
7	GB/T 10069.3	旋转电机噪声测定方法及限值　第 3 部分：噪声限值
8	GB/T 16927.1	高电压试验技术　第 1 部分：一般试验要求
9	GB/T 16927.2	高电压试验技术　第 2 部分：测量系统
10	GB/T 20140	隐极同步发电机定子绕组端部动态特性和振动测量方法及评定
11	GB/T 20160	旋转电机绝缘电阻测试
12	GB/T 20833.1	旋转电机 旋转电机定子绕组绝缘　第 1 部分：离线局部放电测量
13	GB/T 20833.3	旋转电机 旋转电机定子绕组绝缘　第 3 部分：介质损耗因数测量
14	GB/T 20835	发电机定子铁心磁化试验导则
15	GB 50147	电气装置安装工程　高压电器施工及验收规范
16	GB 50148	电气装置安装工程　电力变压器、油浸电抗器、互感器施工及验收规范
17	GB 50150	电气装置安装工程　电气设备交接试验标准
18	GB 50170	电气装置安装工程　旋转电机施工及验收规范
19	DL/T 298	发电机定子绕组端部电晕检测与评定导则
20	DL/T 492	发电机定子绕组环氧粉云母绝缘老化鉴定导则

序号	标准号	标准名称
21	DL/T 586	电力设备用户监造导则
22	DL/T 596	电力设备预防性试验规程
23	DL/T 664	带电设备红外诊断技术应用导则
24	DL/T 725	电力用电流互感器订货技术条件
25	DL/T 726	电力用电压互感器订货技术条件
26	DL/T 727	互感器运行检修导则
27	DL/T 735	大型汽轮发电机定子绕组端部动态特性的测量及评定
28	DL/T 1051	电力技术监督导则
29	DL/T 1054	高压电气设备绝缘技术监督导则
30	DL/T 1522	发电机定子绕组内冷水系统水流量超声波测量方法及评定导则
31	DL/T 1524	发电机红外检测方法及评定导则
32	DL/T 1525	隐极同步发电机转子匝间短路故障诊断导则
33	DL/T 1612	发电机定子绕组手包绝缘施加直流电压测量方法及评定导则
34	DL/T 1768	旋转电机预防性试验规程
35	DL/T 2024	大型调相机型式试验导则
36	DL/T 2078.1	调相机检修导则 第1部分：本体
37	DL/T 2098	调相机运行规程
38	DL/T 2122	大型同步调相机调试技术规范
39	DL/T 2349	大型调相机空载特性试验导则
40	JB/T 6204	高压交流电机定子线圈及绕组绝缘耐电压试验规范
41	JB/T 6228	汽轮发电机绕组内部水系统检验方法及评定
42	JB/T 6229	隐极同步发电机转子气体内冷通风道检验方法及限值
43	JB/T 7608	测量高压交流电机线圈介质损耗角正切试验方法及限值
44	JB/T 8439	使用于高海拔地区的高压交流电机防电晕技术要求
45	JB/T 8446	隐极式同步发电机转子匝间短路测定方法
46	JB/T 10392	透平型发电机定子机座、铁心动态特性和振动试验方法及评定
47	Q/GDW 10799.7	国家电网有限公司电力安全工作规程 第7部分：调相机部分
48	Q/GDW 11588	快速动态响应同步调相机技术规范
49	Q/GDW 11936	快速动态响应同步调相机组运维规范
50	Q/GDW 11937	快速动态响应同步调相机组检修规范
51	Q/GDW 11959	快速动态响应同步调相机工程调试技术规范
52	Q/GDW 12024	快速动态响应同步调相机组验收规范
53	国家电网设备〔2021〕416号	国家电网有限公司关于印发防止调相机事故措施及释义的通知
54	国家电网设备〔2018〕979号	国家电网有限公司十八项电网重大反事故措施（修订版）及编制说明

第二节 绝缘技术监督执行资料

一、绝缘技术监督必备的档案及记录

绝缘技术监督必备的档案及记录见表 2-2，绝缘监督资料应实行动态化管理，绝缘监督预防性试验数据保存期不低于 3 个试验周期，关键性数据和资料应长期保存，所有档案及资料应为符合实际情况的最新版本。

表 2-2 　　　　　　　　　　　绝缘技术监督必备的档案及记录

编号	名　　称	说明
1	电气设备一次系统图	符合实际的最新版
2	防雷保护与接地网图纸	—
3	电气一次设备台账	—
4	仪器设备台账、使用说明书及复杂仪器的操作规程	符合实际的最新版
5	设备出厂试验报告、产品证明书	调相机本体、封闭母线及出口电压设备
6	设备安装检查记录、交接试验报告、验收记录	—
7	设备的运行、检修、技术改造记录和有关运行、检修、技改的专题总结	—
8	设备缺陷统计资料和处理记录，事故分析报告和采取的措施	—
9	例行性试验及诊断性试验记录	—
10	电气设备检修试验报告（记录）	—
11	特殊试验记录	项目参见 GB 50150《电气装置安装工程电气设备交接试验标准》附录 A
12	缺陷闭环管理记录	—

二、绝缘技术监督报表及总结

设备绝缘试验完成情况统计表见表 2-3，设备绝缘缺陷情况统计表见表 2-4。

表 2-3 　　　　　　　　　　　设备绝缘试验完成情况统计表

序号	设备名称	设备数量	计划应检台数	已试设备		检出装置缺陷		清除装置缺陷	
				台数	占应试台数（%）	台数	占应试台数（%）	台数	占应试台数（%）
1	定子								
2	转子								
3	中性点接地变压器								

序号	设备名称	设备数量	计划应检台数	已试设备		检出装置缺陷		清除装置缺陷	
				台数	占应试台数（%）	台数	占应试台数（%）	台数	占应试台数（%）
4	电压互感器								
5	电流互感器								
6	封闭母线								
	合计								

表 2-4 　　　　　　　　　　设备绝缘缺陷情况统计表

序号	设备名称	设备绝缘缺陷情况	检查情况	缺陷分析	已消除日期	拟消除日期及措施
1						
2						
3						

季度及年度绝缘监督总结应包含以下内容：

（1）绝缘监督网人员变动情况。

（2）巡检、试验、检修工作中，现场电气设备发现的问题、对电网安全生产影响程度情况、消缺措施、验收及试验情况、结果。

（3）阶段及年度电气设备试验情况统计表。

（4）巡检、试验、检修及状态评估工作中发现且未处理问题详细情况描述，拟处理措施等。

（5）绝缘监督工作中需解决的问题。

（6）下一阶段及下一年度重点工作计划。

三、绝缘技术监督考核评价

根据国家电网有限公司技术监督管理规定，制定调相机技术监督实施细则，监督内容应涵盖规划可研、工程设计、采购制造、运输安装、调试验收、运维检修、退役报废等全过程，认真检查国家电网有限公司有关技术标准和预防设备事故措施在各阶段的执行落实情况，分析评价调相机设备健康状况、运行风险和安全水平。

第三节　绝缘技术监督重点内容

调相机绝缘技术监督应涵盖规划可研、工程设计、采购制造、运输安装、调试验收、运维检修、退役报废等全过程，现对调相机绝缘全过程技术监督中应重点关注的内容进行详细介绍。

一、加强对定子绕组绝缘的技术监督

调相机定子绕组相间电压较高，一旦因绝缘损伤发生短路事故，极易导致线棒烧毁，且绕组修复难度大，修复成本高。参考发电机事故统计分析，定子绕组绝缘损坏事故是造成机组非计划停运的主要原因之一，因此必须从可能发生该类事故的根本原因上采取相应防范措施。对于正常投运的调相机，定子绝缘损伤成因主要有：定子绕组端部松动；环形引线、过渡引线、端部手包绝缘、引水管水电接头等绝缘薄弱部位损伤；定子线棒防晕层性能不佳、槽部绝缘损伤等。

（一）避免定子绕组端部及引线松动

调相机在运行时，定子绕组上要承受 100Hz 的交变电磁力，同时产生 100Hz 的定子绕组振动。与定子槽内线棒的嵌入式结构不同，定子绕组端部由于类似悬臂梁结构，难于牢固固定，易受到交变电磁力的影响发生振动。当然，调相机端部绕组在设计及制造安装时已考虑了振动造成的影响，应能在正常振动的范围内长期安全运行。但随着运行时间的延长，端部紧固结构还是有可能因振动逐渐松动直至超出正常范围，进一步导致线棒反复磨损造成绝缘损伤，最终发展成灾难性的相间短路事故。为避免该类型事故的发生，应密切关注定子绕组端部松动情况，从以下方面重点开展技术监督工作。

（1）加强检修检查监督。调相机新建、投运 1 年后及每次 A 级检修时，应加强对定子绕组端部及引线松动、磨损的外观检查，仔细检查调相机定子绕组端部的紧固情况，必要时借助内窥镜等工具进行检查，确定磨损位置，分析磨损原因，并进行相应处理。检查重点包含：

1）定子出槽口处线圈表面应不存在油泥、黄粉、绝缘磨损等异常现象。

2）出槽口处定子绕组应无绝缘磨损等异常现象。

3）非止口的槽楔应无窜动、松动等现象。

4）止口槽楔应无脱落、窜动、松动、断裂等现象。

5）绝缘盒及填充物应无流蚀、裂纹、变软、松脱等现象。

6）定子绕组端部各处绑绳及绝缘垫块、绝缘支架、固定螺栓等处应无松动与断裂，绑扎处应无磨损、黄粉、螺栓松动等现象。

7）主引线与出线连接螺栓无松动、断裂、掉落。

8）主引线与并联环连接处手包绝缘无松动、开裂、脱落，绝缘表面无过热、破损、开裂、流胶、变色、爬电等现象。

9）通风管与主引线、出线盒的连接固定，无连接螺栓松动、掉落，通风管表面无老化、弯瘪、开裂、变色发黑、爬电等现象。

10）出线盒内无积水、积油、异物。

（2）加强检测分析监督。调相机新投运 1 年后及每次 A 级检修时都应按照相应标准要求进行定子绕组端部动态特性试验，根据测试结果来评估端部绕组的松动情况，同时注意与历史数据的比较。应特别注意，即使出厂时端部动态特性测试合格的调相机，运行一段时间后，端部结构也可能逐渐发生松动，造成端部线棒的固有频率和动态特性随之变化，导致共振的发生，因此通过分析端部动态特性测试数据的变化趋势，可有效把握端部振动情况，预防渐进式的端部松动造成突发相间短路。

（3）加强异常处理监督。当定子绕组端部存在松动、磨损或者试验结果不合格情况时，应及时分析原因并加以处理。

1）对于多次出现松动、磨损情况的，应重新对定子绕组端部进行整体绑扎。

2）对多次出现大范围松动、磨损情况的，应对定子绕组端部结构进行改造，如设法改变定子绕组端部结构固有频率，或加装定子绕组端部振动在线监测装置监视运行情况，运行限值按照 GB/T 20140《隐极同步发电机定子绕组端部动态特性和振动测量方法及评定》设定。

【案例 2-1】2015 年，某发电厂 6 号发电机多次发生了定子相间短路事故，使线棒严重烧损。分析得知事故的主要原因是定子绕组端部固定不良，特别是鼻端整体性差，振动过大，导致上、下层线棒电连接导线疲劳断裂，引起拉弧烧损。最终更换了全部定子绕组线棒，加固了端部固定，并且加装了定子绕组端部振动在线监测装置。

【案例 2-2】2017 年 4 月，某发电厂 4 号发电机运行时定子接地保护动作引起机组跳闸。检查发现定子绕组励侧上层线棒的水电接头及引线连接处烧熔漏水，分析认为绕组端部振动过大是引起事故的主要原因。在进行局部处理以后继续运行，定子接地保护再次动作引起机组跳闸，经检查发现励侧上层线棒水电接头和引线连接处已烧断，上次检修处理过的故障部位存在许多绝缘磨损粉末。最后在检修时更换了全部定子绕组线棒，并且加装了定子绕组端部振动在线监测装置。

图 2-1　发电机定子绕组槽口处裂纹图

【案例 2-3】2011 年 11 月，某发电厂 8 号发电机进行模态试验发现，其励端椭圆形共振频率分别为 57.4Hz、109Hz，较历史数据显著减低，且励端存在 109.8Hz 的椭圆振形，其共振频率已落入 94～115Hz 区间，不符合 GB/T 20140《隐极同步发电机定子绕组端部动态特性和振动测量方法及评定》要求。检查后发现，发电机定子绕组槽口处存在裂纹，如图 2-1 所示。最后根据试验结果进行相应处理，避免了事故发生。

（二）定子线棒端部防晕层性能检查

电晕是由于电场分布不均匀，局部场强过强，导致附近空气电离而引起的辉光放电现象。调相机运行时定子绕组端部的电场强度非常不均匀，容易使空气局部游离而发生电晕放电。虽然电晕本身的放电强度并不是很高，但会大大降低绝缘材料的性能，使绝缘表面局部温度升高，热效应及其产生的化合物会进一步损坏局部绝缘，带来绝缘击穿的风险。为此，通常采用在定子绕组表面涂防晕漆形成防晕层的方式均匀线棒表面电位，消除电晕。但是由于端部绝缘长期受电、热、机械应力及其环境因素的影响，导致绝缘老化、防晕效果变差和起晕电压降低，使得调相机在正常运行情况下也会产生电晕放电。在这种情况下，电晕放电将加速破坏防晕层和主绝缘，若任其继续扩大与发展，最终将导致端部绝缘击穿。应从以下方面重点开展技术监督工作。

（1）加强制造质量监督。在制造过程中应关注调相机定子线棒防晕质量，GB/T 7064《隐极同步发电机技术要求》中明确规定"定子单个线棒应在 1.5 倍额定线电压下不起晕；整机在 1.0 倍额定线电压下，定子绕组端部应无明显的晕带和连续的金黄色亮点"，新机出厂应按要求进行防晕层质量检查，即整机电晕试验。

（2）加强检测分析监督。随着运行时间的延长，防晕层性能有可能下降以至失效，现场 A 级检修时应重视防晕层的检验和修复工作，按照 DL/T 298《发电机定子绕组端部电晕检测与评定导则》进行电晕检查试验，常用的端部电晕检查方式包含日盲型紫外成像观测及暗室目测。

【案例 2-4】2019 年 5 月，某发电厂 1 号发电机在 A 级检修时发现定子绕组端部渐伸线上有两处绝缘烧损故障，绝缘表面从外向内出现炭化现象，故障最严重的部位主绝缘炭化深度已达 3mm。经分析，定子绕组端部防晕层性能下降造成起晕电压偏低是该故障的诱因之一，而发电机进油、氢气湿度过大等运行环境问题是促成该故障的外部因素。

（三）定子绕组薄弱部位检查

环形引线、过渡引线、端部手包绝缘、引水管水电连接头等处都是定子绕组机械强度和电气强度比较薄弱的部位，也是定子绕组相间短路事故多发部位。

（1）加强检修检查监督。应加强对环形引线、过渡引线、端部手包绝缘、引水管水电连接头等处的外观检查，及时发现问题并消缺。

（2）加强检测分析监督。

1）对调相机定子绕组端部手包绝缘，施加直流电压测量（即表面电位测量）可以有效地发现薄弱部位的绝缘缺陷情况；

2）对水内冷定子线棒的引水管和弓形引线，除运行中应保障水流量符合设计要求外，安装和检修中应按标准开展水系统流通性试验，以防止因通水流量不足以至断水使引线过热烧损绝缘。

【案例2-5】 2010年前后，我国曾连续发生多达8台次600MW级汽轮发电机组在新投产不久或168h试运行期间的强迫停运事故，原因是在运行中定子引线烧断造成发电机强迫停运。这些发电机的故障现象非常相似，例如发电机都是美国西屋技术制造，烧断的引线都是W相W2环形引线在12点钟左右位置，熔断的长度达数百毫米左右等，甚至故障后的外观也非常相似。多数发电机在引线烧断后因继电保护装置及时动作与系统解列停机，故障没有进一步扩大。少数发电机在烧断一个引线分支以后，仍带着全部满负荷加到另一个并联支路上，造成该支路的线棒严重过负荷，持续超过几分钟以后，该部分定子绕组线棒绝缘就因严重过热而损坏以至击穿后相间短路，为此更换了数十根定子线棒。分析表明，位于12点位置的W2引线出现水流量严重不足形成气堵是事故的直接原因。

（四）定子绕组槽部绝缘检查

定子线棒绝缘表面与定子槽壁失去接触时，会放电烧伤绝缘表面，出现电腐蚀情况，引起线棒防晕层主绝缘、槽楔和垫条等部位的腐蚀，严重者导致线棒击穿。因此，应从以下方面重点开展技术监督工作。

（1）加强运行监测监督。运行时应密切关注在线局放监测数据、空冷机组冷却空气中的臭氧含量、测温元件电位等相关数据，当出现异常升高时应考虑绝缘损伤可能性。

（2）加强检修检查监督。

1）新机投运满1年后及每次大修时，应对定子槽部进行检查，当出现槽楔松动、槽楔开裂、垫条窜出等情况时，应时采取更换槽楔、部分或全部重打槽楔等措施；

2）当出现定子槽楔大面积松动，铁心通风道内、槽楔附近可见绝缘磨损产生的粉末或黑色油泥，相出线端高电位线棒上有局放蚀损或燃弧迹象等情况时，应及时查明原因。

（3）加强检测分析监督。当运行、检修阶段出现异常情况，怀疑存在槽部防晕层损坏情况时，应及时开展槽电位测量或槽放电探测，根据试验结果进行相应处理。

【案例2-6】 1999~2003年前后，某水电站机组先后发生了3次定子线棒绝缘击穿的定子接地故障，故障特征均为运行中发现有臭氧气味，停机检查发现高电位线棒上游侧槽部及槽口处电腐蚀严重，线棒有白色粉状物，槽壁有黑点、毛刺、啃齿，槽楔松动，硅橡胶老化。经分析，定子线圈槽绝缘结构设计存在缺陷，在长时间局部放电作用下，造成线棒绝缘烧损劣化，引起槽部绝缘损伤，导致接地故障。最终，通过改变槽内绝缘结构，避免了事故的重复发生。

（五）预防定子绕组单相接地

调相机定子接地是指调相机定子绕组回路及与定子绕组回路直接相连的一次系统发生的单相接地短路，通常是定子绕组绝缘破坏引起的，是调相机的常见故障之一（参考发电机运行数据可知，发电机最常见的故障中 70%～80%为定子绕组单相接地故障）。调相机定子绕组中性点通过接地变压器二次侧电阻接地，定子绕组各部位都有可靠的绝缘层，但仍有可能因材料损坏、运行振动、设备漏水等原因引起定子绕组单相接地故障。另外，从调相机机端到升压变压器低压侧之间的与定子绕组相连的一次系统（包括励磁变压器、电压互感器、升压变压器低压绕组、机端至升压变压器的封闭母线等元件），也有发生单相接地故障的可能。

定子绕组一旦发生单相接地故障，若继电保护装置不能及时可靠动作，将会导致很大的危害产生：一方面，随着机组单机容量的增大，定子绕组的对地电容也随之增大，发生单相接地故障时的对地短路电流水平也相应提升。单相接地故障点会产生很大的弧光过电压，因而可能对定子的铁心造成灼伤，严重时可能导致铁心和定子绕组被烧粘在一起，给后期的检查和维修造成较大困难；另一方面，如果没有及时的应对措施对其进行处理，则很有可能导致临近部位也发生接地故障，扩大故障范围和故障风险，导致威胁更严重的定子匝间或相间短路故障，对调相机将会产生严重的损坏。

鉴于可能引起定子绕组单相接地事故的设备范围广、数量多，应加强对定子绕组及其所连接一次系统的作业标准化管理，切实落实各项检查措施，从以下方面重点开展技术监督工作。

（1）加强运行监测监督。

1）避免外部异常运行因素日积月累形成了接地故障的条件，如在大负荷运行下，在调相机端部、引出线桥架等容易发热部位检查，加强巡回次数、巡回质量，做到重点部位重点检测。

2）一旦发生定子接地报警，应从信号、电压参数、光字牌及指示情况综合判断，以防止误判断。若接地报警非误判，应及时开展故障查找工作。若短期内未找到故障原因，为避免故障扩大，应停机做进一步检查处理。

（2）加强检测分析监督，严格按照标准要求开展交接试验及预防性试验工作，认真分析数据，一旦发现绝缘隐患，及时进行处理。经过大振动、系统故障电动力冲击、过电压冲击的调相机，在停运后再次启动前，应做相应的预防性试验，确定是否有造成影响。

【案例 2-7】2015 年 7 月，某发电厂 1 号发电机的发电机—变压器组定子接地保护动作，机组跳闸解列。经现场绝缘测试发现，发电机 B 相绝缘电阻为 0，A、C 相绝缘正常。采用内窥镜进行进一步检查并分析，发现由于异物堵塞水回路，导致线棒槽口位置过热、流胶，进而延伸至铁心部分，最终通过铁心接地，如图 2-2 所示。

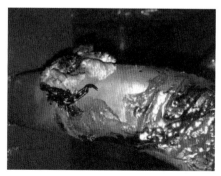

图 2-2　定子接地后线棒过热流胶事故图

【案例 2-8】2018 年 3 月，某发电厂的 6 号发电机运行中发生定子接地保护动作。经现场检查，发现机端电压互感器柜上方第一组支撑绝缘中的一个绝缘子已碎裂，取出损坏的支撑绝缘子，端部有熏黑现象且弹力块表面出现碳化现象，如图 2-3 所示。经分析，故障原因为支撑绝缘子本身存在质量缺陷，在运行中发生接地故障，接地电流使支撑绝缘子弹力块表面过热碳化，同时弹力块与支撑绝缘子之间间隙内的空气高温膨胀，造成支撑绝缘子爆裂并脱落。

图 2-3　某发电机支撑绝缘子碎裂图

二、加强对定子铁心的技术监督

作为调相机定子的主要组成部分，定子铁心采用高导磁和低损耗的硅钢片叠压而成，且片间保持绝缘状态良好，以构成调相机主磁通磁路。在运行过程中，定子铁心受到电磁转矩、端部漏磁、重力、振动等因素的影响，会出现多种形式的损伤情况，如由于硅钢片表面绝缘损坏，冲片之间因为没有摩擦力而相互移动，造成铁心松动；松动的冲片在长期振动下金属疲劳程度不断加深，出现铁心断裂；铁心冲片振动引起冲片漆膜损伤，使冲片之间导体连通，与边缘清除不彻底的毛刺形成回路，产生有害的短路电流，造成铁心局部过热；绝缘老化或者绝缘局部缺陷导致机组内某一点对地短路，形成高温电弧，烧伤铁心。定子铁心损坏故障将可能直接导致调相机定子绕组接地的恶性事故，修复工作非常困难，可能还需返厂大修，造成巨大经济损失。因此，应注重定子铁心故障的早期诊断及预防，将检修检查与检测诊断有机结合，综合分析，及时发现铁心存在的片间短路或松动故障并进行消缺处理，重点从以下几方面开展技术监督。

（1）加强运行监测监督。加强对机座振动及异音的监测，存在异常时应对振动频谱进行分析，当存在显著增长的 100Hz 频率分量时，应分析铁心松动的可能性，并制定停机检查计划。

（2）加强检修检查监督。

1）铁心内膛表面有无颜色异常。

2）定子铁心边缘硅钢片有无过热、断裂等情况。

3）有无黑色或铁锈色异物,若有则应对发现的异物及时开展化验工作并判断分析其来源。

4）铁心齿部有无松动的情况。

5）在不抽转子时可以用内窥镜绕过端部挡风环观察铁心表面。

6）对定子铁心两端的压圈及齿压板进行检查,是否有局部过热、裂纹、变形和位移等异常情况。

7）穿心螺杆及支持筋紧力检测,螺杆紧力、绝缘检测符合厂家技术要求。

8）铁心背部有否锈蚀现象。

9）对于运行中机座存在异音的机组,应对绕组端部固定情况、定位筋与铁心接触情况、穿心螺杆紧固情况、隔振结构性能进行重点检查,存在异常时应采取措施及时处理,防止缺陷扩大。

（3）加强检测分析监督。

1）应严格按照相关标准规程要求开展定子铁心磁化试验或定子铁心故障诊断试验（ELCID）,检查铁心片间绝缘有无短路以及铁心发热情况,确定可能的故障点及严重程度,并针对性地开展检修工作。

2）对测温元件绝缘电阻进行检查,防止因测温元件及引线绝缘损伤导致片间短路。

（4）加强异常处理监督。参考发电机铁心故障的抢修经验,对检修或检测中发现的轻微铁心松动、磨损等情况,不必更换硅钢片,仅需对局部铁心齿部开展修复处理工作即可;若铁心已经存在严重松动,局部铁心出现裂齿、断齿等现象,甚至是因对地短路已经造成了线棒和铁心严重损坏,则必须采取相应措施及时处理,大范围更换铁心硅钢片,在时间成本和财力成本上造成大量损失。

【案例2-9】2020年4月,某发电厂3号发电机小修时发现定子铁心励侧一风区表面有黑色油泥状异物,化验结果显示异物的主要成分中除含有密封油外,还含有大量金属铁元素,因此怀疑铁心存在磨损故障。后期进行大修检查时发现,该处铁心多个硅钢片齿部明显呈现松动、磨损,甚至缺齿等现象。松动和脱落的铁心硅钢片在定子线棒电磁力作用下,造成了多处线棒主绝缘的磨损。如果再继续运行一段时间,不可避免地会发生定子线棒对地短路事故。用铁心故障探测仪检查,确认该处的定子铁心硅钢片存在片间短路现象,大电流铁心磁化试验也说明该处存在异常温升。

【案例2-10】2018年10月,某发电厂1号发电机在检修中发现铁心故障,现象是定子铁心边端有较多的黑色泥状油污,沿转子旋转方向形成扩散状。检查发现在励侧铁心边端（阶梯齿）靠近压指处的铁心硅钢片齿部发生严重的片间松动磨损现象,磨损的硅钢片已成粉状。多处磨损形成蜂窝状,且有数十片硅钢片已发生断齿。经分析,故障原因与制造质量有关,同时也存在严重的发电机进油问题,运行环境不好。最终定子返回制造厂维修，更换了部分硅钢片。

三、预防调相机内遗留异物

调相机内遗留异物的主要原因一方面是端部电磁力随着调相机容量增大而增大，端部构件及其固定元件因设计或工艺不良而受力脱落，另一方面则是在制造及安装、检修中因管理不严，掉入异物后未及时发现。调相机定子绕组端部是定子绕组机械强度和电气强度最为薄弱的部分，该处包括手包绝缘的鼻端接头及引线，绝缘水平远低于定子线棒直线部分，容易发生击穿事故。在正常运行时，端部线棒出槽口及鼻端部位要承受较大的电磁力和扭矩，容易出现绝缘磨损故障，加之端部空间狭窄，难以发现局部异物。即使发生金属异物故障时，也很容易与其他故障混淆，容易将事故原因归结于绝缘或磨损等问题，从而无法针对性地开展修复工作。

为预防调相机内遗留异物，应重点加强对现场作业标准化管理，切实落实各项检查措施，重点从以下几方面开展技术监督。

（1）加强制造质量监督。

1）在材料选择上，应严格按照装配文件选材，选择满足强度要求的内部螺栓及紧固件，防止其断裂进入定子腔内。

2）在制造过程中，规范标准化管理，防止锯条、螺钉、螺母、工具等杂物遗留在定子内部，特别应对端部线圈的夹缝、上下渐伸线之间等位置作详细检查。

（2）加强安装过程监督。

1）严格规范现场安装流程，防止定子内部落入异物。

2）调相机本体挡风板、外端盖和隔音罩安装过程中应严格按照工艺要求，避免间隙过大，导致杂物通过间隙进入调相机内部。

（3）加强检修检查监督。

1）建立严格的调相机检修现场管理制度，防止金属杂物遗留在定子内部。

2）应对端部紧固件（如压板紧固的螺栓和螺母、支架固定螺母和螺栓、引线夹板螺栓、汇流排所用卡板和螺栓、定子铁心穿心螺杆等）紧固情况以及定子铁心边缘硅钢片有无过热、断裂等进行检查。

3）对机内隐蔽部位、背部死角，可借助内窥镜等进行检查。

（4）加强检测分析监督，在交接、预试阶段，认真观察、分析耐压试验等检测项目过程及结果，发现异常及时处理。

（5）加强异常处理监督。对于调相机内部发现的遗留异物，要第一时间取出，仔细检查是否对调相机内部绝缘造成损伤，详细分析产生原因，及时开展针对性检修、防范工作。

【**案例 2-11**】2017 年 12 月，某换流站 1 号调相机在开展假同期试验过程中，运维人员透过可视窗发现 1 号调相机盘车端外端盖与内端盖的风道之间存在一个尺寸如"塑料袋"大小的异物，由于当时调相机转子在高速运转，异物依旧在机内晃动，所以很难判断异物的材质，为确保 1 号调相机本体内部不受损伤，运维人员果断采取紧急停机操作。运维人员在现场检查过程中，重点检查了调相机定子、转子内部划伤情况和异物的残留情况，确认异物为调相机本体下方空冷室内的临时槽盒盖板，如图 2-4 所示。分析原因为调相机运行过程中转子高速旋转，带动整套空气冷却系统进行内部的空气循环，产生强大气流，由于施工过程中槽盒盖板未固定牢靠，导致盖板被掀起，随气流卷入上方并卡在本体端部，强大的外作用力致使铝制盖板产生形变。

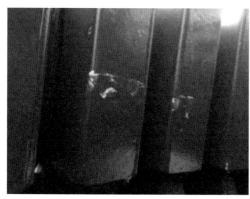 

图 2-4　调相机内遗留异物示意图

【**案例 2-12**】2018 年，某换流站在开展调相机基建安装过程中，发现调相机定子外端盖未安装密封圈，导致外端盖与机座的间隙过大，存在杂物通过间隙进入调相机内部的隐患，如图 2-5 所示。随后在外端盖和隔音罩间增加密封挡板进行封堵。

图 2-5　调相机定子外端盖与机座间隙过大示意图

四、加强对转子绕组的技术监督

（一）预防转子绕组匝间短路

转子匝间短路故障是调相机常见故障之一。轻微的转子绕组匝间短路故障不会给调相机带来严重的后果，可能仅导致局部过热和振动增大，但若任其发展下去，会引起励磁电流增加、无功输出能力降低以及机组振动加剧。若未得到及时处理，转子匝间短路故障还有可能恶化为发生在励磁绕组与转子本体之间的一点或两点接地故障，严重时还可能会烧伤转子轴颈、轴瓦，严重威胁调相机安全运行。除因加工工艺不良以及绝缘缺陷等原因造成的稳定性转子匝间短路外，转子高速旋转中励磁绕组承受离心力造成绕组间的相互挤压及移位变形、励磁绕组的热变形、通风不良引起的局部过热以及转子内部遗留金属异物等都是可能导致转子发生匝间短路的重要原因。

为预防转子匝间短路事故，应通过全过程质量管控及定期检测分析，准确把握调相机转子绕组匝间绝缘情况，避免转子匝间短路事故的发生，重点从以下几方面开展技术监督。

（1）加强制造质量监督，改善转子匝间绝缘制造工艺，提高转子匝间绝缘质量水平。

（2）加强运输存放监督，转子的运输存放应满足防尘、防冻、防潮、防爆和防机械损伤等要求，严格防止转子内部落入异物。

（3）加强运行监测监督，应密切关注励磁电流、轴电压及振动之间的变化趋势及对应关系，加强数据分析，及时评估转子绕组匝间情况，必要时降低负荷运行。当判断发电机转子绕组存在严重的匝间短路时，应尽快停机检修。

（4）加强检测分析监督。可用于调相机转子匝间短路测试的方法众多，如探测线圈波形法、转子交流阻抗和功率测试法、重复脉冲法（RSO）、极间电压法等，各测试方法对调相机运行状态及转子位置要求也不尽相同，应根据实际情况选择适宜方法开展检测。

1）对于在运行中出现转子绕组匝间短路迹象的调相机（如振动增加或与历史比较同等励磁电流时对应的无功功率下降明显），或者在常规检修试验（如交流阻抗）中认为可能有匝间短路的调相机，应在检修时通过重复脉冲法（RSO）或转子频域阻抗分析（FIA）试验等方法进行综合诊断。

2）有条件时，应在交接及历次检修时开展频域阻抗分析试验，留取阻抗频谱数据，对转子绝缘状态进行跟踪分析。

3）转子在运行中存在异常，但静态试验数据无明显异常时，应进行动态匝间短路诊断试验。

（5）加强异常处理监督。

1）经确认存在较严重转子绕组匝间短路的调相机应尽快消缺，防止转子大轴、轴瓦等部件磁化。

2）调相机转子、轴承、轴瓦发生磁化应进行退磁处理。

【案例 2-13】2021 年 3 月，某发电厂 4 号发电机在运行中发生转子绕组匝间短路接地故障。故障停机后拔下转子护环检查，发现汽侧护环下线包端头拐角处有短路放电熔迹，附近的绝缘隔板表层炭化，护环内壁上有一块黑色金属物的滴熔区已造成护环损伤；密封环下的密封瓦及转子轴颈因轴电流过大发生大面积烧伤；转子大轴被磁化。经分析，事故主要原因是在制造过程中转子汽侧端部遗留有铝制金属（如铝屑等），经长时间运行移至线包间造成两线包端头拐角处匝间短路，继而烧穿绝缘护板，烧伤护环。

（二）防止转子绕组接地

调相机在长期运行过程中，由于转子内部受潮、水冷转子漏水、绝缘老化破损以及机械振动等诸多方面的原因，容易造成转子对地绝缘水平的降低进而引发转子接地故障。当转子发生一点接地故障时，由于并未构成电流回路，不会对调相机本身造成直接的危害。但若再相继发生另一点接地，即转子绕组两点接地，则将严重威胁调相机的安全。转子绕组两点接地以后，部分绕组将被短接，使转子绕组直流电阻减小，励磁电流增大，若短路匝数较多，则主磁通会显著减小，致使无功输出能力明显减低。如果通过转子本体的转子电流比较大，就可能烧损转子，造成转子大轴磁化。此外，转子绕组不平衡的通流状态破坏了调相机气隙磁场的对称性，会引起调相机的剧烈振动。同时较大的转子电流会引起局部过热，使转子缓慢变形而形成偏心，进一步加剧调相机的振动，对机组和电力系统造成较大冲击。

为了预防转子绕组接地事故的发生，重点从以下几方面开展技术监督。

（1）加强检修检查监督。

1）对转子绕组及励磁回路进行仔细检查。

2）应对滑环、电刷和刷架进行全面认真细致的维护和保养工作，并定期对其予以清洁。

3）应定期对交直流励磁母线箱内进行清擦和连接设备的定期检查，机组投运前励磁绝缘应无异常变化。

4）碳刷磨耗在线监测装置（如有）、转子大轴接地装置等安装在励磁回路上的设备应采取装设绝缘护套、绝缘螺栓等可靠的绝缘措施，防止绝缘破损引起转子接地保护动作。

（2）加强运行监测监督。为了延缓转子绕组绝缘老化变质，必须严格控制转子本体和转子绕组的温升，严密监视冷却器的冷却介质温度，并应按照运行操作规程规定对滑环进行定期清洁，同时应注重加强运行数据监控分析，确保转子绕组绝缘状况良好。

（3）加强异常处理监督。当调相机转子回路发生接地故障时，应立即查明故障点与性质，如系稳定性的金属接地且无法排除故障时，应立即停机处理并找出接地点，消除故障后方可恢复正常运行。

【案例2-14】 2021年2月，某换流站1号调相机的注入式转子接地保护动作，第一、二套调相机-变压器组保护出口，1号调相机跳机。经分析，1号调相机4号集电环碳刷磨耗监测模块信号电缆皮破损，导致信号电缆屏蔽层接地线裸露并与刷握接触，造成转子绕组通过信号电缆屏蔽线接地，如图2-6所示。

图2-6　集电环碳刷磨耗监测信号电缆皮破损示意图

五、加强对定、转子冷却水系统的技术监督

对于双水内冷调相机，定、转子冷却水系统运行通畅是保障调相机安全稳定运行的基础。一旦定、转子冷却水系统发生堵塞、漏水等情况，将直接导致相应定、转子水支路通流量减少或断水，机组冷却能力下降，引起绕组绝缘局部过热，严重者会导致绝缘击穿故障。因此，应加强对调相机定、转子冷却水系统的绝缘技术监督，预防堵塞、漏水等故障。

（一）避免水路堵塞

杂质、异物进入定、转子冷却水系统是造成水路堵塞的主要原因，其中杂质、异物的来源不一，如定子内冷水系统中管道、阀门的橡胶密封圈易老化变质，破损掉渣后形成堵塞；调相机长期运行中，定子冷却水沿着固定方向流动，有可能在冷却水管的某些部位沉积杂质和污垢；转子进水支座盘根属于易损材料，在运行中容易产生破损物，可能进入转子分水盒内堵塞转子绕组水路。因此，为避免此类事故，重点从以下几方面开展技术监督。

（1）加强检修检查监督。

1）将易老化变质的管道、阀门橡胶密封圈全部更换成化学性能稳定、耐老化性能优越的聚四氟乙烯垫圈，并应定期更换（宜在1个大修周期）。

2）安装定子内冷水反冲洗系统，改变水流方向，定期对定子线棒进行反冲洗，将积存的杂质和污垢冲洗掉，确保冷却效果。

3）扩大调相机两侧汇水母管排污口，并安装不锈钢阀门，定期清除汇水母管中的杂物。

（2）加强运行监测监督。

1）严格控制内冷却水质，如电导率、酸碱度（pH值）、含氧量等均应满足相关标准、规范要求。

2）严格保持调相机转子进水支座盘根冷却水压低于转子冷却水进水压力，避免破损物进入转子水系统。

3）加强对调相机各部位温度的监测。当绕组、铁心、冷却介质等的温度、温升、温差与正常值有较大的偏差时，应立即分析、查找原因；温度测点的安装必须严格执行规范，要有防止感应电影响温度测量的措施，防止温度跳变、显示误差。

（3）加强检测分析监督。应严格按照相应标准要求，定期开展水内冷系统流通性试验，按照 DL/T 596《电力设备预防性试验规程》的要求，可采用超声波流量法或热水流法。

（4）加强异常处理监督。

1）对于在运行过程中发现定子线棒层间测温元件或引水管间层出水温差达到 8℃报警值时，应检查定子三相电流是否平衡，定子绕组水路流量与压力是否异常，此时可降低无功输出。如果过热是由于内冷水中断或内冷水量减少引起，则应立即恢复供水。

2）当定子线棒温差达 14℃或定子引水管出水温差达 12℃，或任一定子槽内层间测温元件温度超过 90℃或出水温度超过 85℃时，应立即降低无功输出，在确认测温元件无误后，为避免发生重大事故应立即停机，进行反冲洗及有关检查处理。

【案例 2-15】2018 年，某换流站 1 号调相机在进行热水流试验过程中，发现个别定子线棒水流量偏低。经检查发现线棒内部存在堵塞情况，后期进行反冲洗，把杂质冲洗出来后水流量恢复正常。

（二）预防水路漏水

调相机正常运行时水路发生漏水主要是由于机械应力、电磁力造成的水路破损引起的。绝缘引水管是调相机内冷水回路中最易漏水的薄弱环节，如果引水管交叉接触，正常运行时会产生相对运动互相摩擦，使引水管壁磨损变薄导致漏水。如果引水管之间以及引水管与端盖间距离较近，就有可能互相之间引起放电，从而烧损引水管导致漏水。对于悬挂式护环—中心环结构的转子，每旋转一周，护环与转轴之间的径向距离就发生一次交变循环，转子绕组引水拐角就要承受一次疲劳应力循环，同时还要承受转子转动时其自身和相应的绕组端部的离心力引起的拉伸应力作用，长此以往转子引水拐角易产生疲劳断裂漏水。为预防水路漏水造成事故，重点从以下几方面开展技术监督。

（1）加强检修检查监督。

1）绝缘引水管不得交叉接触，引水管之间、引水管与端盖之间应保持足够的绝缘距离。检修中应加强绝缘引水管检查，引水管外表应无伤痕。

2）认真做好漏水报警装置调试、维护和定期检验工作，确保装置反应灵敏、动作可靠。

（2）加强检测分析监督。

1）结合机组大修，严格按照相应标准要求对水内冷系统密封性进行检验。

2）当对水压试验结果不确定时，宜采用气密试验进行查漏。

（3）加强异常处理监督。当漏水报警信号出现时应仔细核实，经判断确认是调相机漏水时，应立即停机处理。

【案例 2-16】 2018 年 5 月，某换流站 1 号调相机发生一起因盘根漏水导致的转子一点接地保护跳闸事故，经分析原因为转子盘根冷却水管固定方式不合理，结构设计存在缺陷，导致调相机升速过程中漏水，水流渗入集电环小室，导致转子接地保护动作引起跳机。后期对转子冷却水管进行了紧固，并在停机检修时更换新式盘根。

六、加强对封闭母线的技术监督

由于各换流站调相机安装地点不一，调相机封闭母线运行时面临潮湿、寒冷、高温等特殊环境因素。当外部环境条件急剧变化，如太阳照射、突降雨雪时，会导致封闭母线内部温差、相对湿度增大；此外，调相机停机时封闭母线由运行状态时的较高温度逐渐降低到室温，也会造成封闭母线内部相对湿度的升高。如果未考虑调相机实际运行工况及北方低温运行环境，封闭母线仅配置微正压和热风保养系统，则无法对封闭母线内部进行有效除湿。热风保养系统只在调相机并网投运前投入使用，用于给封闭母线进行干燥除湿，调相机运行期间只投入微正压装置。由于调相机运行期间经常低功率运行，封闭母线发热量小，不能平衡户内外封闭母线温差，若环境温度较低，户外段封闭母线内空气中水汽达到露点温度，在封闭母线内壁会形成凝露，降低封闭母线的绝缘水平及可靠性，直接影响到调相机的安全运行，严重者会导致短路事故的发生，因此，必须注重防止封闭母线凝露引起的事故。为预防封闭母线凝露引起的事故，重点从以下几方面开展技术监督。

（1）封闭母线应配备空气循环干燥装置，自动监测封闭母线内空气湿度并循环脱水干燥，防止封闭母线内部受潮凝露，造成封闭母线对地绝缘降低导致跳机事故。

（2）严格管控封闭母线的性能指标要求，如严格按照要求开展封闭母线的运输、安装、清洁、验收、检查工作。

（3）封闭母线外壳应采取各种密封措施，防止灰尘、潮气及雨水浸入内部。

（4）应加强封闭母线内部焊缝检查，对于可能引起放电的焊瘤、开裂、过烧等缺陷应及时进行处理。

（5）升压变压器低压侧与封闭母线连接的升高座上应设置排污装置，排污口宜引至方便随时查看的检修位置，以便于定期检查排污装置是否堵塞及运行中是否存在积液。

【案例 2-17】 2018 年，某换流站调相机的空气循环干燥装置与封闭母线对接安装后，在现场对空气循环干燥装置动力风机进行点动测试，发现风机无法转动。经解体后发现，封闭母线的焊渣进入风机导致了风机卡死。运行人员利用酒精擦洗风机滚轮的内表面，安装完毕后风机恢复正常运行，空气循环干燥装置正常投入。

【案例 2-18】2018 年，某换流站 1 号调相机励磁小室中空调出风口对准封闭母线，在空调制冷的情况下，冷风吹到封闭母线上，由于空气湿度大，在封闭母线和机柜上形成水珠，水滴流到灭磁开关上，导致灭磁开关发生接地短路故障并损坏。后期施工单位在 1 号机励磁小室空调出风口增加了导风板，并对灭磁开关进行更换。

【案例 2-19】2018 年 2 月，某换流站 2 号调相机发生定子接地事故，经分析，由于设计时未考虑东北低温运行环境，封闭母线发热量小，无法平衡户内外温差，水汽容易在封闭母线户外段凝结，在封闭母线内形成凝露，微正压装置未能有效除湿，造成封闭母线对地绝缘降低引起定子接地故障。后期将调相机封闭母线干燥装置改造为空气循环式，从而防止凝露发生，保证调相机安全稳定运行。

七、加强对出口电压设备的技术监督

调相机出口电压互感器（出口 TV）测量准确度直接决定着二次监测、保护和计量的准确性，因此必须确保其在绝缘状况良好的条件下运行，重点从以下几方面开展技术监督。

（1）加强检修检查监督。

1）一次端子引线连接端应接触良好、接触面积足够，以防产生过热性故障。

2）一次接线端子的等电位连接应牢固可靠，接线端子之间有足够的安全距离。

（2）加强异常处理监督。对巡视中发现的异常现象，如 TV 熔断器连续多次熔断、TV 柜内有异音异味、冒烟或着火、TV 本体或引线端子有严重过热等情况，在注意做好继电保护装置投退的前提下应立即将该 TV 停用，并对其进行全面的电气绝缘性能试验，分析查明原因，及时进行处理或更换。

出口 TV 熔断器检查也是技术监督过程中的重要一环，在调相机启机并网、运行时及停机过程中出现的过电流甚至正常电流下都有可能发生 TV 熔断器熔断故障，对测量、计量、保护等二次设备动作准确性产生直接影响，可能造成熔断器熔断的原因主要包含以下几方面：

（1）熔断器本身存在质量问题，在生产、运输、安装过程中因震动、冲撞、跌落等造成熔断器内部损伤。

（2）安装环境潮湿、振动大，有灰尘和污染，可能引起熔断器老化及安装接触面接触电阻增大等现象。

（3）安装熔断器时，零部件不够紧固，接触部分在正常运行时发生过热。

（4）TV 一次插头动静触头因材质不同出现氧化层，接触不良，连接螺栓松动，熔断器运行时温升较大。

（5）TV 熔断器所处的环境温度较高。

针对 TV 熔断器熔断故障问题，重点从以下几方面开展技术监督。

（1）加强检修检查监督。

1）尽量减少拆装熔断器次数，避免造成熔断器损伤。

2）在安装环境潮湿的情况下，出口 TV 柜内宜加装电加热装置。

3）加强熔断器选型，选择优质熔断器，对出现问题的熔断器进行更换。

（2）加强检测分析监督。

1）加强检修期间对熔断器的检测工作，对电阻值出现异常的熔断器及时进行更换。

2）加强对备品熔断器及运行熔断器直阻值测量，建立台账，对比上次或以前历史数据，发现偏差大或三相熔断器绝缘值不平衡时及时更换。

3）应严格按照 DL/T 664《带电设备红外诊断应用规范》的规定，开展红外测温工作。对于新建、改扩建或大修后的出口电压设备，应在投运后不超过 1 个月内（但至少在带电运行 24h 以后）进行一次精确检测；每年至少开展一次红外检测，并在大负荷运行期间、系统运行方式改变且负荷陡增时增加检测测试。对于无法在柜门封闭情况下准确测温的开关柜，可加装红外测温玻璃。

【案例 2-20】2021 年 10 月，某换流站 2 号调相机励磁调节器发出"定子电压不平衡"报警，相较 A、B 两相，C 相单相对地电压较低，其 TV 熔断器温度较高，检查发现 C 相熔断器中间位置发生熔断故障。经分析，C 相 TV 熔断器存在劣化慢熔，当电流达到熔断器熔点后，因熔断器熔丝断点较小且承受电压较高，电弧会持续性燃烧并伴随发热现象，电弧作为不稳定负荷，导致机端 TV 分压降低，因此出现机端电压不规则的下降现象。在对故障熔断器进行不停电更换后报警消失，机端电压恢复正常，故障熔断器与正常熔断器热成像对比如图 2-7 所示。

图 2-7　故障熔断器（左）与正常熔断器（右）热成像对比图

八、加强对在线监测装置的技术监督

调相机设备长期运行过程中，在电、热、化学及异常工况条件下会使绝缘逐步劣化，导致电气绝缘强度降低，甚至发生故障。长期以来，运用绝缘预防性试验来诊断设备的绝缘状况起到了很好的效果，但由于预防性试验周期间隔可能较长，加之预防性试验施加的试验电压水平较低，试验条件与实际运行工况相差较大，因此就不易诊断出被试设备在运行工况下的绝缘状况，也难以发现在两次预防性试验间隔期间发展的绝缘缺陷，这些都容易造成调相机在运行过程中发生绝缘故障。以调相机定子绕组局部放电测量为例，受现场运行环境干扰影响，现场开展局部放电试验较为困难，如果采用一种在线或带电监测装置，能方便地测出调相机运行时定子局部放电等绝缘运行参数，实时判断设备的绝缘状况，这对于保证调相机设备的可靠运行具有重要意义。

在线监测装置通过实时监测调相机运行状态或健康状态，能更好保证调相机设备的可靠运行。安装在线监测装置，一方面为运行人员提供直观信息以监视和判断调相机是否正常运行，是否存在需要消除的缺陷，是否应采取维持或降低无功负荷、紧急停机等保证调相机安全的操作措施；另一方面也为运维人员提供判断调相机运行状态的关键信息，及时评估设备运行状态和寿命，从而合理安排调相机检修和维护的计划和内容。

调相机在线监测装置应在合理配置的前提下，在运行、检修过程中做好检查维护工作，确保在线监测装置状态良好，以准确反映调相机运行状态。

在线监测装置的维护内容包括日常巡检、定期维护、检修检查及检测分析。日常巡检宜每周一次，定期维护宜半年一次（可结合调相机检修工作进行）。发现缺陷应及时处理，当缺陷或故障处理不具备条件时，应做好跟踪记录，并在条件具备时及时予以消除，重点从以下几方面开展技术监督。

（1）加强日常巡检监督。

1）应关注在线监测系统的功能、性能是否满足设备运行要求，各元件（装置）应无渗漏、水污、油污及锈蚀现象，应无异声、无异味，并合理配置备品备件。

2）运维人员应定期进行专项培训，使运维人员具备相关设备操作、维护的能力，并能通过装置的数据分析、状态报告查阅及报警确认等功能，及时了解调相机及在线监测装置的运行状况。

3）应定期对在线监测装置进行巡检，巡检内容至少应包括上位机单元、数据采集单元及传感器单元等设备的工作状态。

4）对在线监测装置报警信息应及时确认，必要时应到现场确认或及时报告值班负责人或维护人员；如遇在线监测装置有重要报警信号（如设备掉电、数据存储故障、系统通信故障等）时，应及时联系维护人员进行处理。

（2）加强定期维护监督。

1）对维护、技术改进等工作设置专用台账并及时记录相关内容。

2）涉及软件修改、升级等工作应提前进行软件备份，做好软件版本管理。

3）涉及硬件设备更换工作应提前做好防静电措施，并做好事故防范，必要时做好系统备份及数据备份。

4）涉及对外通信工作，应取得对方许可后方可进行。

（3）加强检修检查监督。

1）检修内容应包括遗留缺陷处理及定期检修项目，定期检修项目包括停电前检查和备份、停电后检查处理、检修后上电检查。

2）检修应符合检修工艺技术规范要求，包括检查设备名称、型号、各零部件的位置和方向、图纸与现场是否相符等，检查情况及设备更换情况应记录。

3）检修前应梳理遗留缺陷，并准备所需的备品备件、工器具等物资材料。

4）检修后应进行装置系统性检查，验收合格后方可投入运行。

5）宜每年开展一次上位机单元定期检修，数据采集单元及传感器单元定期检修应与调相机年度检修同步进行。

（4）加强检测分析监督。试验内容应包含上位机功能试验、数据采集单元试验、传感器试验和系统性试验，依据相关规程规定和设备历史数据进行分析。

综上所述，在开展调相机绝缘技术监督工作中，应将检测试验及在线监测有机结合，准确把握设备绝缘状态变化趋势，有针对性地开展相应检修工作，以实现技术监督的高效性。

（一）加强对定子绕组端部振动在线监测的技术监督

在运行中，调相机不断受到电磁力、机械力、电化学、热力等外部作用，定子绕组端部线棒的固有频率接近 100Hz，易产生共振磨损，导致绕组短路、端部线圈变形断裂、股线疲劳、焊口渗漏水等事故，严重影响调相机的安全可靠运行。

调相机在长期的运行过程中，在多种类型应力作用下，调相机定子绕组端部的振动状态会不断发生变化，绝缘微缩、磨损、紧固件的局部松动，都会使得定子绕组端部动态特性发生变化。因此，即使投运时振动完全合格的调相机在经过长期运行后，其振动固有频率也有可能落入 100Hz 电磁力谐振范围以内，从而造成振动状态恶化，一般的电气监测和轴振、瓦振等零部件振动监测无法反映端部振动特性的变化。即使通过检修试验发现端部动态特性不合格，仅仅依靠端部结构简单的局部改动，很难改变端部整体的动态特性，如果重新制作定子绕组和端部紧固结构，则需要付出较高的时间及经济成本。因此，通过加装定子绕组端部振动在线监测系统，实时监测定子绕组端部运行中的实际振动变化情况，根据定子绕组端部线棒的振动程度判断是否需要停机检修，实现对调相机定子振动早期故障报警，能够有效防止事故发生。

目前常用的定子绕组端部振动在线监测系统是通过在定子绕组端部埋设测振传感器，如图 2-8 所示。将振动信号引出调相机外，通过信号转换、放大、数据采集后由专门软件进行计算机在线监测，以实现对定子各线棒振动特性的时域和频域分析、实时监测、报警、历史查询及趋势记录等多项功能。在埋设振动传感器时，对安装位置选择、安装时绝缘措施及抗电磁干扰措施等均有严格要求。

图2-8　调相机定子绕组端部振动在线监测装置安装实物图

对于定子绕组端部振动在线监测，重点从以下几方面开展技术监督。

（1）绕组端部重新设计改造后、交接时定子绕组端部振动模态试验不合格且检修中发现定子绕组端部存在严重松动、磨损故障的调相机，应安装定子绕组端部振动监测系统；交接或检修时定子绕组端部振动模态试验不合格，或检修中发现定子绕组端部存在严重松动、磨损故障，宜安装定子绕组端部振动监测系统。

（2）宜采用光纤式测振系统。若采用压电式加速度振动传感器时应安装在低电位处，并做好屏蔽措施。

（3）测点布置和安装可参照GB/T 20140《隐极同步发电机定子绕组端部动态特性和振动测量方法及评定》有关规定，应根据需要设定监测点，可不设测点个数限制，可在同类性质位置安装多个测点以进行测试数据的比对。

（4）加速度传感器、电荷放大器和分析仪的技术条件及振动幅值限值可参考GB/T 20140《隐极同步发电机定子绕组端部动态特性和振动测量方法及评定》有关规定。

（5）新投产调相机安装在振动测点时，励端、盘车端两侧都应安装测点。

（6）仪表波形输出、频谱输出、模拟量输出、继电器输出满足继续使用要求，波形和频谱与检修前进行对比检查。

（7）检修时应将测量用传感器元件油污、污垢清扫干净。传感器及其附属电缆固定情况良好，无松动、碰磨痕迹；与数据服务器、监控系统及其他外部系统的数据通信正常。

（二）加强对转子绕组动态匝间短路在线监测的技术监督

调相机转子匝间短路故障是较常见的故障，如果能够在运行中实时监测转子匝间绝缘状态，及时发现处于萌芽期的少匝数短路故障，并能迅速确定故障位置，及时停机开展针对性检修，就可以有效避免转子匝间短路故障扩大后带来的严重影响。

目前，实现转子绕组动态匝间短路在线监测的方法主要有以下几种：

（1）基于磁场探测的故障监测方法。发生转子匝间短路后，转子主磁场和漏磁场都将不同于正常运行，通过在气隙中布置探测导体或线圈提取磁场特征进行故障监测。

（2）基于机组振动特性的故障监测方法。根据发电机运行经验，机组瓦振或轴振超标，且振动幅值与励磁电流和无功功率呈现较为一致的变化趋势时，就会怀疑发生了转子匝间短路。但当短路匝数较少时，故障引起的机组振动不明显，目前无法单纯利用机组振动特性来诊断包括转子匝间短路在内的调相机内部故障，一般只能作为辅助判据。

（3）基于轴电压的故障监测方法。发生转子匝间短路故障时，调相机定子齿槽效应可以导致气隙磁通密度发生畸变，在转轴两端感应频率与齿槽数相对应的轴电压特征分量，可以利用该特征分量诊断转子匝间短路故障。但由于引起轴电压的原因很多，每一种磁场的不对称都有可能引起不同幅值及频率的轴电压，使得轴电压的频率成分非常复杂。目前利用轴电压进行调相机转子匝间短路故障监测还仅局限于定性分析与试验，也只能作为一种辅助的监测手段。

对于转子绕组动态匝间短路在线监测，重点从以下几方面开展技术监督。

（1）对于有条件的调相机建议加装转子绕组动态匝间短路在线监测装置，通过安装在定子槽中的磁通传感器（测试线圈或霍尔元件）对调相机气隙磁通密度波形及其他电磁参数进行连续监测，及时了解、反映调相机转子匝间绝缘状况及其缺陷，根据监测参数变化来判断分析调相机转子是否有匝间短路故障发生。

（2）匝间短路测试线圈（探头）采用电磁线绕制的小空心线圈时，应固定安装于定子铁心内腔气隙中以测量槽漏磁通密度，通常分为径向或/和轴向安装，一般安装高度应不低于气隙高度的1/2。安装位置应避免影响转子旋转或检修时抽转子工作。

（3）霍尔元件可安装在定子槽楔表面，但应避免磁通线圈在转子旋转或检修抽转子时损坏。

（4）较新型的监测装置宜采用数字转化装置和便携计算机采集磁通信号，并将其转化为可供分析的数据表格式。装置的软件应能够确定每个槽中短路匝的数量，同时识别出短路匝所在槽的位置。

（5）监测装置应能连续运行，通常可定期监测（如1年1次）或在怀疑有匝间故障时监测和分析。

（6）一旦发生转子匝间短路故障，装置应能自动记录故障状态下所采集的各种数据并存储起来以便为事后分析提供依据，同时发出报警信号。

（7）检修后探测线圈的直流电阻及绝缘电阻应符合技术规范要求，装置工作正常。

（三）加强对调相机绝缘过热报警在线监测的技术监督

为防止调相机出现局部过热情况，运行人员应加强绝缘过热在线监测工作。如有异常，应及时记录并上报，核实无误后立即开展取样分析工作。绝缘过热报警装置可以发现绝缘过热早期故障隐患，该装置有两根管道与调相机转子风扇两侧相连，利用风扇前后的正负气压差，在调相机运行时，源源不断地取出少量冷却气体流过该装置检测后返回调相机。当调相机由于某种原因发生绝缘局部过热时，绝缘材料将分解散发出特有的烟气物质，绝缘过热装置捕捉到烟气微粒就会立即报警，然后通过自动或人工取样对机内冷却气体进行色谱分析，就可以判断过热部位的材质和过热程度，通过采取相应措施，就可以达到防止重大绝缘事故的目的。

对于绝缘过热报警在线监测，重点从以下几方面开展技术监督。

（1）绝缘过热监测仪应具有自动捕捉烟气并自动报警功能。

（2）自动报警后应能实现自校验，确认报警真伪。

（3）仪器应具有防爆功能，并抗油雾污染。

（4）检修时如必要应更换新的空气滤网；添加装置工质（蒸馏水）；继电器动作信号正常无误；装置油污、污垢、灰尘清扫干净；装置上电正常启动，无启动异常现象。

（四）加强对调相机定子绝缘局部放电在线监测的技术监督

定子绝缘局部放电类别通常被分为三种，分别是端部、槽部以及内部放电。

内部放电是指产生于气泡、定子主绝缘层、绝缘和线棒导体之间、防晕层和绝缘之间等的放电现象。现代高压电机采用的往往是叠层材料，定子线棒在生产环节中不可避免会存在部分气隙；在调相机运行阶段会因为受机械力、温度、冷热循环等情况的综合影响使得气隙在纵向得到扩展，尤其是在主绝缘当中有着很多的气隙，这样使得气隙聚在了一起，从而出现了脱壳情况。当处于高电压之下时，使得气隙开始产生击穿场强，进而引发局部放电。另外，在局部放电当中存在的一些反应，如热效应、化学效应等等，都会使得绝缘强度逐渐降低，最终使得击穿电压逐步减小，造成匝间绝缘和主绝缘击穿等情况。

槽部放电是在主绝缘的外部与铁心槽壁间所存在的放电现象。一是受调相机内部冷却空气影响，定子槽中线棒跟铁心的接触点可能会因过热应力作用引起防晕层损坏。二是定子铁心振动可能造成定子槽内线棒的垫条与槽楔等部分出现松动情况，进而引发线棒跟铁心槽壁之间出现间隙，最终引发槽部放电。另外如果电场分布不均匀，定子绕组通风槽口处有着尖锐的边缘，同样会由于电场的集中产生类似的放电问题。

端部是调相机绝缘故障的主要部位。一方面，在冷却空气湿度较大时，击穿电压会相应下降幅度下降，更容易造成放电现象；另一方面，受离心力影响（尤其是暂态情况下），端部绕组易出现变形和移位，使得线棒绝缘出现磨损、损坏、开裂等问题；此外，端部绝缘在集中电场作用下，易出现较多污垢，这些污垢在端部振动的时候跟绝缘发生了摩擦，损害了防晕层，导致了端部放电，任其发展也会对绝缘产生巨大的损坏。

局部放电信号的数量、幅度和极性可以直接反映调相机绝缘状况。性能可靠的局部放电在线监测装置可以发现早期绝缘故障，经过及时处理，可以有效地避免绕组相间或对地突然短路事故的发生。目前局部放电在线监测的方法很多，主要是建立在对局部放电出现的光、声、电等现象进行分析形成的。包括了电测和非电测两种方法，其中介质损耗测量、无线电干扰电压法以及脉冲电流法等都属于电测法，而化学检测、光检测法、红外检测法以及超声波检测法等都属于非电测法。在非电测法中，存在着灵敏度差、不容易标定以及信号分析难度高等问题，所以非电测法应用不多；电测法中的脉冲电流法优势明显，反应灵敏且容易测量，是最为常见的方法。

定子绕组绝缘局部放电在线监测装置通过调相机内部局放传感器来监测局部放电情况。将多个局放传感器置于调相机内部多个不同地点，当调相机运行中有局部放电时，将局放传感器感应的放电脉冲传输至外部的分析装置，通过测量脉冲宽度区别干扰和放电，进行双极性脉冲幅值分析、脉冲相位分析、放电位置定位等。运维人员可根据报警信号的频率和幅值，结合其他显示仪表指示，综合判断故障隐患的发生和发展，有计划的提早采取相应措施，避免因局部放电故障扩大而导致发生重大事故，提高调相机的安全运行水平。

虽然局部放电在线监测技术已经十分成熟，但仍存在一些值得研究的问题：

（1）传感器的可靠性问题。局部放电在线监测需要安装局部放电传感器，其可靠性决定了监测数据的正确性，一些传感器安装在调相机出口封闭母线附近，在长期高电压及暂态过程的影响下传感器是否会出现故障是非常值得研究的。

（2）干扰抑制和脉冲识别。由于现场存在大量的电磁干扰，这些干扰中含有与局部放电脉冲类似的电磁冲击信号，容易使局部放电在线监测装置发出误报警，影响了在线监测装置的测量有效性。

（3）局部放电信号在沿着定子绕组传播过程中，脉冲波形会出现畸变和衰减，因此脉冲信号被测量装置检测到时与原始局部放电信号已发生很大差别，根据局部放电数据如何准确评估绝缘状况也是一个有待解决的问题。

在排除干扰因素确定局部放电数据准确无误的情况下，可通过以下判断方法协助检查：

（1）当局部放电数据短时间内发生突变时，应考虑是否是调相机相关部件出现物理状态变化引起的，重点检查软连接、螺栓是否安装紧固。

（2）当局部放电数据在半个月或一个月内发生较大变化时，应考虑是否是调相机周围环境变化引起的，重点检查调相机出线罩内部是否受潮或被污染。

（3）当局部放电数据在几个月内缓慢增长时，很可能是调相机绝缘发生了劣化或轻微损坏，应引起高度重视，对调相机进行全面检查。

对于定子绝缘局部放电在线监测，重点从以下几方面开展技术监督。

（1）定子绕组局部放电监测系统应包括：用来探测 PD（局部放电）的传感器、将模拟的脉冲信号转换为数字信号的电子装置、用于分离噪声和统计 PD 数据的信号处理技术等。

（2）局部放电在线监测装置的一般要求、噪声处理技术和评价方法可参考 GB/T 20833.2—2016《旋转电机 旋转电机定子绕组绝缘 第 2 部分：在线局部放电测量》有关规定，宜采用能够将局部放电信息可视化的数字局部放电仪，应能够给出相位—放电量—放电个数模式图。

（3）宜在调相机出线处安装高压电容器作为传感器，每相至少安装两个传感器用以去除噪声。

（4）中性点射频监测装置也可作为调相机局部放电在线监测的装置。

（5）对于定子绝缘局部放电在线监测结果，需结合人工进行综合分析。

（6）检修时应将测量用传感器元件油污、污垢清扫干净；传感器元件与母线连接电缆连接紧固、无松动，接触位置无放电痕迹；继电器动作信号正常无误；装置重新上电后能够正常启动，无启动异常错误，与数据服务器能够正常连接。

（五）加强对封闭母线空气湿度在线监测的技术监督

为防止封闭母线凝露引起调相机跳闸故障，空气循环干燥装置以连通管循环干燥方式，将封闭母线内的所有空间相连通，以封闭母线内部空气相对湿度为考核指标，当相对湿度值高于设定值时，空气循环干燥装置自动投入运行进行气体干燥循环，从而降低封闭母线内部空气的绝对湿度，防止凝露。虽然空气循环干燥装置无需建立微正压以阻止外部潮湿空气的入侵，对封闭母线的密封要求不高，但随着使用年代增长、设备陈旧老化，会导致装置空气干燥效果差，在封闭母线密封性不好的情况下，致使封闭母线外壳内的空气湿度较大，形成凝露，最终有可能引起封闭母线接地故障。因此，有条件的应在调相机封闭母线内安装空气湿度在线监测装置。通过在封闭母线内安装相应传感器，在线监测封闭母线内部的空气温、湿度以及绝缘子表面的放电情况，并将数据实时传输至监测主站进行分析比较，超过预置阈值时发出报警信号，避免湿度过大造成凝露。

对于封闭母线空气湿度在线监测，重点从以下几方面开展技术监督。

（1）在线式湿度仪可采用电子式或镜面式仪器，宜实时连续在线显示封闭母线内部以露点温度表示的实时压力下的湿度读数。

（2）应定期（视情况可以 1 周～1 个月为周期）手工取样，以镜面式露点仪或同类级别的较高精度湿度仪进行对比性测试，发现互差超过 2K 应检验相关仪表。

（六）加强对轴电压、轴电流在线监测的技术监督

调相机在运行过程中，由于某些原因产生不平衡的磁通交链在转轴上，就会在调相机转子大轴的两端或局部产生对地感应电势，这个感应电势就称为轴电压。轴电压由转子轴颈、轴承油膜、轴承、机座及基础底板构成回路，当轴电压较高击穿油膜时，就会在此回路内产生一个电流，称为轴电流。

轴电压产生的机理主要包括以下几方面：

（1）磁路不对称。磁路不对称引起的轴电压是存在于转子轴两端的交流型电压。由于定子铁心采用扇形冲压硅钢片、转子偏心、扇形硅钢片的磁导率不同以及冷却和夹紧用的轴向导槽等制造和运行原因引起的不对称，产生交链转轴的交变磁通，在转子大轴两端产生电位差。这种交流轴电压一般为 $1\sim10V$，但具有较大的能量。

（2）静态励磁系统作用。调相机静态励磁系统因晶闸管整流引入了一个新的脉动型轴电压源，通过励磁绕组和转子本体之间的电容耦合在轴对地之间产生交流电压。此种轴电压呈脉动尖峰，其频率为 300Hz（励磁系统交流侧电压频率为 50Hz）。

（3）轴向磁通及剩磁。调相机中存在各种环绕轴的闭合回路，如集电环装置和转子端部绕组，在设计考虑不周或转子绕组发生匝间短路时，它们的磁动势不能相互抵消，就会产生一个轴向的剩余磁通，该磁通经轴、轴承和底板而闭合。此外当调相机严重短路或其他异常工况下，经常会使大轴、轴瓦、机壳等部件发生磁化并保留一定的剩磁。磁力线流经轴瓦，当机组大轴转动时，就会产生电动势，称为单极电动势。单极效应产生的轴电压表现为直流分量，并随负载电流而变化。

轴电压较低时，由于油膜的绝缘作用，放电不容易发生。然而，当轴电压较高、轴瓦表面有缺陷、润滑油油质或流量不达标以及调相机异常振动等时都可能造成油膜击穿，导致轴与轴瓦形成金属性接触，形成相当大的轴电流，可达到几百安甚至上千安培，它足以烧损轴颈和轴瓦。轴电压造成轴承腐蚀是一个加速过程，一次放电就可能使轴瓦表面金属局部熔化，在油膜内形成金属颗粒并破坏油膜绝缘，使得放电更易发生，从而形成联锁反应，引发机组振动加剧，直至被迫退出运行，给现场安全生产带来隐患。

常见的轴电压、轴电流预防方式包括：

（1）在调相机大轴盘车端安装接地电刷，可将轴电流通过电刷引导至大地，从而避免了对调相机轴颈和轴瓦的电腐蚀威胁。

（2）调相机励端轴承加装绝缘。调相机盘车端大轴通过碳刷接地后，一旦励端轴瓦的绝缘油膜被破坏，转子感应的交流电压将形成闭合回路，轴电流将腐蚀励端的轴瓦和轴颈。将励端轴瓦与大地之间设置绝缘层可阻断该回路的形成，从而保护励端的轴瓦和轴颈。垫绝缘处一定要做到完全垫开，包括固定轴承座的地脚螺栓和定位销钉，与轴承连接的油管路法兰盘等处均需加装绝缘垫圈和套管。

（3）励端大轴安装 RC 轴接地模件。常规大轴接地碳刷不能消除轴电压中由静态励磁系统产生的高频尖峰分量，近些年提出的在励磁侧安装新型无源 RC 轴接地模件的方法，能有效抑制轴电压的这一分量。

（4）在静止励磁系统装置上安装 R-C 滤波器。R-C 滤波器能够吸收静止励磁回路的一些高次谐波，使得励磁绕组与转子本体之间的电容耦合效应减弱，从而降低转子本体电压。

为进一步有效把握运行中轴电压、轴电流情况，应开展在线监测工作。所测的轴电压，主要是监测调相机大轴的励端与盘车端之间的电压，除在盘车端设有永久性的接地电刷外，在励端设置一个测量电刷。可采用自动检测轴电压的方式，在测量碳刷回路中接入高内阻的电压/电流变送器，并远传至集控室，如图 2-8 所示。轴电压的测量要考虑交流的峰值及故障状态下效应，其电压可选 0～100V。正常情况下，轴电压小于 20V 以下，当大于 20V 时可设定具体的报警值。

在调相机盘车端大轴上安装永久的接地碳刷，可将轴电流通过碳刷引导至大地。如图 2-9 所示，轴电流测量可通过在非出线端接地回路上串接穿芯式电流互感器（TA）来实现，TA 的一次侧流过轴电流，其次级经过电流/电流变送器转换成 4～20mA 信号远传至集控室。穿芯式电流互感器 TA 一般能用于测量高压电气设备泄漏电流，其特点为在 TA 一次侧通过毫安级电流仍能保持足够的测量精度，而正常运行情况下调相机轴电流正好为毫安数量级。但由于轴电流也含有各次谐波分量并可达上千赫兹，故为了保证测量精度，此 TA 的选择需考虑高频的影响。正常情况下轴电流小于 0.1A，在调相机故障情况下，轴电流会超过 1A；为精确测量到轴电流，其测量值一般为 0～5A 或 0～10A。轴电流的报警值可设为 0.1A 或大于 0.1A。

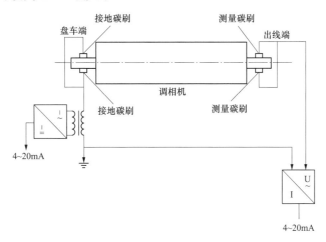

图 2-9　典型的轴电压、轴电流在线监测示意图

对于轴电压、轴电流在线监测，重点从以下几方面开展技术监督。

（1）轴电压监测可利用与大轴表面接触良好的碳刷或扁铜带引出轴电压信号。

（2）可将轴电压、轴电流信号接入专门配备的精密监测装置进行实时监测和报警，也可定期（视情况可半年或 1 年为周期）手工取样，接入示波器测量。

（3）监测装置或示波器的采样周期应不低于 500kHz。

（4）轴电流在线监测的电流互感器测量精度、范围满足继续使用要求；连接电缆连接紧固、无松动；继电器动作信号正常无误；装置与数据服务器能够正常连接。

第四节　绝缘技术监督诊断试验

一、定子绕组端部电晕试验

（一）端部防晕层结构

电晕放电是带电导体表面空气游离放电造成的，其危害是多方面的。产生电晕时，回路中将有电晕电流流过，同时发出光、声、热，引起电晕功率损失。同时，电晕放电还能使空气发生化学反应，产生臭氧及氧化氮等化合物，造成绝缘腐蚀，缩短调相机使用寿命。而电晕放电过程中流柱不断熄灭和重新爆发而产生的脉动现象，会产生高频电磁波，引起对无线电信号的干扰和噪声干扰等。此外，电晕放电也会限制调相机运行电压和无功输出，使调相机应用效益受限。

考虑到调相机端部槽口处的电晕常常比槽部更为严重，因此为限制定子绕组端部的电晕放电，定子绕组端部（出槽口外）表面不同部位敷设了不同电阻值的高电阻防晕层，并在其外敷设附加绝缘或覆盖漆层。在线圈端部敷设的高电阻防晕层一般采用多级防晕结构如图 2-10 所示，即靠近铁心处为低阻层，然后为高阻层，低阻层和高阻层相互搭接。线圈端部高电阻防晕层的电阻值通常是非线性的，即防晕层电压高时，电阻变小；电压低时电阻变大。另外，绕组端部防晕层已延伸至整个绕组的端部，包括斜边垫块和端箍。

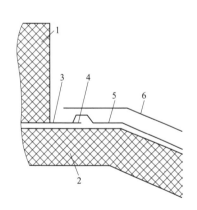

图 2-10　定子绕组端部防晕层结构

1—定子铁心；2—定子绕组；3—低阻层；

4—高低阻搭接区；5—高阻层；

6—附加绝缘层

防晕层的制造形式为一次成型防晕结构，即防晕层与主绝缘是在绝缘固化的过程中形成整体的，两者之间不存在气隙，防晕层耐磨耐刮，运行稳定性好。若在防晕层外再敷设一层附加绝缘，起晕电压将提高一倍左右。附加绝缘一方面将电场集中区域内的防晕层与空气隔离开，另一方面使防晕系统近似于内外双层屏蔽结构。仅当电场达到或超过这层绝缘外部空气游离强度时，才有电晕现象发生；并且这层附加绝缘能够减少一次成型的防晕工艺中，高阻防晕层内导电粒子随绝缘胶流失的现象，起到稳定防晕层的作用。

如果调相机定子绕组防晕层存在质量问题，可能会导致端部严重电晕、放电甚至绝缘损坏的情况。除出厂试验过程中的防晕层质量检查外，为防止随着调相机运行时间的延长，其防晕层性能下降以至损坏失效，现场检修过程中应重视防晕层的检验和修复工作，通过进行定子绕组端部电晕试验，有效查找调相机定子绕组端部的电晕缺陷位置并判别其严重程度，避免绝缘损坏事故的发生。

（二）电晕产生机理

端部电晕形成的因素主要包括电位过高、低阻区受损、高低阻搭接击穿、间隙过小、尖角毛刺放电和等情况。

（1）绕组在运行中所处电位过高。定子绕组端部沿面场强分布，随电压增加而变的极不均匀，电晕放电现象也越来越剧烈。参考发电机运行经验可知，高电位线棒的电晕腐蚀情况比较严重，而中性点附近的线棒所处电位较低，大部分不存在电晕腐蚀问题。在发现电晕放电痕迹的槽，其运行电位均接近相电压，线棒处于较高运行电位，使出槽口部位形成更高的感应电压和场强，容易产生电晕。

（2）低阻区受损及高低阻区搭接不良。当低阻区域出现损伤或间断时，会在受损或间断部位形成高压，在损伤部位产生场强畸变形成高场强区，高场强外部空气游离产生电晕，或通过脏污绑绳或压指对地放电产生电晕。此外，高低阻防晕带搭接部位可能在长期振动过程中出现附着性差、搭接不良的情况。当高低阻搭接不良或防晕材料附着性差时，高阻区感应电荷释放通道受损，电荷堆积产生高压，与低压的低阻区域之间形成高场强，击穿搭接间隙产生电晕。

（3）上下层绕组间距过小及表面脏污。如果上下层绕组的间距过小，在承受额定线电压的上下层绕组之间就会发生空气游离的局部放电。此外，若绕组间脏污堆积严重，则会减小上下层绕组之间空气绝缘距离，灰尘和油污的聚集堆积在高电位区域容易形成放电通道，从而造成电晕现象。出槽口部位脏污，会形成新的电荷释放通道，改变原有电场分布，使端部电场产生畸变，加剧电晕发生。

（4）尖端毛刺。若加工处理工艺不规范，在涂刷绝缘漆后，会形成若干微小的毛刺，使场强分布极不均匀，降低了周围空气发生击穿的击穿场强，更加容易产生电晕。

（三）试验检测方法

鉴于电晕的危害性，在采取必要的防晕措施后，仍须严密监测调相机的工作状态，并对其防晕能力进行严格考查。由于电晕放电会同时伴随有声、光、热、电等物理现象以及因此引发的氮氧化物化学反应，通过测量调相机在运行或静态时的这些相关参量的变化，能够较为准确的监测和发现电晕现象。

在常规巡检和检修时进行外观检查，若观察到以下现象，应判断是否发生电晕：线棒表面有大量白色粉末，或与油灰混合后的灰褐色粉末；通常半导体涂层为黑色，如果变为白色、黄色或其他颜色，而交叠部分出现白色带状条纹；定子某部位（如定子端部相间间隔块处）出现爬电碳化或白色斑点等。

结合机组检修机会，可开展的主要试验方法为定子端部电晕试验，对定子绝缘，尤其是端部绝缘情况进行考察。该试验主要通过对调相机定子某相被试绕组加压，其他两相接地，然后观察定子表面是否有电晕的微弱辉光来检测电晕。如果定子端部绝缘状态良好，在施加标准起晕电压下停留一段时间，不应观察到电晕现象。

对于试验过程中的电晕观测方式，主要可以分为暗室观测法与紫外成像观测法。暗室观测法即在黑暗环境中肉眼观察定子表面是否有电晕，可通过在晚间关掉调相机平台周围所有光源或搭设遮光棚的方法创造黑暗环境来实现。但由于人眼夜视能力有限，且表面放电缺陷所产生辐射光谱90%的能量都位于紫外区域，发射的光的主要部分是肉眼不可见的，故在电晕试验中常借助于仪器即紫外成像仪进行电晕观察，能够更早发现设备故障。

研究表明，在针—板模型下开展的空气中电晕放电试验中，电晕光谱多集中在紫外区域，频带呈多条带状分布且分布窄，实际应用中多使用的紫外仪就是利用电晕的这一特性，通过观测电晕产生的紫外光子来判断电晕现象。尽管紫外成像仪比肉眼观察灵敏的多，但紫外成像仪的示数受仪器与电晕点的距离和角度影响较大，因此在用紫外成像仪进行观察时，须注意使用相同的增益量，同时保持相对固定的观测角度和距离，结合电晕的形态、强度、位置等情况综合判断起晕情况。对于紫外光子数的评估依据可参加相关标准，在此不做赘述。紫外成像仪观测的典型电晕图谱如下所示：

（1）电晕集中。电晕强度较大而涉及面积较小的情况下，探测图像将表现为集中的团状电晕放电影像，如图2-11所示。这时紫外探测装置显示的电晕辐射光子数读数可能反而较小。这种情况是紫外探测装置在高增益下常出现的饱和现象，此时可将增益逐步减小，使显示的测量光子数随增益减小而升高达到最大值。

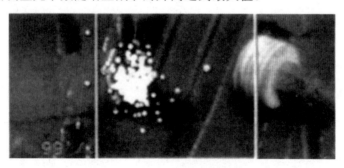

图2-11 电晕较集中的情况

电晕集中属于严重的电晕缺陷，因该区域局部放电强度较大，可能对绝缘造成损伤，即使因电晕面积较小使探测到的电晕光子数不超过标准规定的数值，一般也应进行处理。

（2）电晕分散。电晕的强度不大但电晕范围较大的情况，表现为紫外成像仪探测的电晕亮度不大，图像成点状，电晕点不是很密集，如图2-12所示。此时若将增益逐步减小，探测的电晕光子数随增益的减小而单调减小。

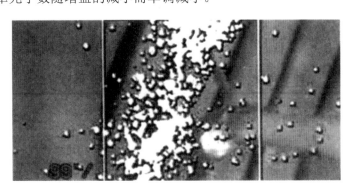

图2-12　电晕的强度不大但范围较大的情况

在电晕分散的情况下，电晕对绝缘造成损坏的可能性较小，如果光子数不超过标准所规定的范围，可暂不进行处理。

（3）不同距离下测量光子数的折算。如果所记录光子数的距离与标定时的距离不相同，则需要将测量光子数折算至所标定的距离。在一定的电晕强度下，紫外探测装置所探测的光子数与距离有一定的函数关系。为了求得此函数，需要在某电晕强度和增益下，实际测量2～3个不同距离下的紫外探测装置的光子数，然后进行曲线拟合。在电晕检测采用的1～4m的距离内，因距离变化较小，宜采用简单的线性拟合，足以满足工程实测需要。也可通过在实测曲线中进行线性插值来进行计算。

（四）局限性及改善方法

现场开展端部电晕试验的实际效果受设备特性、标准要求、检测难度等方面的限制，存在以下局限性：

（1）紫外成像仪检测端部电晕时，紫外成像仪检测到的电晕点位置光子数是在一定范围内波动的，若要捕获光子数最大时的图片，采用照相的方式获取电晕点图片的效率较低。

（2）根据定子端部结构特点，检测上层线棒电晕情况时电晕点强度、电晕点位置定位相对准确，而下层线棒由于受上层线棒、汇流环等的遮挡，光子数不能很好反映电晕点强度，电晕点位置确认较为困难。

（3）不同时期开展电晕试验，当对同一点进行检测时很难做到检测角度完全一样，受检测角度影响，前后试验结果有差异，对电晕情况进行纵向比较会有困难。

（4）现场实际案例表明，紫外成像仪检测到端部电晕点与端部肉眼外观检查时发现的电晕电腐蚀、放电痕迹点不完全一致。

（5）不同型号紫外成像仪检测差异。即使在对同一对象开展电晕试验时，由于设备自身特性影响，不同型号设备检测结果光子数差异较大。

为尽可能提高电晕检测精度，可从下列方面开展工作：

（1）为尽可能减少试验仪器带来的影响，方便试验结果的纵向、横向比较，准确掌握调相机电晕发展状况，尽量采用同一型号紫外成像仪开展试验，并尽量保持每次检测的检测角度、检测距离、检测位置一致。

（2）为提高电晕点检测的准确性，试验时尽可能选用具有录像功能的紫外成像仪，试验中检测到电晕点后，选择电晕强度最大的角度，在电晕点处稳定录像 10 s 左右并保存视频，试验结束后选取光子数最大的一帧作为电晕点图片。

（3）试验前核对调相机绕组展开图标记槽号，重点标出换相线棒槽号，试验时绕组端部照明充足，确保紫外成像仪能看清标记槽号，如紫外成像仪视角不够大则应安排专人记录电晕点位置。

（五）试验现场案例

某发电厂 2 号发电机投运已 30 年，在进行大修时，发现定子线棒出槽口位置存在疑似电晕产生物（硝酸盐白色粉末），具体表现为点状、片状和散射状白色粉末堆积，主要集中出现在线棒端部槽口垫块靠铁心侧部位（槽楔绑绳处、槽口垫块上方、槽口垫块下方及上下层线棒之间）。

为进一步判断该发电机是否存在电晕放电情况，对发电机定子绕组分相进行了起晕试验，同时用紫外成像仪进行辅助测量。通过试验发现，前期检查的疑似电晕点在试验过程中均出现了较明显的电晕现象，起晕电压均在 12kV 左右。电晕表现为明显的点状电晕，未出现连线或连片状电晕。大部分明显电晕点在 $1.1U_N$ 下测量到的光子数在 10000左右，个别电晕现象严重部位光子数超过 30000。对较严重部位进行表面打磨清扫处理后再次进行起晕试验，当电压加压至 8kV 时，仍出现电晕辉光，且随着电压增加光子数并未减少，因此确性白色粉末堆积部位存在电晕现象。

根据试验检测结果，为限制电场畸变及降低电场强度，电厂开展了低高阻防晕结构重塑、低阻防晕结构修复、层间电晕防晕修复、小间隙电晕及运行电位 7kV 以上电晕预防等处理工作。处理后试验效果明显，防晕结构修复后，处理槽在 $1.5U_N$ 下未起晕，未再发现电晕现象。

二、定子绕组绝缘老化鉴定试验

（一）定子绕组绝缘结构

作为调相机安全稳定运行的前提，定子绕组绝缘必须具备良好的性能，如：足够强的电气强度和机械强度，在温度场及频繁启动下具有良好的耐老化能力，具有耐腐蚀、电晕、油污、潮湿等性能，具有较强的耐热性和较高的热传导系数，具有尽可能薄的厚度等等。经过几十年的发展，具有厚度薄、机械强度高、耐局部放电、低介质损耗等特点的环氧云母成为定子绕组绝缘的主要材料，并采用整体 VPI 浸渍工艺，进一步减少了绝缘内的气泡，提高了绝缘性能，典型的定子绕组绝缘结构如图 2-13 所示，主要分类如下：

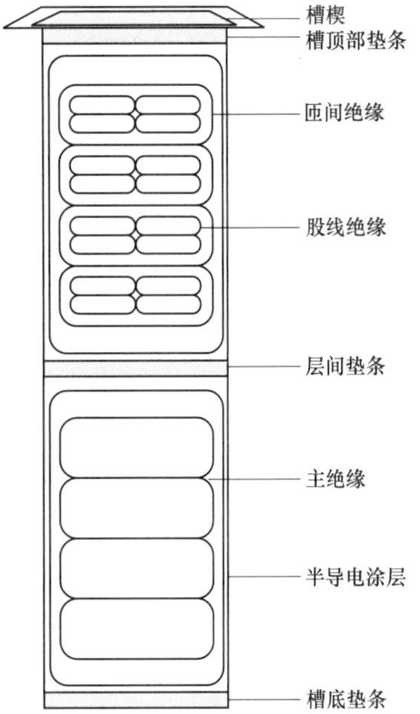

（1）股线绝缘。股线绝缘是指同一匝内各股线之间的绝缘，一般为绕组本身的绝缘。

（2）匝间绝缘。匝间绝缘用来隔离同一绕组内不同电位的导体的绝缘，因同一绕组内导体的电位差较小，所以匝间绝缘承受的电压较低。

（3）主绝缘。主绝缘是指线圈对机身和其他绕组间的绝缘，其作用是隔离绕组导体与其他部位之间的电位。由于承受对地电压，所以要求主绝缘有较高的电气强度。

（4）层间垫条。层间垫条用来作为上、下层导线，或上、下层绕组间的绝缘。

（5）支撑绝缘（槽楔、槽顶部垫条、槽底垫条）。支撑绝缘（槽楔、槽顶部垫条、槽底垫条）主要使绕组和带电部件在调相机内能可靠定位和固定，该部分绝缘要求有较好的强度并在长期工作中不应变形。

图 2-13　典型的定子绕组绝缘结构示意图

（二）定子绕组绝缘老化机理

调相机在正常运行下，定子绕组绝缘由于受电、热、机械及化学等因素的长期作用，电气和机械强度将逐步降低，即所谓的老化，最终导致绝缘击穿。此外，考虑到制造工艺存在的先天性缺陷，不可避免地会产生种种绝缘故障。

1. 电场作用下的老化

调相机在运行过程中，定子绕组绝缘在交变电场的作用下，将产生局部放电及槽内放电现象，导致绝缘的电气机械性能劣化。

在发生局部放电的气隙内，局部温度很高，可能会导致胶粘剂碳化，造成股线松散、股间短路。使主绝缘局部过热而产生裂解，严重损伤主绝缘，导致绝缘老化。气隙内气体的局部放电属于流注状高气压辉光放电，大量的高能带电粒子电子和离子高速碰撞主绝缘，造成主绝缘的机械强度降低。局部放电发展形成树枝状放电，使绝缘内部产生树枝状放电痕迹，引起主绝缘老化，最终形成放电通道而使绝缘破坏。

定子线棒槽部防晕层与槽壁之间的气隙内发生的放电称为槽放电。由于线棒防晕层的表面电阻率较高，而防晕层表面与槽壁之间有气隙，接触点越少，越容易发生槽放电，槽放电对定子线槽绝缘的损伤可分为接触电腐蚀和放电损伤两个阶段。首先，线棒的电磁振动使防晕层与铁心之间的接触逐渐受到破坏，接触电阻急剧加大，接触点数量相应减少，使防晕层发生电腐蚀。当线棒表面电位增大至一定值后，发生火花放电。

2. 热作用下的老化

定子线棒绝缘在热的长期作用上发生各种热裂解反应，包括与氧作用发生氧化裂解，与水分的作用发生水解，绝缘材料分子链继续聚合使绝缘变脆等。在这些反应作用下，绝缘内部变疏松，从而使其电气机械性能下降，导致绝缘产生热老化。此外，多次冷热循环在绝缘中产生的热机应力是无法消除的，它极大的影响热固性绝缘的状态，降低绝缘寿命。随着冷热循环次数的增多，定子线棒绝缘的击穿电压逐渐降低。

3. 机械作用下的老化

调相机在运行过程中，由于定子线棒绝缘长期经受各种力的作用，使得定子线棒不可避免会产生振动和弯曲。在经过多次振动和弯曲后，会导致绕组端部变形，股线移动，造成绝缘磨损，并经不断积累最终形成机械老化。此外，机械振动将加剧热老化，两者相互促进，使得绝缘材料的机械性能下降。

4. 化学作用下的老化

气体放电游离时产生一种强氧化剂——臭氧，很容易使主绝缘材料发生臭氧裂解，最终与氮、水化合生成硝酸。酸对绝缘有腐蚀作用，导致绝缘老化。

因此，对于运行年久（一般运行时间在 20 年以上）、运行或预防性试验中多次发生绝缘击穿或必要时、在线局部放电数据表明定子绕组绝缘有分层等老化特征的机组，应结合机组检修进行绝缘老化鉴定试验。此外，新机投产后第一次 A 级或 B 级检修时，宜对定子绕组绝缘进行本试验留取初始数据，以便进行绝缘变化趋势分析。

（三）试验检测方法

绝缘老化鉴定试验由四部分组成，分别是：①测量整相绕组（或分支）对地及其他绕组（或分支）的介质损耗角正切值（tanδ 值）；②测量整相绕组（或分支）对地及其他绕组（或分支）的电容增加率；③测量整相绕组（或分支）的局部放电量；④整相绕组（或分支）的介电强度试验（即直流耐压试验加上交流耐压试验）。通过开展定子绕组的 tanδ 值、电容增加率、局部放电量测试及交、直流耐压考核，可结合各项结果对绕组的绝缘老化情况进行有效判别。

1. 测量整相绕组（或分支）对地及其他绕组（或分支）及单根线棒的介质损耗角正切值（tanδ 值）及电容增加率（ΔC）

实际上，介质损耗角正切值（tanδ 值）及电容增加率（ΔC）的测量均为定子绕组介损试验内容，该项试验原来主要用于制造厂定子线圈的质量控制，以确保在线圈制造过程中浸渍环氧填充饱满，但目前应用于在役机组的预防性和检修试验已成为趋势，测量的原理图如图 2-14 所示。

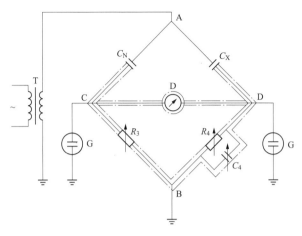

图 2-14　定子绕组介质损耗角正切值及电容增加率测试原理示意图

定子绝缘可看作是一个高压电容器 C，在交流电压作用下，通过绝缘介质的电流由两部分组成，即通过 C 的电容电流分量 I_C 及通过 R 的有功电流分量 I_R，通常情况下 $I_C \gg I_R$，其中由 I_R 引起的介质有功功率损耗为 $P = UI_R = U^2 WC \tan\delta$。当绝缘体受潮、脏污或老化变质、绝缘中有气隙放电等现象时，在电压作用下，流过绝缘的电流中有功分量增大，即绝缘中的损耗会增大。通过测定 $\tan\delta$ 值和 ΔC 的方法可衡量此电容中有功损耗的情况，两者数值越大表征有功损耗越大，绝缘老化情况越严重。具体评估标准可参考相应标准，在此不做赘述。

但单独利用测定 $\tan\delta$ 值来评估绕组老化程度也存在一定局限性。$\tan\delta$ 是反映绝缘介质损耗大小的特性参数，与绝缘体积大小无关。应注意的是，如果被测部位绝缘内的缺陷不是分布性而是集中性的，则有时反应就不灵敏。被试绝缘的体积越大，或集中性缺陷所占体积越小，那么集中性缺陷处的介质损耗占被试绝缘全部介质中的比重就越小，总体的 $\tan\delta$ 增加的也越少。

理论上，在较低电压时绝缘的介质损耗与电压无关，而当电压升高时，如果主绝缘中存在的空隙发生局放，局放产生的热、光、声所消耗的能量就表现为损耗的异常增加，测量的介损值相应增加，将超过正常因介质损耗而产生的数值。此外，固体绝缘中的某些缺陷，如树脂固化未完全、离子杂质成分污染、绝缘分层、浸渍未完全、粘接不牢固以及较大的空间放电损耗，都可能引发 $\tan\delta$ 值随电压变化的增加或减小。

介损试验的结果也会受到绕组防晕层的影响。由于碳化硅半导体在低电压时是高阻，基本没有损耗。但在额定相电压时呈现相对低阻，将产生部分损耗。新机因局放很少，介质损耗因数的测量结果通常很低，测量数值主要取决于防晕层产生的损耗。但在运行多年后，在大多数绕组中因局放产生的损耗将超过半导体涂层的介损。

2. 测量整相绕组（或分支）的局部放电量

调相机定子绕组绝缘老化后，绝缘介质内部将出现裂缝、气泡和气隙。当外施电压达到气隙放电场强时，气隙开始放电，因此可以根据放电量大小可以判定调相机机定子绕组绝缘的老化情况，还可根据放电量的逐年变化情况判断调相机绝缘的演变情况。

局部放电是指发生在电极之间但并未贯穿电极的放电。这种放电可能出现在固体绝缘的空穴中、液体绝缘的气泡中、不同介电特性的绝缘层间或金属表面的边缘尖角部位。局部放电是引起许多定子绕组绝缘故障产生的原因，也是早期故障的重要信号。因此，局部放电试验是评估定子绕组绝缘状态的很重要的一个诊断性试验。

局部放电从放电类型来分，大致可分为绝缘材料内部放电、表面放电及高压电极的尖端放电。刚开始时局部放电产生的能量很小，所以它的短时存在并不影响到绝缘强度。但若绝缘在运行电压不断出现局部放电，这些微弱的放电将产生累积效应，会使绝缘的介电性能逐渐劣化并使局部缺陷扩大，最后导致整个绝缘击穿。调相机定子线圈绝缘的局部放电通常发生在端部、槽部，长期以来最大局部放电 Q_{max} 被用做评估绝缘老化状态和寿命的主要指标，具体评估标准可参考相应标准，在此不做赘述，局部放电检测原理如图 2-15 所示。

3. 整相绕组（或分支）及单根线棒的直流耐压试验

定子绕组的直流耐压试验是老化鉴定中一项重要工作，具有以下特点：直流耐压试

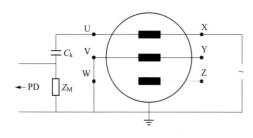

图 2-15　定子绕组局部放电测试原理示意图

验可根据泄漏电流和施加电压的关系曲线了解定子绕组绝缘状况，如可以通过泄漏电流是否随电压成比例增加或三相泄漏电流是否平衡等情况来判断定子绝缘状态。由于直流耐压试验能使定子绕组端部绝缘受到同样电压的检验，故易于发现端部绝缘的缺陷。而端部绝缘从制造角度来讲，也是一个较为薄弱的部位，运行中发生故障的几率较高，因此开展直流耐压试验对于检测调相机定子绕组端部绝缘老化程度尤为有效，相应检测原理如图 2-16、图 2-17 所示。

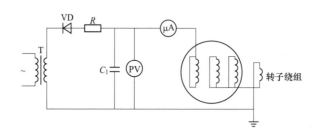

图 2-16　定子绕组直流耐压测试原理示意图（高压屏蔽法）

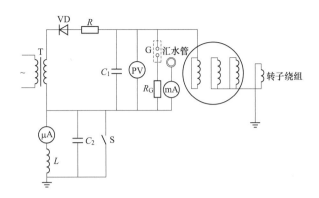

图 2-17　定子绕组直流耐压测试原理示意图（低压屏蔽法）

4. 整相绕组（或分支）的交流耐压试验

在老化鉴定试验中，定子线圈的交流耐压试验是最后进行也是最为关键的试验项目。由于工频交流试验电压和调相机工作电压的波形、频率一致，作用于绝缘内部的电压分布及击穿性能比较等同于调相机的工作状态。无论从劣化或热击穿的观点来看，交流耐压试验对调相机定子绕组主绝缘是比较可靠的检查考验方法。交流耐压的试验目的是发现绕组中的贯穿性缺陷，如果绕组在高于运行电压的耐压试验中未发生故障，当其投入运行时绕组应不会很快发生因绝缘老化而导致的故障，因此更易于找到在系统有相对地故障时、非故障相过电压可能导致的定子故障。

但同时应该注意到，交流耐压试验会对绝缘损伤产生累积效应，即随着试验次数的增多，定子绕组的耐压水平会逐渐降低，因此在试验期间必须严格按照相关标准选择试验电压，使得其能有效地查出定子线圈的老化绝缘缺陷的同时，尽可能减小试验对线圈绝缘材料形成的内部劣化的累积效应。

定子绕组交流耐压测试原理如图 2-18 所示。

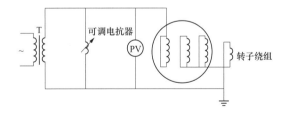

图 2-18　定子绕组交流耐压测试原理示意图（并联谐振）

（四）试验注意事项

通过开展定子绕组绝缘老化鉴定试验，可对调相机定子绕组绝缘状况进行有效评价，以确定绝缘是否接近失效，是否应对其进行处理（局部处理、部分或全部更换）。在开展试验及利用试验结果进行可靠性评估时，应注意以下问题：

应首先做整相绕组绝缘鉴定试验。如果试验结果与历次试验结果相比，出现异常并不符合标准规定时，宜做单根线棒的抽样鉴定试验和解剖检查。其中，单根线棒抽样试验的数量一般不应少于 3 根，并应考虑线棒的不同运行电位。如果发现绝缘分层发空严重、固化不良、失去整体性、局部放电严重及股间绝缘破坏等老化现象，鉴定结果即为调相机环氧云母定子绕组绝缘老化。

进行绝缘老化鉴定时，应对调相机过负荷和超温运行时间、历次事故原因及处理情况、历次检修中发现的问题及试验情况、在线局放数据等进行综合分析，以对绝缘运行状况做出评定。

由于环境因素对诊断性试验的结果影响较大，进行各项试验的历史数据分析时应充分考虑其影响。

（五）试验现场案例

2019 年 9 月，某发电厂 3 号发电机运行已近 15 年，在机组大修期间开展定子绕组绝缘老化鉴定试验，以考察其定子绕组绝缘老化情况。在进行整相绕组的直流耐压试验时，出现了 A 相泄漏电流突然跳变增大的现象。抽出转子后检查发现，原因为铜支架不锈钢螺栓脱落，六角头卡在线棒之间，运行时发电机端部振动，使得脱落的螺栓与线棒发生摩擦，破坏了主绝缘。直流耐压试验时，泄漏电流沿着绝缘支架表面（部分绑绳、孔洞）爬电至铜屏蔽件然后接地，故障实际情况如图 2-19 所示。

图 2-19 绝缘老化鉴定时发现的螺栓脱落导致主绝缘损坏图

三、定子铁心磁化试验

（一）定子铁心故障

定子铁心是调相机整体结构中的重要组成部分，它起到提供主磁通路径、支撑调相机整体、固定定子绕组的作用，定子铁心状态是否良好是影响调相机正常运行的重要因素之一。

定子铁心故障一般分为铁心压装的变松、片间绝缘损坏、铁心振动超标、绕组接地引起的定子铁心损坏、遗留物造成的定子铁心损坏等。其中，铁心压装变松是铁心故障中最常见和最易发生的，铁心变松进一步发展会造成片间绝缘损坏、铁心振动或噪声超标等渐进式的恶性故障。在发热、振动及电磁力的长期作用下，铁心局部会产生过量松弛，进而片间出现轴向振动，相互击打、摩擦致使片间绝缘损坏和金属疲劳断齿，造成铁心冲片间短路形成闭合涡流环路，环流使短路点严重过热，又促使相邻冲片绝缘损坏，导致冲片短路面积的进一步扩大，如此形成恶性循环，造成严重铁心烧损。在振动等因素的影响下，还存在短路点形成火花放电，造成断齿，同时使相邻槽内的线棒绝缘遭到破坏的情况。

1. 铁心压装变松

引起定子铁心松动的因素是多方面的，涉及结构设计、制造工艺、运行环境等。

在结构设计方面，应使铁心、线棒的自振频率远离 100Hz，避免其与电磁激振频率接近而发生共振效应，振动时会使铁心压装变松。改变铁心自振频率比较常见和有效的方法是调整定子铁心和机壳之间定位筋的刚度、结构和个数。

在制造工艺方面，铁心松动与硅钢片材质、冲片冲制方向与硅钢片轧制方向、硅钢片厚度偏差、尺寸偏差、冲片绝缘漆膜固化状态、冲片绝缘漆膜热收缩率、铁心冲片装压后的平面度、铁心热压温度等多种因素有关。如果出现制造工艺不良，必然会导致局部铁心在压装后达不到设计紧度，或在长时间运行后出现松弛现象。

在运行环境方面，调相机无功负荷短时大幅变化会导致铁心温度尤其是端部铁心温度剧烈变化，会引起定子铁心压力分布变化及冲片绝缘漆膜收缩，导致铁心变松。在长期的运行中，定子铁心温度反复变化使硅钢片间的夹紧力产生松紧变化，持续反复会使定子铁心周期性热胀冷缩，容易引起铁心齿部松动。

2. 片间绝缘损坏

铁心通常是由高导磁、低损耗的冷轧无取向扇形硅钢片叠压而成，硅钢片表面涂有绝缘漆。扇形硅钢片一侧叠装在定位筋上，通过定位筋实现电气连接。当定子铁心的硅钢片之间的绝缘出现损伤问题时，将使硅钢片绝缘损伤处产生涡流，该涡流会由故障处沿硅钢片表面流动，并与定位筋或穿心螺杆构成闭合回路，由此引起定子铁心内部发热。如果该故障不能得到及时有效的解决，涡流处产生的热量会进一步加重绝缘损伤，导致更为严重的发热，由此构成恶性循环。定子铁心绝缘损伤不但影响定子铁心本身，严重时还会破坏故障点附近定子线棒绝缘，致使线棒绝缘内部放电加剧，进而引起定子绕组短路接地故障的发生。

铁心片间绝缘损坏的原因有：制造工艺不良造成的硅钢片边缘等处存在毛刺，引起齿表面短路；铁心压装不紧引起叠片振动，进而引起片间绝缘损坏；压装时压力过大，使片间绝缘破坏；膛内出现坚硬异物，运行中异物在风压及转子旋转等作用下撞击铁心等。

（二）试验检测方法

定子铁心磁化试验是在叠装完成的调相机定子铁心上缠绕励磁绕组，并通入交流电流，使之在铁心内部产生接近饱和状态的交变磁通，从而在铁心中产生涡流和磁滞损耗，使铁心发热。如果硅钢片间绝缘受损或劣化将产生较大的涡流，温度较快升高。通过考查定子铁心在特定磁通密度下，一定时间内局部温升和单位损耗是否满足相关要求，从而间接判断铁心是否发生损坏，为提前发现绝缘损伤及开展针对性检修工作提供了有力支撑。

具体试验方式如图 2-20 所示，在抽出转子的定子铁心中串入特定匝数的励磁线圈，通入特定大小的励磁电流，使定子铁心内的磁通密度到达规定值并持续相应时间，参考 GB/T 20835《发电机定子铁心磁化试验导则》，磁通密度应在 1.4T 左右持续 45min，当磁通密度无法满足要求时（最低不小于 1.26T）持续时间应通过相应公式计算延长。

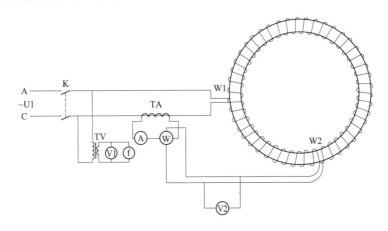

图 2-20　定子铁心磁化试验原理图

励磁电流大小选择可参照以下方式开展：

定子铁心长 I_1，通风沟长 I_2，通风沟数 n，定子铁心外径 D_1，定子铁心内径 D_2，定子齿高 h_1。

定子铁心有效长度 $L=k（I_1-nI_2）$，其中 k 取 0.94。

定子铁心有效厚度 $h=（D_1-D_2）/2-h_1$。

定子铁心有效截面积 $S=Lh$。

若取试验磁通密度 B，励磁线圈 W_1 匝，则励磁线圈外施电压 $U=4.44fW_1BS$。

定子铁心平均直径 $D_p=（D_1/2-h/2）×2$。

由铁心叠片磁化曲线求得，在磁通密度 B 对应一定大小时磁场强度 H_0 的取值，由全

电流定律 $HL=NI$ 可知，则励磁线圈电流 $I=3.14D_pH_0/W_1$。

在铁心磁化过程中，持续定时用红外成像仪器扫视整个定子铁心，找出温度最高点和最低点并记录相应温度。试验结束后，比较铁心最大温差及最高温升是否超过标准规定值，如果有超过的情况，则可针对性检查是否存在绝缘损伤情况。

用红外成像仪观察定子铁心表面，无局部短路故障的良好定子铁心片间绝缘良好、铁损低，在规定磁通密度下，各部位发热基本一致，温度不高且均匀。铁心齿表面平均温度较高，而在通风沟或下线槽的平均温度较低。存在铁心局部短路故障的铁心，在短路环中感应电动势形成涡流，局部铁损增大、温度升高，红外热像特征是一个以故障处区域为中心的局部过热热像图，如图 2-21 所示。因此，如在红外热像中出现孤立热点或偏热区，则可初步判断铁心在与热像中过热区相应的部位有绝缘缺陷。若红外热像中虽有个别孤立热点或偏热区，但当温度绝对值并不太高，铁心温升仍在允许范围内，且附近的铁心与下线槽仍依稀可辨时，这样的调相机一般仍可继续进行。

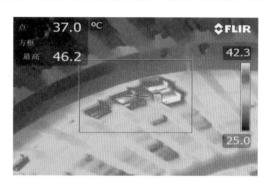

图 2-21　定子铁心磁化试验红外成像图

值得注意的是，铁心不同部位缺陷相应的发热特征不同，如定子齿部和槽部浅表短路，一般仅局限于一个小的区域发热；在定子槽部的局部短路，发热区域在槽内，反映的是仅在邻近的两齿表面呈现局部温升；铁心内部局部短路，发热区域在铁心内部，因热扩散，反映的是该段铁心的齿表面处有较大面积的温升；对于铁心轭背部局部短路，因轭背磁通密度不高，一般温升不显著。

（三）试验现场案例

某发电厂 1 号发电机更换定子线棒后进行铁心磁化试验，具体参数设置如下：

定子铁心长 $I_1=5200$mm，通风沟数 $n=63$，通风沟长 $I_2=8$mm，定子铁心内径 $D_2=1250$mm，定子铁心外径 $D_1=2540$mm，定子齿高 $h_1=163.5$mm。

则定子铁心有效长度 $L=k(I_1-nI_2)=4414.24$（mm）。

定子铁心有效厚度 $h=(D_1-D_2)/2-h_1=481.5$（mm）。

定子铁心有效截面积 $S=Lh=21254.56$（cm^2）。

若取试验磁通密度 $B=1.4$T，励磁线圈 $W_1=1$ 匝，则励磁线圈外施电压 $U=4.44fW_1BS=661$（V）。

定子铁心平均直径 $D_p=2058.5$mm。

在 $B=1.4$T 时，取 $H_0=1.2$A·匝/cm，则励磁线圈电流 $I=3.14D_pH_0/W_1=775.6$（A）。

测试中发现有定子铁心某处位置温度较其他部位快速升高，试验后温升、温差均超过标准值。经检查发现该位置的铁心齿部表面均有硬物磕碰痕迹，铁心硅钢片已露出，并有一定程度变形，片间绝缘遭到破坏。推测是由于更换线棒过程中，拆除定子槽楔时操作不慎误伤铁心齿部片间绝缘。经局部维修后，再次开展铁心磁化试验，铁心各处温升、温度均符合标准要求。

（四）小电流（ELCID）测试方法

ELectromagnetic Core Imperfection Detector-ELCID，电磁铁心故障检测仪，使用一个环形线圈对定子铁心激磁，产生环路磁场来确定定子铁心短路位置。此方法只需施加正常状态励磁量的 4%，由通过定子铁心表面的一个感应探头来检测因定子铁心短路电流产生的磁场，而不是检测定子铁心短路产生的热效应。该方法所要求电源容量很低，大多数工作地点的电源容量均可满足，例如对几十万千瓦容量的发电机，只需要电源容量为 2～3kVA 的电源。

由于施加励磁及定子铁心短路涡流电流的存在，在定子铁心产生了环路磁场。磁场会在定子铁心表面产生磁位梯度，由一种特制的线圈——Chattock 磁位计来测量磁位差。Chattock 放置于每两个相邻槽的外缘，通过对铁心表面，沿铁心齿槽进行纵向扫描，每一次对每个槽和其相邻两个齿进行检查，最终检测所有铁心齿槽。磁位差的检测包括两部分：一部分是励磁提供的在铁心表面的恒定磁场；另一部分是定子铁心内任何短路点电流在定子铁心表面形成磁位差，这两种信号都由 Chattock 检测。Chattock 的输出信号大小等比于它两端的磁位差。

电磁铁心故障检测仪接收 Chattock 信号，并将其与取自励磁电流的参考信号进行分析。检测信号与参考信号同相的部分主要是来自励磁产生的磁场，这部分信号较强。而铁心短路引起的涡流电流与励磁电流有 90°相位差，这就是 QUADRATURE（即正交电流或交轴电流）电流。信号处理主机通过取自励磁电流的参考信号及同步检测器分析出 Chattock 信号内的 QUADRATURE 成分，这两种信号可被显示并记录。信号处理主机已被校正，能直接显示 QUADRATURE 电流值。信号处理主机会记录 Chattock 检测的每两个相邻铁心齿的信号，以给出每个槽的 QUADRATURE 曲线。这些曲线会显示铁心短路点位置及 QUADRATURE 电流幅值，通过手持小型的 Chattock 对铁心齿面和槽内壁（在定子线棒取出的情况下）进一步检测，可以进一步确认铁心短路点位置。

ELCID 是一种高敏感度的检测仪器，对一些微小损坏也可以检测出。这种高敏感度对电机铁心是否存在短路点提供可靠的依据。从数十年的经验及众多的实际应用案例显示，如果 QUADRATURE 电流（使用 4%额定励磁）超过 100mA 时，就需要进一步对铁心进行检查。

ELCID 准则与传统方法（铁心磁化试验）比较，对相同的定子铁心短路，有 5～10K 的温差。在不同的励磁水平下进行测试，QUADRATURE 电流的判断标准也要相应等比例的提高或降低。但由于铁心磁化的非线性，不推荐在额定励磁 2%～10% 以外的励磁水平下进行测试。

四、转子绕组重复脉冲法（RSO）测量匝间短路试验

（一）转子匝间短路故障

转子匝间短路故障是调相机常见故障。轻微的短路故障不会给调相机带来严重的后果，可能仅是导致局部过热和振动增大，但若无法实现故障的早期诊断而任其不断恶化，会引起励磁电流增加、输出能力降低以及机组振动加剧。在未得到及时处理的情况下，短路故障还有可能恶化为发生在励磁绕组与转子本体之间的一点或两点接地故障，严重时还可能会烧伤轴颈、轴瓦，严重威胁调相机安全运行。除加工工艺不良以及绝缘缺陷等原因造成的稳定性转子匝间短路外，转子高速旋转中励磁绕组承受离心力造成绕组间的相互挤压及移位变形、励磁绕组的热变形、通风不良引起的局部过热以及金属异物等都是导致转子发生匝间短路的重要原因。在调相机交接和检修过程中，或者励磁电流、振动值不明原因的突然增大时，应开展转子绕组匝间短路检测工作，检查是否存在转子匝间短路故障。

（二）常见转子绕组匝间短路检测方法

根据检测原理的差异，目前有多种方法可用于转子绕组匝间短路检测，具体见表 2-5。

表 2-5 常见转子绕组匝间短路检测方法

诊断方法	调相机状态	转子位置
探测线圈波形法	旋转状态，调相机建立稳定的气隙磁通	膛内
转子交流阻抗和功率损耗测试法	静止或旋转状态	膛内或膛外
重复脉冲（RSO）法	静止或旋转状态	膛内或膛外
极间电压法	静止	膛外
线圈电压法	静止	膛外
匝间电压分布法	静止	膛外

在以上各种方法中，RSO 法所受的限制最小，在静止或旋转状态、膛内或膛外都可进行检测；同时，还具有试验电压低的特点，不会对绝缘造成损坏。试验结果表明，RSO法在定位精度（可定位至线圈）和灵敏度（1 匝短路）上也较高，还能发现故障先兆（非金属性短路），因此，是一种广受好评的检验方法，尤其是对于未安装探测线圈的机组，检测方式更为便捷。

（三）试验检测方法

RSO 试验应用的是波过程理论（行波技术），通过在转子绕组两极上安装信号发生器，其发出的低压冲击脉冲波沿绕组传播到阻抗突变点的时候会导致反射波和折射波的出现，因此，会在监测点测得与正常回路无阻抗突变时不同的响应特性曲线。匝间短路的程度通过故障点处的波阻抗变化大小来反映，显示在波形图上可以用 2 个响应特性曲线合成的平展程度来判定，有突出的地方说明匝间存在异常，并且突出的波幅大小就表明短路故障的严重程度。因此，即使绕组出现一匝短路故障，应用 RSO 技术对故障识别也有很高的灵敏度，试验检测示意图如图 2-22 所示。

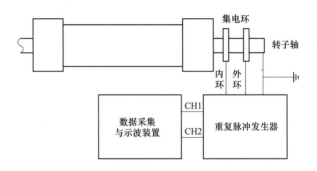

图 2-22　转子绕组匝间短路 RSO 法示意图

两极的响应出现明显差值，则判断转子绕组存在匝间短路，差值的正负可用于判断短路点所在绕组的极性，RSO 法的典型故障波形如图 2-23 所示。

不同线圈发生两匝短路的典型故障波形如图 2-24 所示。

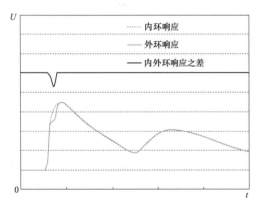

图 2-23　转子绕组匝间短路 RSO 法
典型故障波形

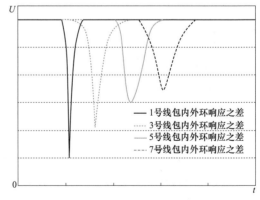

图 2-24　转子绕组不同线圈两匝短路
RSO 法的典型故障波形

在分析波形图谱时应注意，在旋转状态下通过电刷注入脉冲时，在波形起始段的起伏不应误判为存在匝间短路。诊断灵敏度与绕组距脉冲注入点的距离有关，距离越近灵敏度越高。

重复脉冲法不应用于判别两极中点位置的匝间短路。

（四）试验现场案例

某发电厂6号发电机大修时对转子绕组开展了RSO检测工作，检测图如图2-25所示，显示第八匝线圈励侧端部出现了短路情况。在现场抽出护环进行检查时发现，其内绝缘衬套在7、8号线圈过桥处有绝缘过热现象，且7、8号线圈过桥下有匝间短路情况，两匝线圈已烧熔粘接在一起，如图2-26所示。

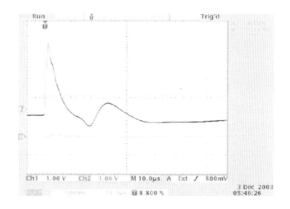

图2-25　某发电厂6号发电机RSO检测故障波形图

图2-26　某发电厂6号发电机转子绕组匝间短路图

第三章

励磁和静止变频器系统技术监督

第一节　励磁和 SFC 系统技术监督概述

一、励磁和静止变频器系统技术监督的定义

励磁和静止变频器系统（static frequency converter，SFC）技术监督的定义：以国家法律法规为准则，以安全和质量为中心，以标准为依据，通过有效的测试和管理手段，对励磁和 SFC 系统规划可研、工程设计、采购制造、运输安装、调试验收、运维检修、退役报废等全过程监督，满足励磁和 SFC 系统静态性能和动态响应指标，以确保励磁及 SFC 系统设备的安全性和稳定性，防止电网电压异常波动及调相机启动过程中发生事故。

二、励磁和 SFC 系统技术监督的任务

励磁和 SFC 系统技术监督的任务：认真贯彻执行国家、行业和国家电网有限公司发布的各项标准、规程以及相关规章制度，加强励磁和 SFC 系统技术监督工作，有效发现励磁和 SFC 系统设备功能缺陷，及时处理事故并分析原因，不断提升励磁和 SFC 系统运行可靠性，保障调相机安全稳定运行。

励磁和 SFC 系统技术监督的具体任务如下：

（1）贯彻执行国家、行业以及国家电网有限公司有关技术监督的方针政策、法规、标准、规程、制度等。

（2）建立励磁和 SFC 系统技术监督网络，研究部署全年技术监督工作，并督促落实、检查和考核。

（3）做好励磁和 SFC 系统规划可研、工程设计、采购制造、运输安装、调试验收、运维检修、退役报废等全过程技术监督。

（4）掌握励磁和 SFC 系统设备故障、重大隐患和缺陷情况，督促组织调查、分析原因、总结经验，提出对策并且督促实施。

（5）参与编制、审批有关励磁和 SFC 系统技术监督的规章制度、技改大修方案、报表等有关技术资料，确保监督执行到位。

（6）发现重大事故时，组织进行分析、调查、研究制定整改及反事故措施，对励磁和 SFC 系统设备存在的重大问题提出决策意见。

（7）开展励磁阶跃、机组定子通流试验以及涉网试验等检查工作，做好系统投运前技术监督检查，确保符合投运要求，并结合设备状态评估，监督检查运行数据和波形，分析有无异常发展的趋势，并提出调整或优化运维策略的建议。

（8）组织励磁和 SFC 系统技术监督工作培训和学习，重点提高标准执行人的专业化水平。

（9）建立、健全励磁和 SFC 系统技术监督档案，参与启动前励磁和 SFC 系统设备技术条件审查。

三、励磁和 SFC 系统技术监督的范围

励磁和 SFC 系统是调相机的重要组成部分，其安全稳定运行是确保调相机和电网安全稳定运行的重要因素，励磁系统的调节性能直接关系到电网的无功平衡、电压质量、事故情况下的电网稳定性，特别是特高压直流快速动态无功的响应能力；SFC 系统的调速性能直接关系到调相机的启动、定速、升速的安全性和稳定性，是调相机并网成功的关键因素。因此技术监督范围应包括励磁和 SFC 系统内全部设备，应对规划可研、工程设计、采购制造、运输安装、调试验收、运维检修、退役报废等实行全过程技术监督。

（一）励磁系统技术监督范围

励磁系统技术监督范围主要包括：主励磁变压器、励磁调节柜、启动励磁调节柜、灭磁电阻柜、启动励磁整流柜、启动励磁变压器柜、励磁整流柜、励磁交流进线柜、灭磁开关柜、励磁直流出线柜等，监督范围覆盖励磁系统所有一次设备和二次设备。

（二）SFC 系统技术监督范围

SFC 系统监督范围主要包括：SFC 控制柜、整流柜、逆变柜、电抗器柜、隔离变压器、输入断路器、切换开关柜、SFC 隔离开关柜等，监督范围覆盖 SFC 系统所有一次设备和二次设备。

四、励磁和 SFC 系统技术监督的目的

励磁调节器根据输入信号和给定的调节规律控制晶闸管整流装置的输出，控制同步调相机的输出电压和无功功率。启动励磁系统在启动阶段工作，配合"交—直—交"SFC系统，完成机组升速拖动，在高于额定转速后切换至自并励励磁系统。所以说励磁和 SFC 系统在调相机启动和调节无功出力过程中起着核心作用，是保证调相机安全稳定运行的关键设备。在瞬态、暂态和稳态运行全过程提供动态无功补偿，可为特高压直流和区域

电网系统安全稳定运行提供强无功支撑。因此，做好励磁和 SFC 系统技术监督工作，确保机组运行状态良好，是实现"大直流输电、强无功支撑"，提高"强直弱交"情况下，交直流混联电网安全稳定性的重要保证。

励磁和 SFC 系统设备的缺陷和隐患往往与产品质量、施工工艺、运行维护和设备元器件老化有关，缺陷和隐患发展具有"潜伏期"和"隐蔽性"，经过一段时间才会显现出来。通过运行情况分析，静动态试验等技术监督手段，落实技术监督细则，有预见性地发现设备潜在隐患和功能缺陷，为隐患和缺陷处理提供决策意见和建议。

励磁和 SFC 系统技术监督的目的是通过技术监督在各个相关单位和各个管理阶段建立起科学有效的联系，确保励磁和 SFC 系统满足技术标准、规范和合同要求，满足调相机启动和电网无功调节需求，并减少设备故障，提高调相机和电网的安全稳定性。

五、励磁和 SFC 系统技术监督的依据

励磁和 SFC 系统技术监督必备的标准见表 3-1，随着标准的修订及更新，应查询、使用最新版本。

表 3-1　　　　　　　　　励磁和 SFC 系统技术监督必备标准

序号	标准号	标准名称
1	国能发安全〔2023〕22 号	国家能源局关于印发《防止电力生产事故的二十五项重点要求（2023 版）》的通知
2	GB/T 3797	电气控制设备
3	GB/T 7409.3	同步电机励磁系统大、中型同步发电机励磁系统技术要求
4	GB/T 14285	继电保护和安全自动装置技术规程
5	GB/T 14549	电能质量　公用电网谐波
6	GB/T 15291	半导体器件　第 6 部分：晶闸管
7	GB/T 20992	高压直流输电用普通晶闸管的一般要求
8	GB/T 31464	电网运行准则
9	GB/T 32899	抽水蓄能机组静止变频器启动装置试验规程
10	GB/T 40589	同步发电机励磁系统建模导则
11	GB 50150	电气装置安装工程电气设备交接试验标准
12	GB 50171	电气装置安装工程盘、柜及二次回路接线施工及验收规范
13	NB/T 35004	水力发电厂自动化设计技术规范
14	DL/T 279	发电机励磁系统调度管理规程
15	DL/T 294.1	发电机灭磁及转子过电压保护装置技术条件　第 1 部分：磁场断路器
16	DL/T 321	水力发电厂计算机监控系统与厂内设备及系统通信技术规定
17	DL/T 489	大中型水轮发电机静止整流励磁系统试验规程

序号	标准号	标准名称
18	DL/T 490	发电机励磁系统及装置安装、验收规程
19	DL/T 491	大中型水轮发电机自并励励磁系统及装置运行和检修规程
20	DL/T 583	大中型水轮发电机静止整流励磁系统技术条件
21	DL/T 572	电力变压器运行规程
22	DL/T 586	电力设备监造技术导则
23	DL/T 596	电力设备预防性试验规程
24	DL/T 843	同步发电机励磁系统技术条件
25	DL/T 995	继电保护和电网安全自动装置检验规程
26	DL/T 1013	大中型水轮发电机微机励磁调节器试验导则
27	DL/T 1049	发电机励磁系统技术监督规程
28	DL/T 1166	大型发电机励磁系统现场试验导则
29	DL/T 1302	抽水蓄能机组静止变频装置运行规程
30	DL/T 2122	大型同步调相机调试技术规范
31	DL/T 2078.2	调相机检修导则 第 2 部分：保护及励磁系统
32	Q/GDW 1799.1	国家电网有限公司电力安全工作规程（变电部分）
33	Q/GDW 1773	大型发电机组涉网保护技术管理规定
34	Q/GDW 10799.7	国家电网有限公司电力安全工作规程（调相机部分）
35	Q/GDW 11538	同步发电机组源网动态性能在线监测技术规范
36	Q/GDW 11588	快速动态响应同步调相机技术规范
37	Q/GDW 11936	快速动态响应同步调相机组运维规范
38	Q/GDW 11937	快速动态响应同步调相机组检修规范
39	Q/GDW 11959	快速动态响应同步调相机工程调试技术规范
40	国家电网设备〔2021〕416 号	国家电网有限公司关于印发防止调相机事故措施及释义的通知
41	—	国家电网有限公司全过程技术监督精益化管理实施细则（修订版）
42	国网（调/4）457—2014	国家电网有限公司网源协调管理规定

第二节　励磁和 SFC 系统技术监督执行资料

一、励磁和 SFC 系统技术监督必备档案及记录

励磁和 SFC 系统监督资料应实行动态化管理，励磁和 SFC 系统关键性数据和资料应长期保存。必备的档案及记录见表 3-2。

表 3-2　　　　　　　　　励磁和 SFC 系统技术监督必备的档案及记录

编号	名　　称	说　　明
1	电气设备一次图纸	符合实际的最新版
2	电气设备二次图纸	
3	电气设备台账	
4	仪器设备台账、使用说明书及设备操作规程	
5	设备出厂试验及调试报告、产品合格证、说明书	启动励磁变压器、主励磁变压器、励磁调节柜、晶闸管、灭磁开关；隔离变、SFC 控制器、电抗器等
6	设备安装检查记录，静、动态（含涉网试验）试验报告、验收记录	
7	设备的运行、检修、技术改造过程记录和有关运行、检修、技改的专题总结	
8	设备缺陷统计资料和处理记录，事故分析报告和采取的措施	
9	隐患、故障整改后的试验记录	
10	电气设备技术改造或检修试验报告（记录）	
11	缺陷闭环管理记录	

二、励磁和 SFC 系统技术监督报表及总结

励磁和 SFC 系统试验情况统计表见表 3-3，缺陷情况统计表见表 3-4。

表 3-3　　　　　　　　　励磁和 SFC 系统试验情况统计表

序号	设备名称	总件数	计划应试件数	已试设备		检出缺陷		消除缺陷	
				件数	占应试件数（%）	件数	占应试件数（%）	件数	占应试件数（%）
1	主励磁变压器								
2	灭磁开关								
3	晶闸管								
4	励磁调节柜								
5	隔离变压器								
6	SFC 控制器								
7	切换开关								
8	启动高压隔离开关								
9	SFC 系统电压互感器								
10	SFC 系统电流互感器								
	合计								

表 3-4 　　　　　　　　　　　励磁和 SFC 系统缺陷情况统计表

序号	设备名称	设备缺陷情况	缺陷级别	检查情况	缺陷分析	拟消除日期及措施	消除日期
1							
2							
3							

注　以上是一、二次设备缺陷情况，包括励磁和 SFC 两个系统。

季度及年度励磁和 SFC 系统监督总结应包含以下内容：

（1）励磁和 SFC 系统监督网人员变动情况。

（2）巡检、试验、检修工作中，现场电气设备发现问题、对调相机及电网安全运行影响程度情况、消缺措施，验收及试验情况、结果。

（3）阶段及年度电气设备试验情况统计表。

（4）巡检、试验、检修及状态评估工作中发现且未处理问题详细情况描述，拟处理措施等。

（5）励磁和 SFC 系统监督工作中需解决的问题。

（6）调相机无功响应情况，特别是强励和深度进相的分析报告。

（7）下一阶段及下一年度重点工作计划。

三、励磁和 SFC 系统技术监督考核评价

根据国家电网有限公司技术监督管理规定，制定调相机技术监督实施细则，监督内容应涵盖规划可研、工程设计、采购制造、运输安装、调试验收、运维检修、退役报废等全过程，认真检查国家电网有限公司有关技术标准和预防设备事故措施在各阶段的执行落实情况，分析评价调相机励磁和 SFC 系统设备健康状况、运行风险和安全水平。

第三节　励磁和 SFC 系统技术监督重点内容

调相机励磁和 SFC 系统技术监督应涵盖规划可研、工程设计、采购制造、运输安装、调试验收、运维检修、退役报废等全过程，现对调相机励磁和 SFC 系统全过程技术监督中应重点关注的内容进行详细介绍。

一、励磁系统技术监督重点内容

（一）做好励磁参数建模工作

调相机励磁系统的参数设置对电力系统的静、动态稳定有显著的影响。在电力系统

稳定计算中采用不同的励磁系统模型和参数，其计算结果会产生较大的差异。调相机励磁系统与传统的发电机一样，需要采用精准的模型，在电网方式计算中也需要采取实测的调相机励磁系统模型。因此，针对励磁模型、版本、参数和相关限制功能试验应重点关注以下内容：

（1）调相机励磁调节器须经有资质的检测中心入网检测合格，形成入网励磁调节器软件版本，才能进入电网运行。

（2）新建机组及增容改造机组，应根据有关调度部门要求，开展励磁系统建模及参数实测试验，实测建模报告需通过具备资质的科研单位或者认可的技术监督单位审核，并将审核通过的试验报告报有关调度部门。

（3）励磁系统设备改造后，应重新进行各种限制环节的试验，确认新的励磁系统工作正常，满足标准的要求。控制程序更新升级前，对旧的控制程序和参数进行备份，升级后进行空载试验及新增功能或改动部分功能的测试，确认程序更新后励磁系统功能正常。做好励磁系统改造或程序更新前后的试验记录并备案。

（4）修改励磁系统参数必须严格履行审批手续，在书面报告有关部门审批并进行相关试验后，方可执行，严禁随意更改励磁系统参数。

【案例 3-1】 某发电厂在开展 PSS 试验过程中，由于试验人员参数输入错误，冲击了调试计算机工具和励磁调节器 CPU 之间的通信，致使调试计算机向励磁调节器 CPU 的参数传输出现错误，错误参数导致 CPU 接收到不合逻辑的数据，结果出现功能混乱，整流桥失控，励磁系统出现误强励，导致发电机跳机。

（二）励磁限制与保护定值应相互配合

励磁系统限制器对于调相机在电力系统中的正常运行发挥着非常关键性的作用。但在实际的调相机-变压器组（简称调变组）保护计算时，如果忽略励磁系统限制器与调变组保护定值之间的配合，一旦电力系统出现异常情况，励磁系统不能正确发挥限制作用，可能导致调变组保护动作，发生误跳机事件。为了防止类似问题的反复出现，国网（调/4）457—2014《国家电网有限公司网源协调管理规定》、国能发安全〔2023〕22 号《防止电力生产事故的二十五项重点要求（2023 版）》、Q/GDW 1773《大型发电机组涉网保护技术管理规定》对发电机组的涉网保护配合问题进行相关的规定，新型大容量调相机也应该满足上述要求，即：

（1）励磁系统的 V/Hz 限制环节特性应与过激磁保护配合，在调相机对应继电保护装置动作前进行限制。

（2）过励限制与转子反时限过热特性曲线匹配的前提下，应协调整定，充分发挥励磁系统过励运行能力。过励限制应与调相机转子绕组过负荷保护配合，遵循过励限制先于转子绕组过负荷保护动作的原则。

（3）励磁系统低励限制环节动作值的整定应与调相机进相能力、失磁保护相配合，在失磁保护之前动作，确保不引发调相机误跳机。

（4）励磁系统定子电流限制环节的特性应与调相机定子的过电流能力相一致，并且与定子过负荷保护相配合，但是不允许出现定子电流限制环节先于转子过励限制动作，从而影响调相机强励能力的情况。

（三）防止调差系数设置不当引发机组无功出力异常

目前国家电网有限公司大型调相机励磁系统调差系数的定义为：正调差，即随着无功功率的增加机端电压减小；负调差，即随着无功功率的增加机端电压增大，如图 3-1 所示。

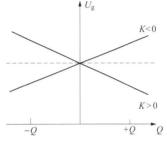

励磁系统调差功能是励磁系统调节无功出力的重要参数，励磁系统调差功能有两个方面的作用：一方面确定共母线机组暂态时无功按比例分配；另一方面在系统波动时确定调相机无功出力增量按比例分配，防止调相机出现随机不稳定抢无功功率的情况发生，引发无功出力异常。因此，对励磁系统调差功能提出如下要求：

图 3-1　励磁系统调节器调差定义

（1）对于单元接线的调相机，由于升压变压器阻抗较大，为了提高调相机对系统的无功电压支撑能力，一般选择负调差，用于补偿升压变压器电压降，且各机组调差系数应选择一致。

（2）励磁系统应具有无功调差环节和合理的无功调差系数。接入同一母线的调相机的无功调差系数应基本一致。

（3）励磁系统无功调差功能应投入运行，且两套励磁系统调差系数设置应保持一致。

【案例 3-2】某发电厂 200MW 机组处于发电状态，有功功率 200MW，无功功率 100Mvar。励磁调节器正常工作中，A 通道为主通道，B 通道为从通道，处于备用状态，调试人员准备开展励磁调节器通道切换试验，由于 A 通道励磁调节器无功调差系数为 0，B 通道励磁调节器无功调差系数为−15%，当励磁调节器从 A 通道切换到 B 通道时，发电机机端电压上升，励磁电流急剧增加，励磁变压器保护动作跳闸，发电机解列灭磁。

（四）防止励磁系统运行方式选择不当引发机组功能异常

由于励磁系统自动控制方式有过励、低励等限制功能，手动控制方式则没有相应功能，如励磁系统正常运行过程中，误选择手动控制方式，将导致调相机失去强励等主要功能。基于两种控制方式的区别，对励磁系统的控制方式提出如下要求：

（1）并网机组励磁系统应在自动方式下运行。如励磁系统故障或进行试验需退出自动方式，必须及时报告调度部门。

（2）进相运行的调相机励磁调节器应投入自动方式，低励限制器必须投入。

（3）利用自动电压控制（AVC）对调相机调压时，受控机组励磁系统应投入自动方式。

（五）励磁系统功率整流装置应冗余配置

由于调相机励磁系统整流装置裕度有限，为了保证在一个整流柜退出的情况下，调相机仍能满足强励要求，励磁系统一般采用多个功率柜，其柜内晶闸管电流裕度又主要取决于功率柜数量或冗余方式，因此，对功率柜配置和均流系数提出如下要求：

（1）功率柜应按照满足 $N+1$ 原则设计，当有一支整流支路退出时，应满足强励及 1.1 倍额定励磁电流下长期运行的要求。

（2）励磁系统各个功率柜必须有良好的均流系数，防止均流不好的情况下一柜退出，导致承担较多负荷的功率柜电流超过其裕度的电流而烧毁。在励磁电流不低于 80% 负载额定值时均流系数不应小于 0.9，在励磁电流为空载额定时不应小于 0.85。

【案例 3-3】某发电厂 3 号发电机励磁调节器均流不平衡，运行中电流偏差较大（15% 左右），超过励磁调节器均流性能规定要求。3 号整流柜整流特性差，机组跳机前，系统电压波动，励磁电流突升，3 号整流柜整流元件击穿，励磁变低压侧电流波形发生畸变，导致励磁变保护动作，最终造成发电机跳机。

（六）做好励磁系统快速熔断器选型工作

快速熔断器选型应能起到保护晶闸管作用，如果未在晶闸管达到允许的热熔值 I^2t 之前迅速熔断，将造成晶闸管击穿，励磁系统故障扩大。因此，快速熔断器的选型应满足以下要求：

（1）快速熔断器应能承受容许过负荷电流，正常运行及强励时不应过热或熔断；当励磁系统内部发生类似短路等故障造成流过桥臂分支的电流迅速上升时，熔断器应能可靠熔断，切除故障回路。

（2）快速熔断器额定电压，应不低于晶闸管整流桥运行期间熔断器熔断后两端承受的电压。

（3）快速熔断器额定电流，应不低于晶闸管整流桥额定出力时流过晶闸管桥臂的电流有效值，且应不大于晶闸管额定通态平均电流对应的电流有效值。

（4）快速熔断器的分断能力应大于励磁系统内部最大故障电流时流过晶闸管桥臂分支的电流有效值。

（5）快速熔断器的实际 I^2t 值应小于晶闸管的实际 I^2t 值，并留有足够裕量。

（6）所选用的快速熔断器应在第三方检测机构进行型式试验，试验数据应至少包含分断能力、弧前 I^2t 值和熔断 I^2t 值、电弧电压、试验后绝缘电阻等数据。

（7）快速熔断器在分断过程中产生的过电压应不危及其他元器件的安全。

【案例 3-4】 某调相机励磁系统快速熔断器选型不合理，未能起到保护作用。快速熔断器 RSM—2000V/1600A，I^2t 参数说明书值为 7.29MA^2·s。但实测 I^2t 值为 10.6MA^2·s，大于晶闸管的 I^2t 值（10.125MA^2·s），使得快速熔断器无法有效保护晶闸管，造成晶闸管烧坏。

（七）做好励磁系统抗干扰设计

励磁系统晶闸管脉冲触发线因外部绝缘防护破损或包覆不全、脉冲触发线之间的绝缘强度不够等问题，脉冲触发信号受干扰，导致励磁系统故障的事件时有发生。为了防止类似事故的再次发生，对励磁系统抗干扰设计提出以下要求：

（1）整流柜应采用三相独立的脉冲盒，防止相间放电，如图 3-2（b）所示。

【案例 3-5】 某调相机励磁系统发生短路故障，多个晶闸管及脉冲盒损坏。检查发现 A、B、C 相三只晶闸管共用一个脉冲盒，脉冲盒上—A 晶闸管门极端子与—B 晶闸管阴极端子之间存在放电痕迹，如图 3-2（a）所示。

(a)　　　　　　　　　　　(b)

图 3-2　励磁系统脉冲盒示意图

（a）三相一体脉冲盒；（b）三相分相脉冲盒

（2）晶闸管控制脉冲应采取抗干扰措施，宜采用光纤传输就地触发或柜间电缆分别成组屏蔽；若采用柜间电缆成组传输，应尽量减小脉冲电缆走线长度。

（3）对于采用电传输脉冲信号的励磁系统，脉冲控制电缆的脉冲电源与脉冲信号应成对走线，同时确保每对脉冲线有独立的屏蔽层并分别接地，如图 3-3 所示。

【案例 3-6】某调相机励磁系统采用电信号传输脉冲，脉冲电缆长约 26m，且脉冲电源线和脉冲信号线未成对走线，脉冲之间存在干扰，增大晶闸管的损耗，使晶闸管的特性下降，最终导致晶闸管击穿，调相机跳机。

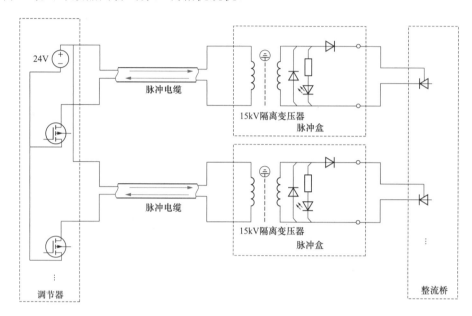

图 3-3　脉冲电源线和脉冲信号线成对走线示意图

（4）整流柜脉冲盒输出到晶闸管的脉冲触发线应分开走线，加装绝缘护套（如黄蜡套管），严格控制接线工艺，确保整流柜内所有触发脉冲线无破损且绝缘良好，黄蜡套管应包覆到触发脉冲线的根部，提高脉冲触发线间绝缘强度，防止绝缘击穿引起励磁系统故障，如图 3-4 和图 3-5 所示。

图 3-4　黄蜡套管包覆不足

图 3-5　黄蜡套管完全包覆

【案例 3-7】某调相机励磁系统运行中报整流柜故障，检查发现脉冲触发线没有分开走线，且剥除了过多的黄蜡套管，-A、-B 相脉冲触发线的破损处接近，引发脉冲线间放电，击穿晶闸管。

【案例 3-8】某调相机整流柜-A、-B 相脉冲触发线因破损处接近，引发放电，将一次回路的电压引入晶闸管门极，造成-A、-B、-C 相晶闸管损坏，快速熔断器熔断。

【案例 3-9】某调相机年度检修后，因红外测温探头绝缘不满足要求，造成转子负极接地，与之前破损的-A 晶闸管 K 极触发线形成回路，造成-A 相晶闸管损坏、-A 相快熔熔断，如图 3-6 所示。

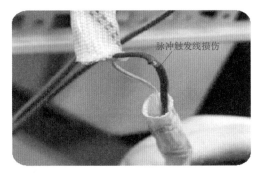

脉冲触发线损伤

图 3-6　脉冲触发线破损图

（5）功率整流装置和灭磁装置的一次回路及其带电体部分的对地绝缘耐压应满足 Q/GDW 11588《快速动态响应同步调相机技术规范》中 6.1.16 的要求："对于距离较近、存在放电风险的螺丝和螺帽等金属件，须采取绝缘帽、绝缘隔板防护等措施。交直流汇流、引出母排以及相关连接部位采用热缩套管或绝缘护套进行防护"。

【案例 3-10】某调相机励磁系统交流侧发生三相短路，交流铜排被烧断，排查整流柜顶一次铜排是柜内薄弱环节，未完全安装绝缘护套，电弧形成之后，扩散到交流铜排，形成相间短路，最终引发铜排三相短路。

【案例 3-11】某调相机整流柜刀闸附近发生三相短路，-A、-B、-C 三只快熔的外侧铜板，以及直流出线铜排有放电痕迹。经分析，整流柜脉冲触发线放电引起柜内绝缘强度降低，由于柜内刀闸位置处绝缘薄弱无绝缘补强措施，引起-A、-B 相此处铜排之间放电，最终发展为三相短路，造成故障扩大，如图 3-7 所示。

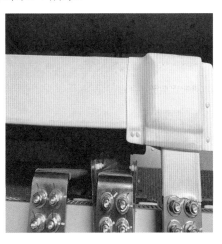

图 3-7　绝缘隔板和绝缘护套防护示意图

（八）做好励磁系统灭磁装置试验监督工作

励磁系统励磁绕组回路应装设灭磁装置，正常停机灭磁应采用调节器逆变灭磁方式，事故灭磁应独立于调节器，采用跳灭磁开关并投灭磁电阻灭磁。如果灭磁开关最大断流能力小于励磁变压器短路电流或灭磁开关采用单个跳闸回路，可能造成灭磁开关无法跳开，引发拒动事故。因此灭磁开关应该满足如下要求：

（1）绝缘电阻测试，测定值不小于 5MΩ。

（2）导电性能检查，主触头的电压降应不大于制造厂的规定。

（3）操作性能试验，合闸电压为 80%额定操作电压，分闸电压为 65%额定操作电压时灭磁开关动作应正确、可靠。

（4）同步性能测试，多断口磁场开关的各断口间动作的同时性均应符合技术规定要求。

（5）分断电流试验，以最小分断电流、空载励磁电流、50%和 100%的额定励磁分断试验后检查触头及栅片间隙等，应无明显异常。

（6）灭磁开关最大断流能力不小于励磁变压器短路电流，在规定的操作电压条件下，灭磁开关应能可靠分合闸，灭磁开关应配置两路独立跳闸回路，不同分闸线圈的操作电源应各自独立。

二、SFC 系统技术监督重点内容

（一）SFC 系统应有完整的逻辑与电气闭锁功能

机端 SFC 启动高压隔离开关用于连接 SFC 系统与封闭母线，为避免调相机在 SFC 拖动时误并网或在并网运行时 SFC 系统误送电，调相机并网开关与机端 SFC 启动高压隔离开关除逻辑闭锁外还应设置电气闭锁回路，避免 SFC 系统过电压损坏。

（1）调相机并网开关与 SFC 启动高压隔离开关之间应有逻辑闭锁和电气闭锁回路，防止 SFC 系统过电压损坏。

（2）SFC 系统各输出切换开关之间互锁逻辑应完善，确保运行中的 SFC 系统与启动的调相机唯一对应。

配置 2 台调相机的站点，同一 SFC 不同输出切换开关 11、12 之间，21、22 之间应有可靠的电气闭锁；同一机组不同 SFC 输出切换开关 11、21 之间，12、22 之间应有可靠的电气闭锁，配置 3 台调相机的站点参照设计，如图 3-8 所示。

配置 4 台调相机的站点，母联开关 30 断开或无母联开关时，同母线的切换开关 01、02 之间，03、04 之间应有可靠的电气闭锁；母联开关闭合时，切换开关 01、02、03、04 之间，输出开关 10、20 之间应有可靠的电气闭锁，如图 3-9 所示。

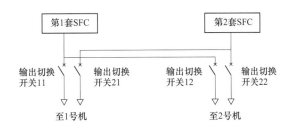

图 3-8　SFC 输出切换开关接线示意图（配置 2 台调相机的站点）

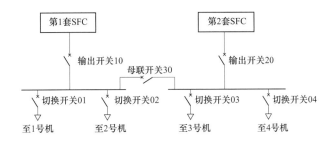

图 3-9　SFC 输出切换开关接线示意图（配置 4 台调相机的站点）

（二）做好 SFC 系统相关断路器及隔离开关设计监督工作

（1）输入断路器柜应设计接地刀闸。SFC 系统输入断路器上端连接启动电源母线，下端连至隔离变压器高压侧。如果 SFC 系统输入断路器未设计接地开关，在 SFC 系统检修时存在带电风险，需要挂接地线，不便于操作。因此，SFC 系统输入断路器应设置接地刀闸，防止检修时误送电至 SFC 系统，并且应满足电气五防要求，防止误操作。

（2）SFC 系统与运行设备应有明显断开点。新建调相机工程的 SFC 隔离切换开关柜应有检修位置，停运时与运行设备应有明显断开点，防止调相机误拖动。在 SFC 启动机组时，除该 SFC 至该机组主回路连通外，其余的输出切换开关应有明显断开点（如置于试验位），确保不会误拖动。

（3）SFC 启动高压隔离开关柜一次、二次设备应有效隔离。如调相机机端至 SFC 启动高压隔离开关柜内一次导电回路与二次空气开关、端子排等未进行有效隔离，一次带电部位与二次空气开关、端子排等距离过近，存在二次设备操作及检修的安全隐患。为防止开关柜火势蔓延，在开关柜的柜间、母线室之间及与本柜其他功能隔室之间应采取有效的封堵隔离措施。

【案例 3-12】某调相机 SFC 启动高压隔离开关柜内一次导电回路与二次空开、端子排等未进行有效隔离，一次带电部位与二次空开、端子排等距离过近。当升压变压器运行时，即使隔离开关拉开，隔离开关上触头仍带有 20kV 电压，不具备操作和检修条件，同时也有一定安全隐患。如图 3-10 所示。

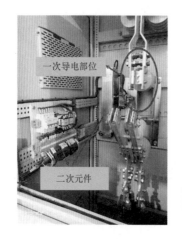

一次导电部位

二次元件

图 3-10　SFC 隔离开关内一、二次设备未进行有效隔离

（三）做好 SFC 系统电气设备与辅助系统设计监督工作

1. 做好 SFC 系统电抗器设计监督工作

SFC 系统实际上是"交-直-交"电流型变频器系统，整流桥和逆变桥的直流侧用平波电抗器连接，其主要作用是抑制直流电流的纹波，使之更具有电流源的特性，满足系统需要。同时限制故障电流上升速率的幅值，避免出现逆变桥换相失败。为了防止电抗器故障，对 SFC 系统中的电抗器有以下要求：

（1）电抗器采用干式、风冷、单相电抗器，安装在金属柜内。

（2）电抗器接在整流器和逆变器中间的直流回路中，应能限制回路中电压和电流的谐波分量及直流变化速率，使逆变器稳定可靠的工作，同时其绕组温升也应该满足产品技术要求。

（3）电抗器应选用短路试验合格的产品，厂家应提供产品短路试验报告。

2. 做好 SFC 系统冷却装置设计监督工作

SFC 装置运行的时候，整流桥和逆变桥中的晶闸管都要频繁的进行开通、关断，这个过程会伴随着开通损耗、关断损耗以及通态损耗的产生，这都会导致晶闸管结温的上升。此外，平波电抗器工作的时候，其绕组温度也会升高。当这些部件的温度超过限值的时候，就会发生故障，影响整个 SFC 装置的正常运行。因此，需要采用冷却装置进行 SFC 装置降温。调相机 SFC 装置的冷却方式采用强迫风冷方式，冷却单元的风压和风量应符合产品技术要求，风机及其交流电源宜冗余配置并可自动切换。

3. 做好 SFC 系统电压互感器和电流互感器设计监督工作

SFC 系统输入量采集主回路的电流及电压数据，以确保 SFC 系统监视控制功能稳定、精确。因此 SFC 装置主回路应设置足够数量的电压互感器和电流互感器（或其他电压、电流测量设备），电压互感器及电流互感器的数量、布置位置、变比、精度、特性、容量和型式应满足保护、测量和监控的需要，防止 SFC 系统监控功能异常。SFC 系统电压互感器和电流互感器应满足以下要求：

（1）电压互感器和电流互感器在波形畸变的影响下应能正常工作，布置在逆变桥交流侧的电压互感器和电流互感器应有良好的低频特性，频率在 2～52.5Hz 变化时，其精度应满足保护和测量要求。

（2）电压互感器和电流互感器应安装在密闭防尘的封闭金属配电屏（柜）内，二次回路应接至该屏（柜）端子排上。

（四）SFC 系统控制保护单元应可靠动作

控制保护单元是 SFC 装置的核心单元，控制保护单元通过监测各个部件的工作状态，发出各种指令，控制 SFC 系统完成变频启动等功能。同时它还可以在正常工作及各种故障情况下，保护晶闸管等部件不因过电压或者过电流而损坏。为了防止控制保护单元发生事故，导致 SFC 系统失去控制和保护功能，对控制保护单元有以下要求：

（1）控制保护单元应能满足机组从静止升速至 105% 额定转速的时间和频率变化的要求，机组升速时间应符合产品技术要求。

（2）在正常工作及各种故障情况下，控制保护单元应具备对晶闸管元件温度、工作状态、触发脉冲等进行监测、控制与保护功能，应能保证晶闸管元件不因过电压或过电流而损坏，如图 3-11 所示。

图 3-11　SFC 系统应具有触发脉冲监测功能

（3）控制保护单元应配备两路独立可靠的控制电源，故障时可自动切换并报警。控制保护单元与监控系统、励磁系统等的信息传递（通信或硬接线）正常，满足机组启动要求。此外，在机组启动过程中，控制保护单元还应具备以下功能：

1）机组启动初始阶段，正确检测转子初始位置。

2）机组低速运行阶段，控制晶闸管实现强迫换相。

3）机组高速运行阶段，控制晶闸管平滑过渡至自然换相。

（五）SFC系统容量与数量应与机组相匹配

SFC系统设计应考虑容量、数量与机组的匹配关系，防止SFC容量和数量选择不当，造成机组启动异常。因此，提出以下要求：

（1）SFC容量选择与机组的旋转阻力矩、机组转动部分的时间常数和起动加速时间有关。旋转阻力矩与机组结构有关，机组转动部分的时间常数和起动加速时间与调相机设计参数有关，故参数选择时宜适当兼顾。

（2）当调相机台数为2台及以上时，应该选用两套SFC装置，互为备用。

（六）SFC系统应加强谐波技术监督

当SFC与其连接回路的参数配合不好时，就会产生具有零序特性的三次及其整数倍的高次谐波。谐波会对SFC自身以及站用电系统的电能质量产生不利影响，因此在基建调试过程中，应测试SFC系统谐波限制满足以下要求：

（1）对SFC系统的谐波限制标准，应注意站内不同于公共电网，主要问题是不要影响站用电设备运行，因此可以用SFC系统与站用电汇合点电压总畸变率来考核。对公共接入点造成的谐波影响应满足GB/T 14549《电能质量公用电网谐波》的规定。

（2）SFC系统运行时产生的谐波电压和电流应不影响调相机保护、励磁、中性点设备及其他设备的正常运行。

（3）为使长期运行时谐波对站用电系统影响最小，且不因一台主变压器故障或检修同时影响SFC系统电源和站用电源，也可采用SFC系统电源和站用电源分别引自不同上级电源。

（七）做好SFC系统运行时间的技术监督

SFC系统的运行过程中，整流桥、逆变桥中的晶闸管以及平波电抗器绕组等都会产生一定的热量。因此，为了防止元件温度过高导致设备损坏，SFC不能连续长时间运行，必须要有运行时间间隔。因此，SFC装置启停和运行时间提出如下要求。

（1）SFC装置应能满足机组频繁启停的要求，并且能连续逐一启动站内所有机组。

（2）SFC应该根据谐波滤波器放电时间间隔要求和晶闸管特性要求，制定SFC连续运行时间和间隔时间的限制规定，时间限制应该满足设备的相关产品技术要求。调相机频繁启动，SFC系统应能够连续满载运行不小于60min，间隔60min后可再次启动，防止调相机连续拖动造成SFC系统过热故障。

（八）做好SFC系统运行操作的技术监督

SFC系统具有远方自动方式和现地手动方式，无论是远方自动方式还是现地手动方式，都应按照运行规程和预设逻辑流程进行。否则，一旦跳项操作或不按操作要求检查、操作、核对，就可能出现 SFC 系统运行操作事故。因此对 SFC 系统的运行操作提出以下要求：

（1）在正常情况下，SFC 系统应该选择远方自动方式启动机组，但是 SFC 系统的调试应该采用现地手动方式。

（2）SFC 系统的基本启动条件是 SFC 系统隔离措施已解除，电气回路上所有接地线、短路线已全部拆除，所有接地开关已拉开，输入断路器及启动回路各隔离开关处于断开位置，各断路器及隔离开关操作电源、控制电源投入正常。

（3）控制保护单元的控制电源投入正常，无运行闭锁报警信号。

（4）SFC 系统所有保护投入正确，保护控制面板无报警信号。

（5）风机等设备交流电源投入正常，风机控制方式处于"自动"状态。

（6）当 SFC 系统远方自动运行、现地手动运行或者进行隔离、恢复操作的时候，均应按照相应的要求和流程来进行操作。

三、励磁和 SFC 系统同类设备的技术监督重点内容

（一）做好晶闸管质量管控监督工作

晶闸管属于励磁系统主器件，晶闸管损坏可进一步引发励磁系统整流回路短路故障。晶闸管损坏一般都是因为温度过高造成的，而温度是由晶闸管的电特性、热特性、结构特性决定的。SFC 系统采用的是"交-直-交"电流型变频器，采用 12 脉冲整流/6 脉冲逆变装置实现整流和逆变。在整流和逆变的过程中，整流桥和逆变桥中的晶闸管需要重复导通、关断，晶闸管需要重复承受正反向电压、流过导通电流。为了防止晶闸管的相关性能不满足要求而造成运行事故，对晶闸管质量管控提出以下要求：

（1）晶闸管元件正反向重复峰值电压应大于励磁系统回路直流侧过电压保护装置动作电压整定值。

（2）开环高压小电流试验时，同步、移相、触发和晶闸管控制触发性能应正确，晶闸管输出直流侧波形，晶闸管整流特性应平滑，整流锯齿波形应基本对称。

（3）应按照 GB/T 15291《半导体器件 第 6 部分：晶闸管》、GB/T 20992《高压直流输电用普通晶闸管的一般要求》标准要求，开展全面的筛选测试，涵盖断态电压临界上升率、维持电流、擎住电流、通态电流临界上升率、通态浪涌电流、门极控制开通时间等参数。

（4）晶闸管元件需储存于干燥、无凝露的仓库中。

（5）在开展开环低压大电流试验时，输出锯齿波形应有稳定的 6 个波峰，且一致性好；额定电流下整流器各部温升满足技术规范要求；电流升至顶值电流倍数（功率整流

柜额定输出电流）持续 20s，各部温升满足技术规范要求。

（6）应提供晶闸管的出厂时间、投入使用时间、出厂报告及复测试验报告，如有不满足质控要求的，应予以更换。

（7）各种工况下晶闸管的设计结温都不应超过 110℃。

（二）做好励磁调节器、SFC 控制系统配置和设计监督工作

1. 做好励磁调节器配置与设计监督工作

（1）励磁系统严重故障出口方式设计。目前励磁系统严重故障后出口方式有两种：一种是励磁系统严重故障后将开出量接入 DCS 监控后台；另一种是励磁系统严重故障后将开出量接入调变组保护开入，通过调变组保护跳闸，如图 3-12 所示。当励磁系统严重故障后，第一种方式会造成调相机励磁系统失磁或失去无功调节功能。因此宜设计主励磁系统严重故障开出信号至调变组保护装置，当两套主励磁系统均发生严重故障时，通过调变组保护直接动作于跳闸。

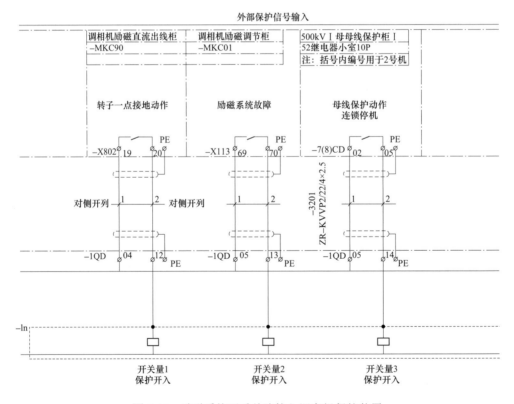

图 3-12 励磁系统严重故障接入调变组保护装置

（2）励磁调节器应采集并网开关位置信号。接入并网开关位置信号是励磁系统判断调相机运行状态的重要手段，准确判断调相机的运行状态，是励磁系统能精准控制调相机安全运行的必要条件之一。因此励磁调节器应采集升压变压器高压侧并网开关位置信

号，辅助励磁系统判断并网状态。调相机正常停机采用逆变灭磁，调相机故障时则不允许逆变灭磁（包括远方逆变和就地逆变）。

（3）励磁系统两套励磁调节器不应共用同一台同步变压器。对于模拟励磁调节器来说，同步变压器的作用就是找出交流电源的正半波区间；对于数字励磁调节器来说，同步变压器的作用就是找出交流电源由负半波变为正半波的过零点，以保证触发脉冲的正确性，因此应分别采用不同的同步变压器，防止 A、B 套励磁调节器同时报出故障信号，调变组保护动作跳机。

【案例 3-13】某发电厂发电机两套励磁调节器未完全独立，共用一台同步变压器，机组运行时，同步变压器将晶闸管整流桥交流侧 200V 电压降至 100V 后，分别送至 A 套励磁调节器和 B 套励磁调节器。此时，同步变压器 B 相一次侧端子接线松动，在运行中出现微小振动，偶尔会出现端子接触不良，导致同步变压器二次侧输出电压缺相，由于该电压为 A 套励磁调节器和 B 套励磁调节器共用，因此两套励磁调节器同时报出同步信号检测故障，导致 A、B 套励磁调节器同时报出故障信号，励磁系统自动分开主励开关，合上备励开关，但是备励开关合上后，突然备励开关又跳开，发电机-变压器组失磁保护动作，发电机跳闸解列。

2. 做好 SFC 控制系统配置与设计监督工作

SFC 控制系统控制整流桥将工频电源整流成直流电，平波电抗器对整流的直流电进行平波处理，使其更具有电流源的特性，控制逆变桥频率变化，从而拖动机组不断加速至 1.05 倍额定转速。SFC 控制柜主要由静止变频器主控装置、阀控装置组成。主控装置实现变频启动系统的核心控制和保护功能，阀控装置则主要承担阀组的触发控制功能，二者通过光纤连接。发生 SFC 控制柜故障，将导致调相机无法完成机组启动，严重还可能造成调相机事故。因此，SFC 系统应该满足如下要求：

（1）SFC 注入至定子绕组的电流最大值应小于定子电流额定值，SFC 设定的启动励磁电流最大给定值应小于转子绕组电流额定值，防止定子、转子绕组过流损坏。

（2）SFC 控制器应具备修改调相机目标转速值的功能，防止首次启动或 A 修后无法开展不同转速下的机组试验。

（3）SFC 控制柜面板应设紧急停止按钮，且有防护罩等防误碰措施，如图 3-13所示。

图 3-13　SFC 控制柜面板应设紧急停止按钮，且按钮装有防护罩

（4）SFC 系统所有晶闸管触发脉冲光纤应有备用芯。

【案例 3-14】某调相机 SFC 系统所有晶闸管触发脉冲光纤没有备用芯，导致光纤故障后无备用芯替换，增加运维检修工作难度，延长检修时间。

（5）新建工程 SFC 系统（不含隔离变压器和机端高压隔离开关）应装设在室内，室内温、湿度应满足 GB/T 3797《电气控制设备》要求，防止 SFC 过热无法正常工作。

【案例 3-15】某调相机 SFC 系统设备无单独的小室及外部冷却设备，直接暴露在调相机厂房内，调相机为空冷机组，调相机本体散热量较大，调相机厂房温度过高（达 45℃以上），不满足 SFC 运行环境要求，导致 SFC 系统拖动调相机启动失败。

（三）做好励磁变压器与 SFC 隔离变压器设计选型监督工作

励磁变压器选型或设计不当，可能造成变压器运行异常，甚至故障烧毁，引发励磁系统故障。如果 SFC 系统未采用隔离变压器，当 SFC 系统与其连接回路的参数配合不当会产生谐波，导致 SFC 系统无法正常工作和保护误动等问题。因此，励磁变压器与 SFC 隔离变压器选型或设计应该满足如下要求：

（1）励磁变压器设计应计及整流负载电流分量中高次谐波产生的热量。

（2）励磁变压器高压侧封闭母线外壳用于各相别之间的安全接地连接应采用大截面金属板，不应采用导线连接，防止不平衡的强磁场感应电流烧毁连接线。

（3）励磁变压器短路阻抗选择，应使直流侧短路时短路电流小于磁场断路器和功率整流装置快速熔断器最大分断电流。

（4）励磁调节器与励磁变压器不应置于同一场地内。

（5）励磁变压器不应采取高压熔断器作为保护措施。励磁变压器保护定值应与励磁系统强励能力相配合，防止机组强励时保护误动作。

（6）SFC 系统采取设置隔离变压器来隔离 SFC 系统产生的谐波。隔离变压器应能承受系统过电压和静止变频器产生的共模电压以及谐波的影响，如图 3-14 所示。

（7）变压器柜门应有带电防误闭锁功能，防止误碰带电设备，如图 3-15 所示。

图 3-14　SFC 系统应选用隔离变压器

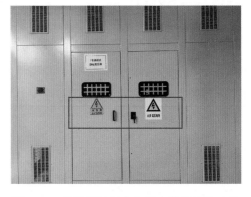

图 3-15　变压器柜门应有带电防误闭锁功能

（8）变压器引线各部件装配尺寸应符合设计要求。低压绕组引出线裸露铜排（尤其是靠近铁心拉板的铜排），应喷绝缘涂料或加装绝缘带、绝缘热缩套，防止短路故障。

（9）如图 3-16 所示，变压器的绕组温度应配置有效的监视手段，并控制其温度在设备允许的范围之内，同时应具有就地和远方（DCS）温度显示和超温报警功能。有条件的可装设铁心温度在线监视装置。

图 3-16　变压器应配置温度控制器

（10）变压器测温元件宜安装在低压侧且测温元件引线应固定牢靠，不能靠近高压绕组，防止在运行中出现放电。

（11）应考虑谐波导致损耗增加对变压器容量造成的影响。变压器高、低压绕组之间应设有金属屏蔽并接地。

（12）变压器高低压侧外罩分别增设红外观察窗，满足巡视检测要求。新装干式变、运行干式变（结合停电），增加对档位桩头的检查，确认连片、垫片及螺栓与桩头的连接状态以及桩头是否倾斜。

（13）置于通风条件较差环境的干式变压器，应考虑使用强迫空气冷却装置。

（四）做好励磁与 SFC 系统风机设计监督工作

励磁系统一般采取强迫风冷的整流装置，如果励磁系统三台整流柜共用一个风机电源切换装置，当风机主备电源切换装置损坏后，可能导致所有整流柜的风机电源均丢失，造成励磁系统整流柜过热。SFC 系统风机容量设置不足或风机单电源配置，都可能造成风机运行异常，造成 SFC 系统过热，影响启机成功率。调相机励磁与 SFC 系统冷却风机应满足如下要求：

（1）励磁系统整流柜冷却风机应冗余配置，单台风机的容量应按照冷却负荷的 100%设计。

（2）励磁系统不同整流柜的风机电源切换装置应相互独立，避免切换装置故障时，影响所有整流柜风机正常工作。

（3）励磁系统风机或风机电源切换过程中，切换延时应满足晶闸管冷却对通风容量的要求，柜内温升不应引起超温告警。

（4）SFC 系统整流桥、逆变柜、电抗器柜冷却风机应按 100%容量要求配置。

（5）SFC 应设计两路风压检测回路，用于检测网桥柜、机桥柜、电抗器柜的风扇工作状态；两路风压检测回路不应共用风压开关，避免风压检测回路假冗余。

（6）冷却系统应采用双电源供电，避免单电源故障时，风机停止运行。

（7）冷却系统电源应取自站用电不同母线段，励磁系统风机电源不应取自励磁变压器低压侧。

【案例 3-16】某调相机采用西门子励磁系统，整流柜风机主用电源取自励磁变压器低压侧，在进相运行过程中发生机端电压、励磁变压器低压侧电压降低，进而导致风机电源电压降至临界值附近波动，风机主备回路切换接触器频繁动作，卡死在中间位置无法吸合，风机两路电源均丢失，导致 3 个整流柜过热退出运行，励磁系统发出励磁故障跳闸指令引发跳机。

【案例 3-17】某调相机 SFC 网桥柜、机桥柜各有 2 个风压开关，电抗器柜只有 1 个风压开关，两路风压检测回路共用电抗器柜的风压开关，若机桥柜 2 个风压开关、电抗器柜风压开关闭合且网桥柜的 1 个风压开关断开时，两路风压检测回路均显示风压正常，无法及时发现风压异常，如图 3-17 所示。

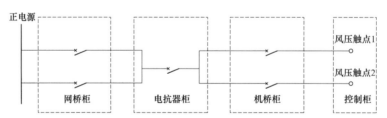

图 3-17　某调相机 SFC 系统风压检测回路图

（五）加强励磁与 SFC 系统设备运维及试验的监督工作

励磁与 SFC 系统均有一次、二次设备，并且均存在一、二次设备同屏柜的情况，需要定期检查系统设备健康状态，防止由于触点腐蚀、松动变位、触点转换不灵活、切换不可靠等原因造成设备运行隐患，造成设备运行异常。因此，对励磁与 SFC 系统设备元器件运维及试验提出如下要求：

（1）为保证设备长期可靠运行，需要对设备进行定期维护，维护周期视装置运行环境而定，一般为一年 2 次，灰尘大的环境应酌情增加维护次数。

（2）检查一、二次连接件是否紧固；清扫屏柜内部灰尘污垢及滤网，保证进风顺畅；检查熔丝、风机等元器件是否正常，若有损坏及时更换，并进行晶闸管触发试验，检查触发回路；检查阻容吸收元件阻容值，如有老化损失应及时更换。

（3）SFC 系统的隔离开关及其操作机构应进行定期检查和维护，避免因隔离开关操作机构损坏引起 SFC 不可用。

（4）应按期进行电气预防性试验，试验内容及结果应符合相应标准的规定及产品技术要求，并且满足 DL/T 596《电力设备预防性试验规程》要求。

（六）加强励磁与 SFC 系统设备运行环境的监督工作

为保证励磁与 SFC 系统装置长期可靠运行，减缓元件老化速度，防止设备运行环境不良造成运行异常，对励磁与 SFC 系统装置运行环境提出以下要求：

（1）励磁与 SFC 系统设备应安装在专门的空间，应保证良好的工作环境，环境温度、湿度不得低于相关标准规定要求。励磁与 SFC 系统设备上方及附近不得布置水管道和空调出风口，如有布置则应采取防止漏水的隔离措施。整流柜冷却通风入口应设置滤网，设备小间应具备必要的防尘降温措施。

（2）结合励磁与 SFC 系统运行环境，分析是否会出现设备凝露的情况，特别注意封闭母线进出房间的位置，根据冷却系统配置分析，根据凝露情况采取空气干燥、加强通风循环等控制措施，避免系统功率元件表面结露造成设备损坏。

（七）加强励磁与 SFC 系统电缆施工和现场接线的监督工作

调相机基建、技改、大修现场，作业人员应严格按照设计图纸和标准施工，并留有过程实施记录，如电缆施工和现场接线工艺控制不严，可能引发电缆故障，甚至引起大范围火灾事故；现场接线工艺管控不严可能造成调试时设备损坏或为运行埋下安全隐患，严重可导致主设备损坏，故障跳机事件发生。因此电缆施工与接线作业时应该满足如下要求：

（1）电缆分层敷设，屏蔽电缆不应与动力电缆敷设在一起。

（2）交、直流回路采用不同的电缆、分开走线布置。

（3）控制电缆与动力电缆应分开走线，严格分层布置。

（4）交、直流电缆敷设弯曲半径应大于 20 倍电缆外径，且并联使用的电缆长度误差应不大于 0.5%，屏蔽电缆应可靠接地。接地线截面积应满足：动力电缆不小于 $16mm^2$，控制电缆不小于 $4mm^2$，电缆屏蔽层应可靠接地。接入保护柜或机组故障录波器的转子正、负极应采用高绝缘的电缆，不同信号或功能的电缆不能混用。

（5）依据设计原理和配线图纸检查所有保护的电流、电压回路，对错误的接线进行及时整改，并检查回路接线是否可靠。

（6）对于采用电传输脉冲信号的励磁系统，脉冲控制电缆的脉冲电源线与脉冲信号线应成对走线，防止脉冲之间相互干扰。

（7）励磁与 SFC 系统涉及的一次设备动力电缆必须选用阻燃电缆，靠近加热器等热源的电缆应有隔热措施，靠近带油设备的电缆槽盒密封，通往柜内或穿越墙体、柜、盘等处电缆孔洞和盘面缝隙应采用有效的封堵措施且涂刷电缆防火涂料。

【案例 3-18】某发电厂 1 号发电机设计时，励磁变压器过电流保护采集电流应取自励磁变压器高压侧电流互感器，现场将电流二次回路接错到了励磁变压器的低压侧电流互感器。运行时电流达到了保护动作定值，使励磁变压器过流保护动作启动"全停 I"，1 号机组跳闸。

【案例 3-19】某发电厂 1 号发电机组励磁系统电流回路配线工艺较差，运行中出现端子松动，电流回路开路，导致 I 通道测量板电流变换器 B 相极性端和 C 相非极性端发生严重拉弧损坏，引发励磁调节器工作通道运行异常，测量误差导致发电机进相运行，造成发电机定子绕组铁心温度升高。

（八）做好励磁与 SFC 系统异常和故障处理监督工作

励磁与 SFC 系统运行过程中，由于设备质量、外部异常或故障等原因，需要采取紧急措施，开展异常或故障分析与处理。对于异常或故障处理提出以下要求：

（1）励磁与 SFC 系统存在装置报警或启动闭锁报警时，在原因查明、故障消除、报警信号复归后，方可投入运行。

（2）励磁与 SFC 系统变压器不正常运行和事故处理应按照 DL/T 572《电力变压器运行规程》的规定执行。

（3）机组启动与运行过程中，发生系统设备外部故障跳闸时，应查明外部跳闸原因，检查隔离故障设备，确认系统设备无异常后，方可重新投入运行。

（4）机组启动与运行过程中，发生系统设备内部故障跳闸时，应根据控制器或故障记录仪显示信息查找并消除故障原因，必要时进行隔离处理。在原因查明、故障消除、报警信号复归后，方可重新投入运行。

（5）系统装置运行过程中报警，应加强监视，发现影响设备安全运行的重大缺陷时，应立即停止运行。

（6）当发生整流/逆变桥柜内空气温度过高等不正常运行情况或者控制器故障、晶闸管故障、快速熔断器故障、整流/逆变桥电流保护动作、转子初始位置检测故障、整流桥低电压保护动作、风机等故障情况时，均应做相应的检查，开展故障分析，消除设备故障，尽快恢复设备正常运行。

第四节　励磁和 SFC 系统静、动态试验监督要求

励磁和 SFC 系统试验是对其系统一次设备、二次控制回路及自动装置、测量仪表等

设备的全面考验，对于调相机能否安全可靠地投入运行具有关键意义。静态试验是用于检查励磁及 SFC 系统状况，检验各项性能指标是否满足要求。动态试验是用于验证调相机动态特性。为避免运行风险，减少设备故障，确保励磁和 SFC 系统安装或检修后，满足调相机启动及并网运行要求，应加强对励磁和 SFC 系统静、动态试验的监督工作。

一、励磁系统试验监督要求

（一）静态试验

励磁系统静态试验是指励磁设备安装或检修后，励磁调节器已带电而主回路还未带电的情况下，调相机开机前的励磁整体试验。励磁系统静态试验目的是检查励磁调节器等各个部件是否完好，在运输过程中或检修后内部接线是否松动，是否正确等，保证励磁设备完好及功能正常，励磁系统接线如图 3-18 所示。励磁系统静态试验主要包括模拟量检查、开关量测试、开环小电流负载试验等。试验条件、目的、方法参照 DL/T 1166《大型发电机励磁系统现场试验导则》及 DL/T 1013《大中型水轮发电机微机励磁调节器试验导则》，试验监督要求参照《国家电网有限公司全过程技术监督精益化管理实施细则（修订版）》执行，主要项目及监督要求介绍如下。

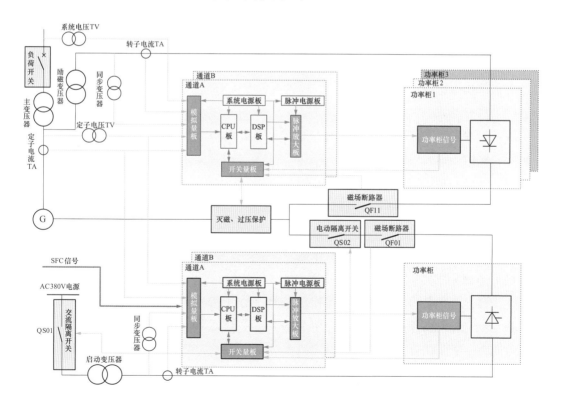

图 3-18　励磁系统接线图

1. 模拟量检查

（1）试验概述。

模拟量检查是为了校验励磁系统相关模拟量信号的测量精度、线性度和范围。应当根据机组参数校验模拟量信号。用信号发生器或保护校验仪给励磁调节器送入电压电流，模拟调相机机端电压互感器、系统电压互感器、定子电流互感器、同步变压器等二次侧输入。

（2）监督要求。

a. 交流直接采样相位误差不得大于 1°，测量误差小于 0.5%，波形不能畸变；整流型采样要求误差小于 0.5%；有功功率、无功功率计算精度在 2.5% 以内。

b. 进行三相模拟量输入测量精度、线性度和范围的检查，要求电压源有效值变化范围为 0～150%，电流源有效值变化范围为 0～200%，设置若干测试点，其中要求有 0 和最大值两点。在设计的额定值附近测试点可以密集些，不要求测试点等间距。

2. 开关量输入、输出环节测试

（1）试验概述。

开关量输入、输出测试是为了校验励磁系统开关量输入、输出环节的正确性。试验前，确认开关量输入输出环节二次回路正确后，才允许接通电源。先完成励磁系统本体间传动，再进行励磁系统与外部设备传动。

开关量输入环节试验：手动改变输入开关量状态，通过励磁调节器板件指示或界面显示逐一检查开关量输入的正确性。开关量输出环节试验：通过励磁调节器监控界面或其他方式，模拟每路开关量的输出，并检查对应开关量输出环节的正确性。

（2）监督要求。

开关量输入环节、输出环节正确，符合设计要求。

3. 冷却风机切换试验

（1）试验概述。

冷却风机切换试验是为了模拟运行风机或电源故障，检测备用风机或备用电源能否自动切换正常。整流柜风机为双套冗余设计，双路电源供电。模拟工作风机故障，观察备用风机是否正常启动；断掉风机工作电源，观察是否能够切换到备用电源继续工作。

（2）监督要求。

当工作风机故障停止运行时，备用风机应自动启动运行；风机交流电源断电的情况下，应自动切换到备用电源工作，如图 3-19 所示。

4. V/Hz 限制试验

（1）试验概述。

V/Hz 限制试验是为了测试励磁调节器 V/Hz 限制环节参数整定值。整定并输入设计的 V/Hz 限制曲线。调整三相电压源的频率，使电压频率在 45～52Hz 改变。选择不少于

4 个以上的频率点（其中包含有限制动作的初始点和逆变灭磁点），测量励磁调节器的电压整定值和频率值并做记录。检查励磁调节器 V/Hz 限制动作信号是否发出。连续记录点绘出 V/Hz 限制曲线。检查是否符合输入设计的限制曲线。如不符应修正输入曲线。

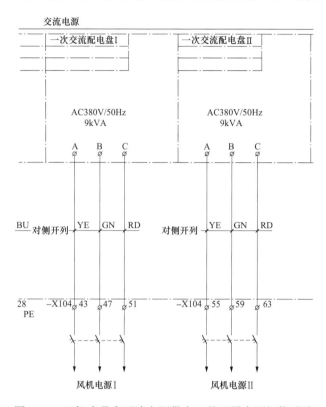

图 3-19　风机应具有两路电源供电，并开展电源切换试验

（2）监督要求。

a．当机组频率降低至 47.5Hz 时电压/频率限制功能应开始动作。

b．随着机组频率的逐步降低，调相机机端电压逐步自动下降，观察转子电流没有明显增大。

c．当机组频率降低至 45Hz 时，调相机逆变灭磁，机端电压降到最低。

d．V/Hz 限制特性应动作正确，限制动作后运行稳定，动作值与设置值相符。

5．TV 断线模拟试验

（1）试验概述。

TV 断线模拟试验是为了测试励磁调节器 TV 断线检测保护功能，如图 3-20 所示。人为模拟任意通道 TV 断线，励磁调节器应能进行通道切换，本套切为从套，电流闭环运行，主套保持自动方式运行，同时发出 TV 断线故障信号。模拟主、从套 TV 同时断线时，主、从套均切为电流闭环运行。当恢复切断的 TV 后，对应励磁调节器的 TV 断线故障信号应复归，调相机保持稳定运行不变。

（2）监督要求。

a. 励磁系统中两个独立的自动电压调节通道使用的电压回路应相互独立，使用机端不同 TV 的二次绕组，并且具备 TV 断线（包括 TV 一次熔丝慢熔）判别功能，两套调节器能相互切换或互为备用。

b. TV 断线后励磁调节器自动切换动作应正确。

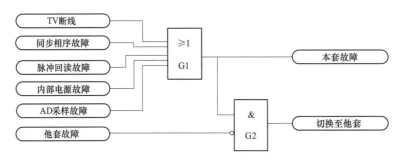

图 3-20　TV 断线切换逻辑图

6. 开环小电流负载试验

（1）试验概述。

开环小电流负载试验是为了检验励磁调节器的同步、移相、触发和晶闸管控制触发性能，进行功率整流柜的参数验证。输入模拟 TV 和 TA 以及励磁调节器应有的测量反馈信号，检测各测量值的测量误差在要求的范围之内。励磁调节器上电，操作增减磁，改变整流柜直流输出，用示波器观察试验波形。图为开环小电流负载试验接线如图 3-21 所示。

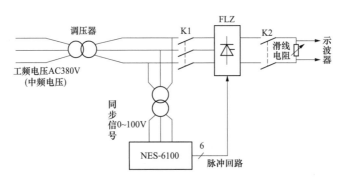

图 3-21　开环小电流负载试验接线图

（2）监督要求。

a. 调节器的同步、移相、触发和晶闸管控制触发性能应正确；晶闸管整流特性应平滑，晶闸管输出直流侧波形，每个周期有 6 个波头，整流锯齿波形应基本对称，增减磁时波形变化平滑，无跳变。

b. 试验时注意核实负载电阻阻值及容量，负载电阻阻值的选择以小电流试验时通过的电流不小于 1A 为宜，并依据此选取相应的电阻容量。

（二）动态试验

励磁系统动态试验是指调相机空载情况下和并网条件下，励磁调节器和主回路均带电，对励磁调节器进行的各项检测试验，也是调相机启动及涉网的励磁验证性试验。励磁系统动态试验目的是整体检查励磁调节器空载条件下调节电压，负载下调节无功功率的控制性能，为机组正式投运奠定基础。励磁系统空载试验主要有起励试验、自动及手动电压调节范围测量试验、灭磁试验及转子过电压保护试验、阶跃试验等。负载试验主要有均流试验、并网后调节通道切换及自动/手动控制方式切换试验、甩负荷试验等。试验条件、目的、方法参照 DL/T 489《大中型水轮发电机静止整流励磁系统试验规程》、DL/T 583《大中型水轮发电机静止整流励磁系统技术条件》、DL/T 1166《大型发电机励磁系统现场试验导则》及 DL/T 1013《大中型水轮发电机微机励磁调节器试验导则》，监督要求参照《国家电网有限公司全过程技术监督精益化管理实施细则（修订版）》、DL/T 1166《大型发电机励磁系统现场试验导则》、DL/T 843《同步发电机励磁系统技术条件》执行。主要项目及监督要求介绍如下。

1. 起励试验

（1）试验概述。

起励试验是为了检查起励过程的正确性。进行励磁调节器不同通道、自动和手动方式、远方和就地的起励操作，进行低设定值下起励和额定设定值下起励，起励逻辑如图 3-22 所示。

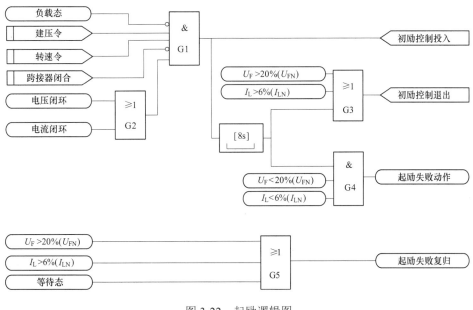

图 3-22　起励逻辑图

（2）监督要求。

a．测试励磁调节器零起升压，要求零起升压试验，机端电压上升过程应平稳、无波动。

b．测试励磁调节器自动升压，要求自动升压试验，试验结果应满足电压超调量不大于额定电压的 5%，振荡次数不超过 3 次，调节时间不大于 5s。

c．测试励磁调节器软起励特性，要求软起励试验，机端电压应按一定的速率逐渐上升至额定值或设定值，电压上升过程应平稳无超调。

2．自动及手动电压调节范围测量试验

（1）试验概述。

自动电压调节范围测量试验是为了保证调相机励磁电压能在机组空载额定励磁电压 70%～120%时进行稳定、平滑的调节。手动电压调节范围测量试验是为了保证调相机励磁电压能在机组空载额定励磁电压 20%到额定励磁电压 110%之间进行稳定、平滑地调节。设置调节器通道，先以手动方式再以自动方式调节，起励后进行增减给定值操作，至达到要求的调节范围的上下限。记录调相机电压、转子电压、转子电流和给定值，同时观察运行的稳定情况。

（2）监督要求。

a．手动励磁调节时，上限不低于调相机额定磁场电流的 110%，下限不高于调相机空载磁场电流的 20%，同时不能超过调相机电压的限制值。

b．自动励磁调节时，调相机空载电压能在额定电压的 70%～120%内稳定平滑的调节。

c．在调相机空载运行时，自动励磁调节的调压速度应不大于每秒 1%调相机额定电压，不小于 0.3%调相机额定电压。

3．自动/手动以及两套独立调节通道的切换试验

（1）试验概述。

自动/手动切换方式是调相机励磁控制方式的切换，调相机空载状态下开展自动/手动方式的切换试验是为了确保调相机在运行过程中两种控制方式可靠切换；两套独立调节通道的切换试验是为了测试调相机励磁调节器双通道的相互跟踪情况，是否可快速跟踪并能够实现无扰动切换。在空载运行工况下，人工操作调节器通道和控制切换方式，录波记录调相机电压。在此给出双通道切换的逻辑框图，如图 3-23 所示。

（2）监督要求。

a．检查励磁调节器空载状态下自动/手动及双通道的各种切换过程中是否可快速正确跟踪，并能够实现无扰切换。

b．机组空载自动跟踪切换后机端电压稳态值变化小于 1%额定电压，机端电压变化暂态值最大变化量不超过 5%额定机端电压。

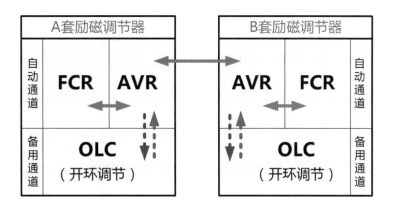

图 3-23　双通道切换逻辑框图

4. 灭磁试验及转子过电压保护试验

（1）试验概述。

灭磁及转子过电压保护试验是为了验证回路接线的正确性，检验各零部件的完好情况和灭磁整体性能。灭磁试验在调相机机空载额定电压下按正常停机逆变灭磁、单分灭磁开关灭磁、远方正常停机操作灭磁、保护动作跳灭磁开关灭磁四种方式进行，测录调相机机端电压、磁场电流和磁场电压的衰减曲线，测定灭磁时间常数，必要时测量灭磁的动作顺序。

（2）监督要求。

a. 检查灭磁装置性能及与转子过电压保护配合情况，灭磁开关不应有明显灼痕，灭磁电阻无损伤，转子过电压保护无动作。

b. 任何情况下灭磁时调相机转子过电压不应超过转子出厂工频耐压试验电压幅值的70%，应低于转子过电压保护动作电压。

5. ±5%阶跃试验

（1）试验概述。

调相机空载阶跃试验是为了验证励磁系统参数设置是否合理以及励磁调节器性能是否满足相关标准的要求，测试励磁系统动态特性。如图 3-24 所示，设置励磁调节器为自动方式，设置阶跃试验方式，设置阶跃量，在自动电压调节器电压相加点叠加阶跃量，调相机电压稳定后切除该阶跃量。采用录波器测量记录调相机电压、磁场电压等的变化曲线，计算电压上升时间、超调量、震荡次数和调整时间。阶跃过程中励磁系统不应进入非线性区域，否则应减少阶跃量。

（2）监督要求。

自并励静止励磁系统的电压上升时间不大于 0.3s，振荡次数不超过 2 次，调节时间不超过 5s，超调量不大于 30%。

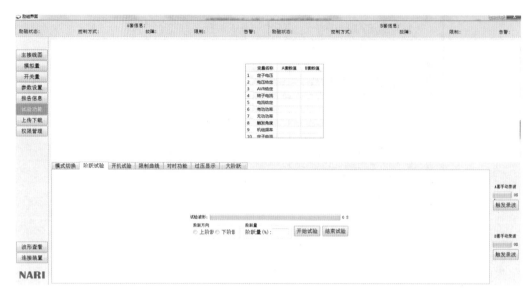

图 3-24　阶跃试验

6. 低励限制功能试验

（1）试验概述。

低励限制功能试验是为了验证励磁系统的低励限制功能，防止调相机进相过程中发生失磁。低励限制单元投入运行，在低励限制曲线范围附近进行－1%～－3%阶跃试验，阶跃过程中观察低励限制是否可靠动作。在励磁调节器"试验功能"的"限制曲线"中进行，如图 3-25 所示。

（2）监督要求。

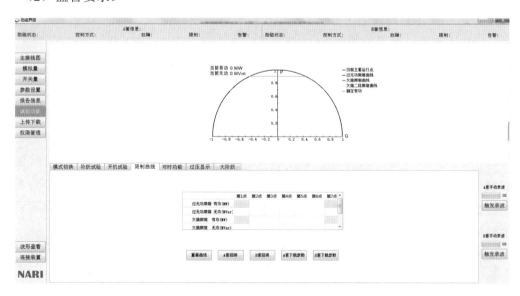

图 3-25　励磁限制功能试验

a．当无功低于限制曲线时，低励限制动作值与设置相符，限制动作信号正确，低励限制功能应先于失磁保护动作。

b．低励限制动作时无功功率应无明显摆动，低励限制动作后机组运行稳定。

c．自动电压调节器低励限制定值不应限制调相机额定无功进相能力。

【案例 3-20】某发电厂 300MW 无刷励磁机组正常运行中，110kV 线路突然发生故障，发电机输出无功功率升高，很快故障线路切除，发电机定子电压突然升高，发电机励磁系统发出低励限制信号，发电机一变压器组失磁保护发出启动信号，由于励磁限制采用逐步逼近算法，经过近 20s 后，发电机无功功率才回调至−60Mvar（低励限制定值），使得发电机长期运行在低励限制定值更深的无功工况，失磁保护动作跳机的风险增大。

7．过励限制功能试验

（1）试验概述。

过励限制功能试验是为了验证励磁系统的过励限制功能，防止转子过负荷保护先于励磁限制功能动作。试验中为达到限制动作，宜采用降低过励反时限动作整定值和顶值电流瞬时限制整定值，或增大磁场电流测量值等方法。降低过励反时限动作整定值和顶值电流瞬时限制整定值后，在接近限制运行点进行电压正阶跃试验，观察磁场电流限制的动作过程。

（2）监督要求。

a．当机组励磁电流高于过励限制定值时，过励限制功能应快速、稳定、正确动作。

b．过励磁限制功能应先于转子过负荷保护动作。

8．并网后调节通道切换及自动/手动控制方式切换试验

（1）试验概述。

并网后调节通道切换及自动/手动控制方式切换试验是在带负荷条件下进行通道切换及控制方式切换试验，是为了验证在并网条件下，通道切换不会引起无功功率发生波动。在调相机并网带负荷运行工况下，人工操作励磁调节器通道和控制方式切换试验，观察记录机组无功功率的波动情况。

（2）监督要求。

机组带负荷状态自动跟踪切换后无功功率稳态值变化小于 10%额定无功功率。

9．甩负荷试验

（1）试验概述。

甩负荷试验是为了考验励磁调节器性能，以及调相机甩负荷对系统电压的影响。调相机带无功负荷，断开调相机出口断路器，突甩负荷，对调相机机端电压进行录波，测试调相机电压最大值。调相机在−150Mvar、150Mvar、300Mvar 三种运行工况下进行甩无功负荷试验。

（2）监督要求。

机组甩额定无功功率时，机端电压的最大值不大于甩前机端电压的 1.15 倍，振荡次数不超过 3 次，调节时间不大于 5s。

10. 均流试验

（1）试验概述。

励磁系统整流功率装置的均流试验是为了检验整流功率装置的均流特性。当整流功率装置输出为空载和额定励磁电流时，分别测量各并联整流桥或每个并联支路的电流。

（2）监督要求。

a. 功率整流装置均流系数，在励磁电流不低于 80% 负载额定值时不应小于 0.9。

b. 在励磁电流为空载额定时不应小于 0.85。均流控制不应影响强励性能。

二、SFC 系统试验监督要求

（一）静态试验

SFC 系统静态试验目的是检验 SFC 系统设备的完好性，保证设备满足功能及性能参数要求，同时也是检验系统是否满足动态试验的开始条件。静态试验主要包括整流桥及逆变桥试验、辅助设备试验、SFC 系统控制器试验等。静态试验基本为单体设备检查或测试，试验内容、方法相对简单，可参考 GB/T 32899《抽水蓄能机组静止变频器启动装置试验规程》、厂家试验大纲、调试方案等，监督要求参照《国家电网有限公司全过程技术监督精益化管理实施细则（修订版）》、GB/T 32899《抽水蓄能机组静止变频器启动装置试验规程》执行，这里介绍重点项目及监督要求，SFC 系统接线如图 3-26 所示。

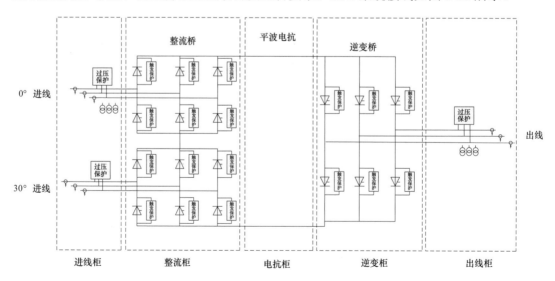

图 3-26　SFC 系统接线图

1. 整流桥及逆变桥试验

（1）试验概述。

整流桥及逆变桥试验是为了检验晶闸管触发和控制触发性能，回路是否正常，验证整流及逆变参数。

功率元件试验：对于单只晶闸管通态平均电流 $I_{T(AV)}$ 在 1500A 及以上的晶闸管组件（压装散热器后），应执行全动态试验，测试内容应包括晶闸管组件的电压、电流及动态参数。

晶闸管脉冲触发试验：

1）采用隔离变压器串联试验电阻的方式给单支晶闸管提供试验电源。

2）在控制器中选择脉冲试验功能，录制晶闸管脉冲电流波形，检查脉冲宽度、上升沿时间和电流幅值等参数。

晶闸管并联电阻电容测试：测量晶闸管并联电阻的电阻值和并联电容的电容值。

晶闸管串联阀组均压试验：给晶闸管串联阀组施加试验电压，测量每只晶闸管的电压值，计算阀组静态均压系数，均压系数应不低于 0.9。

晶闸管过电压保护功能试验：在晶闸管过电压保护模块输入端施加试验电压，逐步升高试验电压至模块正确动作，记录模块动作电压值。

（2）监督要求。

整流桥、逆变桥应进行耐压试验、晶闸管脉冲触发试验、晶闸管并联电阻电容测试、晶闸管串联阀组均压试验等，试验结果应满足产品技术、设计及规范要求。

2. 辅助设备试验

（1）试验概述。

辅助设备试验是为了验证辅助设备功能，确保辅助设备能够满足 SFC 系统的可靠性要求。

风冷却装置试验：

1）启动 SFC 系统柜内风机，检查风机转向、风压开关、电机电流及其平衡度。

2）模拟风机热保护继电器动作，风机应正确停机。

3）模拟风量异常，风压开关应正确报警。

辅助设备启停试验：采用手动和自动控制方式分别启停辅助设备，检查辅助设备启停流程和运行状态。

（2）监督要求。

辅助设备试验应完成风机绝缘测试、风冷却装置试验、测量元件校验、辅助设备启停试验等项目，试验结果应满足产品技术、设计及规范要求。

3. SFC 系统控制器试验

（1）试验概述。

SFC 系统控制器试验是为了验证 SFC 控制器控制、检测和保护功能。

电源装置试验：

1）检测控制器直流稳压电源稳压范围、外特性曲线及输出纹波系数应符合 DL/T 1013《大中型水轮发电机微机励磁调节器试验导则》要求。

2）拉开控制柜主用电源开关，应无扰切换至备用电源，控制柜供电正常。

保护功能试验：静止变频器控制器保护功能检验方法、要求应按照 DL/T 995《继电保护和电网安全自动装置检验规程》执行。

继电器、接触器校验：应校验继电器、接触器线圈电阻、动作值、返回值等参数。

变送器校验：应校验变送器的精度。

模拟量输入/输出环节试验：

1）应根据模拟量输入信号总表，逐一在模拟量采集元件输入端子侧施加模拟量信号，检查控制器测量值与实际输入值误差。

2）应根据模拟量输出信号总表，逐一在控制器中输出模拟量信号，检查模拟量输出值与控制器输出值误差。

开关量输入/输出环节试验：

1）应根据开关量输入信号总表，逐一手动改变开关量采集元件状态或在其端子上模拟每路开关量的输入，检查控制器内部相应变量的变位。

2）应根据开关量输出信号总表，逐一手动改变控制器内部变量状态，模拟输出开关量，检查对应开关量的变位。

SFC 系统与监控系统之间通信接口信号的测试：

1）应根据 SFC 系统通信接口输入信号总表，在监控系统侧逐一手动改变通信输出信号状态，检查 SFC 系统控制器内部相应变量的变位。

2）应根据 SFC 系统通信接口输出信号总表，在静止变频器控制器侧逐一手动改变通信输出信号状态，检查监控系统内部相应变量的变位。

（2）监督要求。

SFC 控制器试验应完成电源装置试验、保护功能试验，继电器、接触器校验、变送器校验、模拟量输入/输出环节试验、开关量输入/输出环节试验、与监控系统之间通信接口信号的测试等项目，试验结果应满足产品技术、设计及规范要求。

（二）动态试验

SFC 系统动态试验目的是检查 SFC 启动流程的正确性，确认调相机在安装或检修后系统设备均处于正常状态，为顺利并网运行奠定基础。动态试验包括转子初始位置检测、机组定子通流试验、机组转向试验、手动方式机组转速调节功能试验、自动方式启动机组并网试验、快速再启动试验。试验条件、目的、方法参照 GB/T 32899《抽水蓄能机组静止变频器启动装置试验规程》，监督要求参照《国家电网有限公司全过程技术监督精益化管理实施细则（修订版）》、Q/GDW 11937《快速动态响应同步调相机检修规范》执行，主要项目及监督要求介绍如下。

1. 转子初始位置检测

（1）试验概述。

转子初始位置检测是为了检测机组静止状态下 SFC 系统转子位置测量算法精度，验证转子位置检测功能，如图 3-27 所示。

机组转动前应标记转子初始位置，检查确认机组励磁系统电流给定值，启动励磁系统。启动 SFC 系统，SFC 系统给定的励磁电流不超过空载额定励磁电流，通流时间不超过 10s。检查记录系统显示的转子位置角度。试验重复 3 次。

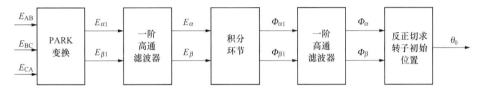

图 3-27　转子初始位置检测算法

（2）监督要求。

SFC 系统至励磁系统的励磁电流参考值、励磁电流反馈值应正常；SFC 与励磁系统参数应对标无误；转子位置计算结果一致性应满足设备技术要求，3 次试验得到的转子初始位置角度偏差不大于 5°；保证 SFC 系统能可靠检测转子位置。

2. 机组定子通流试验

（1）试验概述。

机组定子通流试验是为了检查 SFC 系统与调相机定子连接一次回路的完整性以及与二次控制间的指令及信号反馈情况，验证 SFC 系统变频调节性能及单体运行功能。

试验方法采用减少控制器中整流桥和逆变桥的电流限制值、过电流保护值；控制器脉冲解锁；逆变桥输出频率控制在 2～20Hz，逐步增大整流桥电流，输出电流宜控制在静止变频启动装置额定电流 20%以下，通流时间不宜超过 10min；检查整流桥输入电压和电流、逆变桥输出电流波形，机组定子温升。

（2）监督要求。

SFC 至调相机端一次回路应连通良好；强迫换相阶段回路电流应控制正常。

3. 机组转向试验

（1）试验概述。

机组转向试验是为了检查机械转动部分和转子转动方向，防止转子机械卡涩和反向旋转。

就地模式下启动机组，SFC 在成功检测出静止转子位置后，根据转子位置给出正确的机桥触发脉冲，此时只给出一组脉冲。该组脉冲会使定子的两相导通，定子磁场与转子磁场相互作用，转子旋转，此时观测机组转动方向。

（2）监督要求。

SFC 拖动机组转动，机组转动方向应与调相机技术说明书一致。

4. 手动方式机组转速调节功能试验

（1）试验概述。

手动方式机组转速调节功能试验是为了检验 SFC 在不同初始转速下的拖动能力，验证启机过程中 SFC 系统更改目标转速值的功能。

试验方法采用将静止变频器切至现地控制方式，拖动机组至 15%额定转速；手动给定速度参考值，逐步提高调相机转速，直至额定转速；检查静止变频器在各速度参考值下的响应。

（2）监督要求。

初始转速设定应避开一阶及二阶临界转速，SFC 系统应能够在各速度参考值下快速响应，调相机在不同转速下轴承油流、机组振动值应合格。

【案例 3-21】调相机首次启动或大修后应缓慢升速，在不同转速下检查轴承油流、机组振动等情况，调相机进口 SFC 系统不能更改目标转速值，直接将机组拖动到设定转速（通常 1.05 倍额定转速），无法开展不同转速下的机组试验。

5. 自动方式启动机组并网试验

（1）试验概述。

自动方式启动机组并网试验是为了验证调相机启动并网和停机逻辑，检测机组启动参数和指标。

试验方法采用将 SFC 系统切至远方自动控制方式，拖动机组并网；检查机组同期并网流程；机组并网后，检查 SFC 系统停机流程；检查机组转速、机组电压、定子电流等波形；检查机组升速时间、同期调节时间。

（2）监督要求。

机组同期并网和停机流程应正确，机组转速、机端电压、定子电流等波形应正确，升速、同期时间满足启动要求。

6. 快速再启动试验

（1）试验概述。

快速再启动试验是为了检验机组快速再启动逻辑和连续启动能力。试验内容：DCS 远程控制 SFC 启机，到 3150r/min 后同期并网失败，进入快速再启动。SFC 系统可在任意转速下（避开临界转速）拖动调相机再次升速到 3150r/min，再次实现惰速并网。

（2）监督要求。

静止变频启动装置应连续自动方式拖动机组并网，并且具备在任意转速下快速再启动的功能。

第四章

继电保护技术监督

第一节　继电保护技术监督概述

一、继电保护技术监督的定义

继电保护技术监督是保障调相机安全、稳定、经济运行的重要措施之一。继电保护技术监督运用科学的管理方法，依据国家、行业及国家电网有限公司相关规程、规范、制度、标准和反事故措施，在调相机继电保护及安全自动装置规划可研、工程设计、采购制造、运输安装、调试验收、运维检修、退役报废等全过程中，采用有效的检测、试验和抽查等手段，监督公司有关技术标准和预防设备事故措施在各阶段的执行落实情况，分析评价调相机设备健康状况、运行风险和安全水平，以确保调相机安全、优质、稳定运行，避免调相机继电保护及安全自动装置不正确动作的发生，保障调相机系统安全可靠经济运行。

二、继电保护技术监督的任务

继电保护技术监督的主要任务是结合调相机继电保护及安全自动装置的专业技术特点，对调相机系统二次设备在规划可研、工程设计、采购制造、运输安装、调试验收、运维检修、退役报废等全过程的健康水平和安全、质量、经济运行方面的重要参数、性能和指标，以及生产活动过程进行监督、检查、调整及考核评价。建立调相机继电保护及安全自动装置缺陷闭环管理制度，开展同类产品的运行可靠性分析，找出带有共性和规律性的问题，及时提出预防性整改措施，降低故障率，最大程度避免如保护装置软件设计不完善、二次回路设计不合理、参数配合不好、元器件质量差、设备老化、二次标识不正确、未执行反事故措施等诸多原因导致的调相机继电保护及安全自动装置存有或出现故障，防止调相机继电保护系统"误碰""误接线""误整定"的"三误"事件的发生。因此，必须高度重视调相机继电保护故障排除，认真、持久地开展好调相机继电保护技术监督的任务，分为如下几个方面：

（1）贯彻执行国家、行业及国家电网有限公司相关规定、规程和标准，如《防止电力生产事故的二十五项重点要求》《国家电网有限公司十八项电网重大反事故措施》《国家电网有限公司防止调相机事故措施及释义》等，及时掌握调相机继电保护及安全自动装置的重要参数、性能指标及运行情况。

（2）以调相机继电保护及安全自动装置为对象，开展从保护装置规划可研、工程设计、采购制造、运输安装、调试验收、运维检修、退役报废为主线的全过程技术监督，提升调相机继电保护系统在现场运行中的动作准确率和可靠性。

（3）建立完整的调相机继电保护专业技术档案，包括继电保护及安全自动装置台账、说明书和电气二次图纸等资料，制定符合规程的继电保护装置及仪器仪表的检定计划，掌握继电保护及安全自动装置的运行情况，总结继电保护技术监督工作的相关报表、继电保护专业技术培训计划等，对存在的问题提出整改建议，并监督实施，提升调相机继电保护管理水平。

（4）建立调相机继电保护及安全自动装置缺陷闭环管理制度，设立装置动态台账。根据对同类产品的运行可靠性分析，找出带有共性和规律性的问题，及时提出预防性整改措施，避免调相机继电保护及安全自动装置家族性缺陷的发生或未及时得到有效治理。

（5）提高对调相机继电保护工作的重视度，加强从业人员的培训。调相机继电保护及安全自动装置对电力系统正常运行有着重要的保障作用，而其本身是一项专业性较强的工作，要求从业人员具有较高的专业素养以及技能水平。

（6）认真贯彻调相机继电保护专业相关反事故措施，严格执行相关技术措施、安全措施。各项反措要求、事故案例等都是对调相机继电保护运行过程的总结和凝练，可防止同类调相机继电保护事件重复出现。

（7）强化调相机继电保护技术监督力度。要进一步梳理并完善调相机继电保护非电气量、设备（控制、保护）电源母线动态监视，加强设备运行的跟踪与监督，充分利用故障录波等手段，认真做好系统运行分析，找出运行中的薄弱环节、事故隐患和原因，及时采取有效对策。

三、继电保护技术监督的范围

继电保护技术监督覆盖专业管理、继电保护系统及二次回路、专用测试装置及标准仪表等方面。

（一）继电保护系统专业管理

在调相机继电保护的规划可研、工程设计、采购制造、运输安装、调试验收、运维检修、退役报废等全过程中，对其专业管理的规范性、合理性、正确性、安全性进行监督。检查督促各单位，各部门严格履行调相机继电保护专业的各种规程和各项规章制度。

（二）继电保护装置及二次回路

以调相机继电保护所涉及的继电器、继电保护及安全自动装置、二次回路等为对象，对其性能指标、运行情况进行监督、检查、调整及考核评价。

（1）继电器包括各种用于调相机继电保护及安全自动装置二次回路所涉及的电气量和非电气量继电器。

（2）继电保护及安全自动装置包括换流站/变电站的站用电系统保护、调变组及其元器件保护，静止变频器（SFC）系统保护、备用电源自投装置、同期装置与故障录波装置等。

（3）二次回路包括调相机继电保护及安全自动装置涉及的公用交流电流和电压回路、直流控制和信号回路、保护的开入和开出回路、接地回路等。

（三）专用测试装置及计量标准仪表

继电保护专用测试设备及专用计量标准仪表应进行定期校验，使其性能符合规定要求。

（1）专用测试设备包括继电保护综合测试仪、核相仪、调压器、变流器、工频变频电源、示波器、数据记录分析仪、绝缘电阻表、万用表、滑动变阻器等。

（2）专用计量标准仪表包括示波器、工频电流（压）表、高频电流（压）表、频率表、相位表、相序表、兆欧表、毫秒计等。

四、继电保护技术监督的目的

历年的继电保护运行分析资料表明：选型与设计的错误、安装中的误接线、运行人员的误操作等问题在电网事故中仍占有一定比例。应建立和健全一整套科学的技术监督考核办法，确保调相机继电保护技术监督工作落到实处。通过对技术监督工作考核，及时反馈信息，及时纠正，实现调相机继电保护技术监督工作的闭环管理。

开展继电保护技术监督必须坚持"安全第一、预防为主"的指导思想。通过加强换流站/变电站调相机继电保护及安全自动装置技术监督工作，提高调相机保护及安全自动装置运行可靠性，保证调相机安全稳定运行，发挥暂态无功支撑能力。要以科学管理为抓手，贯彻"超前预防、安全生产"的为指导方针，制定调相机继电保护技术监督相关规定，对涉及的继电保护设备及二次回路在规划可研、工程设计、采购制造、运输安装、调试验收、运维检修、退役报废等全过程进行全方位技术监督，掌握调相机继电保护系统运行状况，发现存在的缺陷或隐患，采取预防措施，防患未然。

五、继电保护技术监督的依据

根据国家、行业及国家电网有限公司相应标准、规定及反事故措施等要求，继电保护技术监督工作应以设备及二次回路的可靠性为中心，以标准为依据，采用有效的测试和管理为手段，结合新技术、新设备、新工艺应用情况，动态开展工作，对调相机继电保护及安全自动装置和二次回路在规划可研、工程设计、采购制造、运输安装、调试验收、运维检修、退役报废等全过程进行全方位技术监督，提高保护系统运行可靠性，防止继电保护事故的发生。

继电保护系统标准体系应包括设备的技术条件、设计选型、安装施工、交接试验、运行维护、状态评价、竣工验收等方面的要求以及公司发布的系列反措文件，具体分类见表4-1。

表 4-1 继电保护技术监督必备标准

序号	标准号	标准名称
1	国能发安全〔2023〕22 号	国家能源局关于印发《防止电力生产事故的二十五项重点要求（2023 版）》的通知
2	GB/T 7261	继电保护和安全自动装置基本试验方法
3	GB/T 14285	继电保护和安全自动装置技术规程
4	GB/T 37762	同步调相机组保护装置通用技术条件
5	GB/T 50062	电力装置的继电保护和自动装置设计规范
6	GB/T 50976	继电保护及二次回路安装及验收规范
7	DL/T 317	继电保护设备标准化设计规范
8	DL/T 478	继电保护和安全自动装置通用技术条件
9	DL/T 527	继电保护及控制装置电源模块（模件）技术条件
10	DL/T 559	220kV～750kV 电网继电保护装置运行整定规程
11	DL/T 584	3kV～110kV 电网继电保护装置运行整定规程
12	DL/T 587	继电保护和安全自动装置运行管理规程
13	DL/T 623	电力系统继电保护及安全自动装置运行评价规程
14	DL/T 671	发电机变压器组保护装置通用技术条件
15	DL/T 684	大型发电机变压器继电保护整定计算导则
16	DL/T 995	继电保护和电网安全自动装置检验规程
17	DL/T 1051	电力技术监督导则
18	DL/T 1348	自动准同期装置通用技术条件
19	DL/T 1502	厂用电继电保护整定计算导则
20	DL/T 2078.2	调相机检修导则 第 2 部分：保护及励磁系统
21	DL/T 2122	大型同步调相机调试技术规范
22	DL/T 2250	同步调相机控制保护系统技术导则
23	T/CSEE 0140	大型同步调相机控制及保护系统通用技术条件
24	Q/GDW 1175	变压器、高压并联电抗器和母线保护及辅助装置标准化设计规范

序号	标准号	标准名称
25	Q/GDW 1914	继电保护及安全自动装置验收规范
26	Q/GDW 10799.7	国家电网有限公司电力安全工作规程 第7部分：调相机部分
27	Q/GDW 11588	快速动态响应同步调相机技术规范
28	Q/GDW 11767	调相机变压器组保护技术规范
29	Q/GDW 11936	快速动态响应同步调相机组运维规范
30	Q/GDW 11937	快速动态响应同步调相机组检修规范
31	Q/GDW 11952	大型调相机变压器组继电保护整定计算导则
32	Q/GDW 11959	快速动态响应同步调相机工程调试技术规范
33	Q/GDW 12024.6	快速动态响应同步调相机组验收规范
34	国家电网设备〔2018〕979 号	国家电网有限公司十八项电网重大反事故措施（修订版）及编制说明
35	国家电网设备〔2021〕416 号	国家电网有限公司关于印发防止调相机事故措施及释义的通知
36	—	国家电网有限公司全过程技术监督精益化管理实施细则（修订版）
37	国网（调/4）225—2014	国家电网有限公司继电保护和安全自动装置家族性缺陷处置管理规定
38	调继〔2017〕121 号	国调中心关于印发《调相机-变压器组继电保护整定指导意见（试行）》的通知

第二节 继电保护技术监督执行资料

一、继电保护技术监督必备的档案及记录

继电保护系统监督资料应实行动态化管理，关键性数据和资料应采取纸质版和电子版归档，长期保存并定期检查。继电保护技术监督必备的档案及记录见表4-2。

表 4-2 继电保护技术监督必备的档案及记录

序号	名 称	说 明
1	电气二次系统图纸	（1）二次系统竣工图纸； （2）符合实际的最新版图纸
2	电气二次设备台账（继电保护及安全自动装置）	
3	仪器设备台账、使用说明书及操作规程	
4	继电保护及安全自动装置出厂试验报告、产品合格证书、说明书等文件	包括：调变组调变组保护装置、站用电系统保护装置、SFC系统保护装置、备用电源自投装置、同期装置、故障录波装置等
5	二次设备安装记录、交接试验报告、验收记录	
6	二次设备的运行、检修、技改记录和相关专题总结	

序号	名　　称	说　　明
7	设备缺陷统计资料和处理记录，继电保护事故分析报告及措施	
8	例行检修试验及记录、试验报告、调相机继电保护整定报告及定值整定清单	
9	缺陷闭环管理记录、隐患闭环管理记录	

二、继电保护技术监督报表及总结

继电保护及安全自动装置试验完成情况统计表见表 4-3，继电保护及自动化装置异常及隐患处理完成情况统计表见表 4-4。

表 4-3　　　　　　　　　继电保护及安全自动装置试验完成情况统计表

序号	装置名称	装置数量	计划应检台数	已试设备		检出装置缺陷		清除装置缺陷	
				台数	占应试台数（%）	台数	占应试台数（%）	台数	占应试台数（%）
1	调变组保护装置								
2	站用电保护装置								
3	备用电源自投装置								
4	SFC 系统装置								
5	同期装置								
6	故障录波保护装置								
7	注入式定子接地保护装置								
8	注入式转子接地保护装置								
9	……								
	合计								

表 4-4　　　　　　　　继电保护及自动化装置异常及隐患处理完成情况统计表

序号	装置名称	装置异常情况（时间、现象）	检查情况	原因分析、处理措施及防范预案	已消除日期	拟定消除日期及措施
1	调变组保护装置					
2	站用电保护装置					
3	备用电源自投装置					
4	SFC 系统装置					
5	同期装置					
6	故障录波保护装置					

序号	装置名称	装置异常情况（时间、现象）	检查情况	原因分析、处理措施及防范预案	已消除日期	拟定消除日期及措施
7	注入式定子接地保护装置					
8	注入式转子接地保护装置					
9	……					
	合计					

继电保护技术监督报表及总结由运维单位继保监督工作人员编写、填报，经审核，负责人批准。报表和报告可根据换流站/变电站监督管理规范。继电保护技术监督常用统计表宜包含：调变组保护投入率、站用电保护投入率、调相机保护正确动作率、故障录波投入完备率、调相机保护及安全自动装置校验完成率；此外，继电保护装置的异常、缺陷、处理措施及其预防预案同样需考虑在内。

应开展季度及年度技术监督总结，包含以下内容：

（1）继电保护专业技术监督人员变动情况。

（2）巡检、试验、检修过程中，发现的调相机电气二次设备问题，影响调相机安全运行的隐患、隐患消除措施、新增保护设备验收及试验情况和结果等。

（3）季度及年度继电保护及安全自动化装置试验情况统计表、动作情况统计表、保护投入情况统计表等。

（4）巡检、试验、检修及状态评估工作中发现且未处理问题详细情况描述，拟处理措施等。

（5）下一步继电保护系统技术监督工作中需要解决的问题。

（6）下一阶段及下一年度重点工作计划。

三、继电保护技术监督考核评价

根据国家电网有限公司技术监督管理规定，制定调相机技术监督实施细则，监督内容应涵盖规划可研、工程设计、采购制造、运输安装、调试验收、运维检修、退役报废等全过程，认真检查国家电网有限公司有关技术标准和预防设备事故措施在各阶段的执行落实情况，分析评价调相机继电保护及安全自动装置健康状况、运行风险和安全水平。

第三节　继电保护技术监督重点内容

调相机继电保护技术监督应涵盖规划可研、工程设计、采购制造、运输安装、调试验收、运维检修、退役报废等全过程，现对调相机继电保护全过程技术监督中应重点关注的内容进行详细介绍。

一、做好调相机继电保护系统二次回路接线与抗干扰工作

继电保护二次回路的接线复杂并且故障具有较强的隐蔽性。加强对调相机继电保护二次回路的隐患排查与故障处理，可有效保障继电保护及安全自动装置的正常运行。继电保护及安全自动装置的微机化、数字化、小型化，使其对外界干扰变得越来越敏感，有误动或拒动等各种异常情况风险，影响电网的安全稳定运行。如何保证继电保护及安全自动装置在日益复杂的电磁环境下安全可靠地工作已成为电力系统日益关注的问题。二次回路中常见的干扰源主要有50Hz工频干扰、高频干扰、雷电干扰、控制回路产生的干扰及高能辐射设备引起的干扰，以上干扰主要是通过干扰源与二次回路之间的耦合电容及干扰源与二次回路之间存在的互感，依靠电场耦合、磁场耦合、公共阻抗耦合、电磁辐射等传播途径，由交流电压、电流、信号及控制回路的电缆进入保护装置，从而造成继电保护装置误动。

通常采取敷设与站主接地网紧密连接的等电位接地网、涉及保护及安全自动装置所有二次回路电缆使用屏蔽电缆、增加经过长电缆的重要跳闸回路出口继电器动作功率等措施提升继电保护二次回路抗干扰能力，具体要求可参照《防止电力生产事故的二十五项重点要求》《国家电网有限公司十八项电网重大反事故措施》《国家电网有限公司防止调相机事故措施及释义》相关条目。以下几点在调相机基建过程和投运后需重点关注：

（1）正常运行的调相机直流系统和交流系统是互不连通的。在实际运行过程中，调相机二次设备屏柜内交流电和直流电共存，交直流端子相隔较近，因误接线、绝缘降低等原因造成的交流电源窜入直流系统时，将可能影响继电保护装置的动作行为。因此，结合实际情况，现场可采用航空插头接线形式的户外机构箱，交、直流回路宜使用相互独立的航空插头等措施，做好物理隔离。交、直流回路在同一航空插头底座上应选用不相邻的针孔，防止端子箱受潮引起交流窜入直流电源系统，从工程设计、基建安装的角度避免交流窜入直流回路，提升系统可靠性。

因此，现场要求端子箱、机构箱、汇控柜等屏柜内的交直流接线，不应接在同一段端子排上。继电保护及相关设备的端子排，应按照功能进行分区、分段布置，正、负电源之间、跳（合）闸引出线之间以及跳（合）闸引出线与正负电源之间、交流电流与交流电压回路之间等应至少采用一个空端子隔开或增加绝缘隔片。正常情况下，直流系统和交流系统为两个相互独立的系统。直流系统为不接地系统，而交流系统为接地系统。交流窜直流就是指两个系统发生了电气连接，交流系统窜入直流系统，使直流系统接地，会导致开关直接动作跳闸等异常动作情况。

如图4-1（a）所示，若交流电源从直流负极侧窜入直流系统，由于交流分量过零，且通过图4-1（a）中所示的路径流入绝缘监测装置，所以装置检测出"正、负两极同时

接地状态"。并且交流电流可以通过电缆对地电容形成回路,引起断路器直接跳闸,即所谓的保护"无故障跳闸"。如图 4-1(b)所示,交流电源从直流正极流入直流系统,同样的原理,绝缘监测装置检测出"正、负两极同时接地状态"。电缆对地电容加上充电装置铝箔电容,比从负电源窜入的容抗值要大,故交流从直流正极窜入比从负极窜入"无故障跳闸"的概率要稍低。

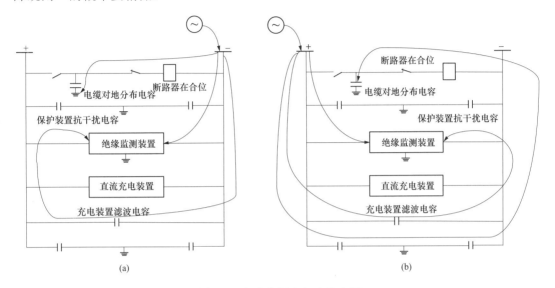

图 4-1 交流电源窜入直流电源

(a)交流从直流负极窜入;(b)交流从直流正极窜入

(2)加强站用电和调变组直流系统交流窜入的监测,直流电源系统应具备交流窜直流故障的测量记录和报警功能。在调相机低压直流系统中增加交流窜入直流监视装置,以便后台运维人员监视低压直流系统运行情况,及时处理异常情况。

【案例 4-1】2011 年 8 月,某 330kV 变电站两台主变压器高压侧断路器交流窜入直流系统Ⅰ段母线后,在 330kV 断路器操作箱屏主变压器非电量出口中间继电器与电缆对地等效电容之间形成分压,主变压器跳闸回路中间继电器动作,两台主变压器高压侧断路器相继跳闸,110kV 母线失压,导致其馈供的 15 座 110kV 变电站失压。

(3)在系统发生短路故障时,站内空间电磁干扰明显,大部分干扰信号通过二次回路侵入保护装置,容易造成保护误动事件。为此,新建工程要求电流互感器和电压互感器回路应从本体接线盒开始即按照独立电缆要求敷设,做好交流电流和交流电压回路、不同交流电压回路、交流和直流回路、强电和弱电回路的隔离。独立电缆敷设应符合下列要求:

1)来自电压互感器二次的四根引入线、电压互感器开口三角绕组的两根引入线、保护装置的跳闸回路和启动失灵回路均应使用各自独立的电缆,交流电流和交流电压应安排在各自独立的电缆内。

2）交流信号的相线与中性线应安排在同一电缆内；来自同一电压互感器的三次绕组的所有回路应安排在同一电缆内；直流回路应安排在同一电缆内；直流回路的正负极尽量安排在同一电缆内；强电回路与弱电回路分别安装在各自独立的电缆内。

【案例 4-2】2011 年 9 月，某变电站 UPS 电源与直流电源采用的交流接触器，由于强电回路与弱电回路安装在同一电缆内，在进行交直流接触器自动切换方式时，产生了较大的电弧干扰，并叠加至 II 段直流母线上，启动操作箱跳闸继电器，造成 500kV 线路开关、220 kV 母联开关相继跳闸，其他保护装置均无动作信号。

（4）对经由较长二次电缆跳闸的回路，要采取防止电缆分布电容影响和防止出口继电器误动作的措施，如不同用途的电缆分开布置、增加出口继电器动作功率等。由于中间继电器动作功率小于 5W 时，控制回路的抗干扰能力差，在通过长电缆连接、电缆分布电容较大二次回路易受到直流系统发生接地时的误动作。做好调变组保护系统在产品设计、制造阶段的设备自身抗干扰能力，要求电气量保护装置的开关量保护开入信号的动作功率不低于 5W，并有防抖延时；一旦跳闸影响较大的重要回路，应在启动开入端采用动作电压在额定直流电源电压的 55%～70% 内的中间继电器，或光耦开入的动作电压应控制在额定直流电源电压的 55%～70%。同时遵守保护装置 24V 开入电源不出保护屏的原则，可有效地提高保护装置抗干扰能力。

下面以直流系统单点接地导致继电器可能引发的误动来说明跳闸回路继电器动作下限值为 55% 直流电源电压的原因。如图 4-2 所示，正常运行时，直流正极对地是 +110V，直流负极对地是 −110V；倘若正常运行没有任何接地点时，则 C 点对地电位是 −110V。当某一时刻直流电源正极发生接地，假设在 A 点，则正极对地电位变为 0V，负极对地电位变成 −220V；由于电容效应（电容两端电位不能突变），则 C 点对地电位仍为 −110V，此时 C 点和负端之间压差是 110V，刚好是直流电源电压的 50%。若继电器是 50% 动作，考虑到不对称等因素（如正端 112V，负端 108V，即压差为 112V），继电器存在误动作风险。因此，考虑到这种情况和电源不对称误差因素，继电器动作的下限设置成 55%。

【案例 4-3】2013 年 5 月，某发电厂 1 号发电机直流配电室绝缘监察装置发出"1 号机发变组保护支路绝缘低"告警，直流母线负极对地绝缘为零。由于 1 号发变组的出口继电器动作功率为 1.08W，控制回路抗干扰能力不满足反措要求，引发直流系统接地时 1 号发电机组出口继电器误动作事件发生，致使机组 GCB 开关和灭磁开关跳闸，厂用电切至备用电源供电。

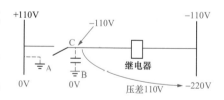

图 4-2　直流系统正极接地故障示意图

【案例 4-4】2014 年 4 月，某发电厂在检修 500kV 开关三相 SF$_6$ 密度继电器后，未做好 6 根信号线绝缘固定等安全措施，现场风力偏大信号线摇摆，造成网孔直流 I 母线瞬时接地。由于停运的开关操作箱非电量保护启动跳闸的中间继电器动作电压为直流 70V，动作功率为 0.5W，不满足反措要求，导致 500kV 升压站多路开关跳闸，机组停运。

二、加强调相机继电保护二次回路接地防控措施

继电保护装置发生误动的原因多种多样，在对继电保护装置不正确动作的事故调查中发现，因为两点接地会造成二次回路中两点接地部分与地网并联，如果两接地之间有电流继电器线圈，造成分流；另外，发生接地故障时，两接地点间的工频电位差将在电流线圈中产生极大的额外电流，电流、电压互感器二次回路存在多点接地，接地不规范、不可靠是造成保护装置不正确动作的主要原因之一。另一方面，电流互感器必须有且只有一点接地也是为了保证人身和二次的设备的安全，其原因也是绕组之间分布电容及二次回路对地电容分压造成，接地点尽量靠近互感器二次绕组侧，最大可能地保护人身和二次设备。因此，加强现场调相机继电保护二次回路接地，对保证人身和二次设备的安全和保障调相机安全稳定运行具有至关重要的作用。

（1）电流互感器或电压互感器的二次回路，均必须且只能有一个接地点。当两个及以上电流（电压）互感器二次回路间有直接电气联系时，其二次回路接地点设置应符合以下要求：

1）互感器或保护设备的故障、异常、停运、检修、更换等均不得造成运行中的互感器二次回路失去接地；电压互感器和电流互感器二次回路有且只能有一个接地点，并定期检查一点接地的可靠性；所有互感器的电气二次回路都必须且只能有一点接地是历次反措的明确规定；互感器二次回路接地为安全接地，防止由于互感器及二次电缆对地电容的影响而造成二次系统对地产生过电压。

2）无论是电流互感器还是电压互感器均要求一点接地，此举防止在系统故障下，引起保护装置采集到的电压和电流保护二次量出现偏差而误动或拒动。互感器多点接地可能会导致继电保护装置在一次系统故障时出现拒动或误动。

在现场检查时，要求重点检查电压互感器和电流互感器二次接地情况。如图 4-3（a）所示，电压回路除在控制室 N600 有一点接地外，在电压互感器的端子箱处又发现了一点接地；电压互感器（TV）正确接地如图 4-3（b）所示，取消室外的两个接地点，只在主控制室将 N600 一点接地，则系统发生接地故障时，地中电流会在接地点产生附加电压 ΔU，导致保护装置的误动。

【案例 4-5】2016 年 9 月，某变电站某条支路线路架空线路发生瞬时性故障，由于该条支路电流互感器 B 相二次电缆护管和电流互感器本体接线盒连接脱焊，二次电缆受力，绝缘破损，导致二次电流回路两点接地，母线差动保护启动，Ⅱ母差动作，母线保护装置跳开 110kV 母联及运行于Ⅱ母的所有设备，110kV Ⅱ母母线失压停电，母线差动保护误动，导致停电范围扩大。

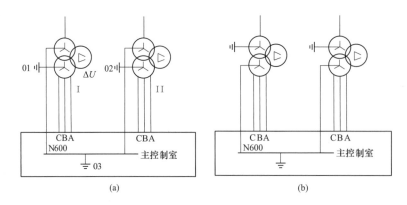

图 4-3　互感器二次侧应一点接地

（a）TV 错误接线——多点接地；（b）TV 正确接线——一点接地

（2）电压互感器的二次中性线回路在正常运行时仅有较小不平衡电压，为更好地监视其完好性，尽量减少可能断开的中间环节。放电间隙参数选择不当，会导致接地故障时开关场地地电位与主控室地电位差增大，放电间隙击穿形成电压互感器中性线两点接地，产生压降，开口三角电压偏移，使保护误动。因此，当电压互感器二次回路的接地点设在控制室时，在开关场将二次线圈中性点经放电间隙或氧化锌阀片接地。同时要求做好氧化锌参数选择及检查工作，防止控制室内的接地点不可靠而造成电压互感器二次回路过电压。

1）未在开关场接地的电压互感器二次回路，宜在电压互感器端子箱处将每组二次回路中性点分别经放电间隙或氧化锌阀片接地，其击穿电压峰值应大于 $30I_{max}$（V），其中 I_{max} 为电网接地故障时通过变电站的可能最大接地电流有效值，单位为 kA。

2）应定期检查放电间隙或氧化锌阀片，防止造成电压二次回路出现多点接地。为保证接地可靠，各电压互感器的中性线不得接有可能断开的开关或熔断器等。独立的、与其他互感器二次回路没有电气联系的电流互感器二次回路可在开关场一点接地，但应考虑将开关场不同点地电位引至同一保护柜时对二次回路绝缘的影响。当电压互感器二次回路的接地点设在控制室时，在开关场将二次绕组中性点经放电间隙或氧化锌阀片接地，防止控制室内的接地点不可靠而造成电压互感器二次回路过电压。

3）要求开口三角回路的 N600 和星型回路的 N600 分芯分缆分别单独从 TV 端子箱引至主控室一点接地，如图 4-4（b）所示。

（3）做好站内等电位电网敷设的若干技术要点。

1）要求微机保护和控制装置的屏柜下部应设有截面积不小于 100mm² 的铜排（不要求与保护屏绝缘），将铜排（缆）的首端、末端分别连接，形成保护室内的等电位地网；该等电位地网应与变电站主地网一点相连，连接点设置在保护室的电缆沟道入口处。

2）为保证连接可靠，等电位地网与主地网的连接应使用 4 根及以上，每根截面不小于 50mm² 的铜排（缆）；屏柜内所有装置、电缆屏蔽层、屏柜门体的接地端应用截面积不小于 4mm² 的多股铜线与其相连，铜排应用截面不小于 50mm² 的铜缆接至保护室内的等电位接地网，屏（柜）、室外箱子端的交流供电电源的中性线（零线）不应接入等电位接地网。

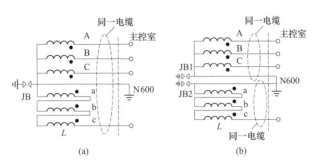

图 4-4 TV 二次回路接线示意图

（a）错误接线；（b）正确接线

3）保护小室分散布置时，要求其均应设置与主地网一点相连的等电位地网，小室之间若存在相互连接的二次电缆，则小室的等电位地网之间应使用截面积不小于 100mm² 的铜排（缆）可靠连接，连接点应设在小室等电位地网与变电站主接地网连接处；保护小室等电位地网与控制室、通信室等的地网之间亦应按所述要求进行连接。

（4）做好二次电缆的屏蔽若干技术要点。

1）微机型继电保护装置之间、保护装置至开关场就地端子箱之间以及保护屏至监控设备之间所有二次回路的电缆均应使用屏蔽电缆，电缆的屏蔽层两端接地，严禁使用电缆内的备用芯线替代屏蔽层接地，控制和保护设备的直流电源电缆宜采用屏蔽电缆。

2）为防止地网中的大电流流经电缆屏蔽层，开关场二次电缆沟道内沿二次电缆敷设截面积不小于 100mm² 的专用铜排（缆）；专用铜排（缆）的一端在开关场的每个就地端子箱处与主地网相连，另一端在保护室的电缆沟道入口处与主地网相连。

3）由一次设备（如变压器、断路器、隔离开关和电流、电压互感器等）直接引出的二次电缆的屏蔽层应使用截面不小于 4mm² 多股铜质软导线仅在就地端子箱处一点接地，在一次设备的接线盒（箱）处不接地，二次电缆经金属管从一次设备的接线盒（箱）引至电缆沟，并将金属管的上端与一次设备的底座或金属外壳良好焊接，金属管另一端应在距一次设备 3~5m 之外与主接地网焊接。

4）接有二次电缆的开关场就地端子箱内（包括汇控柜、智能控制柜）应设有铜排（不要求与端子箱外壳绝缘），二次电缆屏蔽层、保护装置及辅助装置接地端子、屏柜本体通过铜排接地。铜排截面积应不小于 100mm²，一般设置在端子箱下部，通过截面积不小于 100mm² 的铜缆与电缆沟内不小于的 100mm² 的专用铜排（缆）及变电站主地网相连。

三、做好调相机继电保护双重化配置

电力系统的可靠性除取决于电气一次设备的性能和系统结构的稳定性外，与二次保护系统密切相关。通常，继电保护系统必须确保本身的高可靠性，因此采用冗余配置，且冗余方式的选择直接影响到调相机继电保护可靠性。继电保护保护设备双重化配置是指两套独立的保护装置，具体为电源回路、交流信号输入回路，输出回路，驱动断路器跳闸回路完全独立、互不影响，确保一套装置出现异常时，能快速切除故障；同时可避免因保护设备异常或检修退出时造成一次设备缺少保护，而导致的停运事件。双重化配置的关键是"完全独立"，是指两者之间不能存在任何公用环节。双重化配置的保护装置如何"完全独立"地工作，主要取决于二次回路的设计。从二次操作回路到电压电流输入回路，从各开关量的输入、输出再到保护通道等各个环节，都可能存在关联节点。这些环节对保护的独立性都会产生影响。按照继电保护规程对双重化的要求，同一个设备的两套保护装置中不应存在任何有关联的电气环节，在各个阶段都是按照该标准实施的。因此，调相机继电保护要满足反措要求，须注意与其有功能回路联系设备的配合关系，要各自独立、防止交叉，做好保护双重化措施，要求如下：

（1）调变组电气量保护应采用双重化配置，每一套保护均应能独立反映被保护设备的各种故障及异常状态，并能作用于跳闸或发出信号，当一套保护退出时不应影响另一套保护的运行。

（2）为防止装置家族性缺陷可能导致的双重化配置的两套继电保护装置同时拒动的问题，双重化的调变组保护装置应采用不同生产厂家的产品。

（3）继电保护组屏设计应充分考虑运行和检修时的安全性，确保能够采取有效的防继电保护"三误"（误碰、误整定、误接线）事件的措施。当双重化配置的两套保护装置不能实施确保运行和检修安全的技术措施时，应安装在各自保护柜内。

（4）双重化配置的继电保护应满足以下基本要求：①两套保护装置的交流电流应分别取自电流互感器互相独立的绕组；②交流电压应分别取自电压互感器互相独立的绕组；③两套保护装置的跳闸回路应与并网断路器的两个跳闸线圈分别一一对应；④两套保护装置的直流电源应取自不同蓄电池组连接的直流母线段；⑤电压切换直流电源与对应保护装置直流电源取自同一段直流母线且共用直流空气开关；⑥每套保护装置与其相关设备的直流电源均应取自于同一蓄电池组相连的直流母线，避免因一组占用直流电源异常对两套保护功能同时产生影响而导致的保护拒动；⑦双重化配置的两套保护装置之间不应有电气联系。

（5）调相机转子接地保护应采用两套不同原理的保护装置，随励磁屏柜就地安装。每套转子接地保护动作出口应同时接入两套电气量保护装置。调相机转子接地保护常采用乒乓式转子接地和注入式转子接地两套不同原理的保护装置，随励磁屏柜就地安装至

转子大轴。每套转子接地保护动作出口同时接入各自电气量保护装置，保障转子接地跳闸断路器动作后，跳闸接点迅速返回。

（6）转子接地保护采用"注入式"和"乒乓式"两套不同原理的保护时，应优先投入"注入式"原理的转子接地保护，另一套"乒乓式"原理的转子接地保护处于退出状态，并断开与转子连接的相关回路。双重化的转子一点接地保护，只能投入一套，另一套作为冷备用。否则都会相互影响。

【案例 4-6】某年 6 月，某变电站因双重化配置的 500kV 线路保护装置直流电源功能回路未做好独立、防止交叉措施，在第一组直流出现异常时，造成传送第一套纵联保护信息的通信设备和第二套纵联保护的光电转换柜失电，两套保护装置通道出现中断，发出通道中断告警信号。

四、做好调相机继电保护定值整定与校核

继电保护定值的性能对电力系统的安全可靠运行有着重要的影响。大型同步调相机继电保护装置功能配置整定可参照 Q/GDW 11767《调相机变压器组保护技术规范》中规定，对应的整定计算原则和方法可参照 Q/GDW 11952《大型调相机变压器组继电保护整定计算导则》中规定。另一方面，国家能源局及国家电网有限公司反事故措施要求，在系统短路容量发生变化或站用电系统发生变化时，无法重新核算系统短路电流，需要做好调变组涉网定值重新校核，提升保护可靠性及灵敏度，避免保护发生不正确动作行为。

对于继电保护及安全自动装置整定值的全面复算和校核工作，一般是在离线状态下根据系统的最大运行方式计算，然后按最小运行方式来校验灵敏度获得的，在系统运行中定值保持不变。同期装置、备用电源自投等装置是调相机继电保护系统中的重要安全自动装置，前者负责调变组的并网同期操作，后者担负着站用电源断路器的事故切换，装置的部分定值同样需要根据系统实际状况进行在线调整，避免出现因定值过于苛刻引起的调变组同期并网或站用电切换失败事故。

因此，根据电网运行情况和主设备技术条件，做好调相机继电保护定值整定与校核工作，才能更好地发挥继电保护作用，保障调相机对电网的支撑及安全稳定运行。对于投运的调相机，重点关注做好保护装置现场实测定值的管理工作，主要包括对调变组保护如定子接地（注入式定子接地）、失磁保护、三次谐波保护等需要根据实测值进行修正，避免出现调相机继电保护误整定事件。

（1）一般情况下，调相机中性点附近发生接地故障时，接地电流较小，零序电压较低，且调相机的三次谐波与机组及外部设备等多因素有关。为防止三次谐波电压保护误动跳机，将三次谐波电压保护投告警。调相机定子接地保护应将基波零序电压保护与三次谐波电压保护的出口分开，基波零序电压保护投跳闸，三次谐波电压保护投

告警。

（2）调相机失磁保护、定子匝间保护、定子三次谐波保护、注入式定子接地保护、启机保护等保护定值应根据现场实测值进行整定，具体要求见表4-5。

表4-5　　　　　　　　　　调相机继电保护实测定值及要求

调相机本体保护	要　　　　求
调相机定子匝间保护（横差保护）	横差保护低定值需要躲过机组正常运行时最大不平衡电流，需要根据实测值修正
调相机定子匝间保护（纵向零序保护）	纵向零序电压定值需躲过正常运行时最大不平衡电压整定，通常需要根据调相机正常运行期间的专用电压互感器开口三角电压实测值整定
定子三次谐波保护	定值整定受端等值容抗变化影响较大，通常实测并网前后机端和中性点三次谐波电压值整定
注入式定子接地保护	需实测各补偿定值，提升保护可靠性及灵敏度
启停机保护	实测调相机正常运行时的零序电压，启动过程中差动回路的最大不平衡电流

（3）同期鉴定闭锁继电器的比较基准电压应根据实际运行电压整定，防止比较基准电压与运行电压偏差过大，导致同期合闸失败。

【案例4-7】某发电厂发电机中性点电压互感器根部二次线圈松动，导致测量的三次谐波电压在2.6~3.8V变化，两套保护均发出"100%定子接地保护"，现场信号不保持，时有时无。若发电机三次谐波保护投入跳闸，极有可能出现机组保护误动事件。

【案例4-8】某变电站调相机假同期试验中，由于同期屏内同期鉴定闭锁继电器比较基准电压采用固化的525kV进行对比，且不可调整（同期定值为5%压差），实际并网时母线电压达到了538kV，由于压差过大不满足同期合闸指令条件导致同期失败。

五、提升调相机继电保护配置完备性

调变组保护配置是指保护及安全自动装置应具备的保护类别、互感器与保护功能的对应关系、保护出口方式、测量、自动控制等功能配置情况及其互感器对应关系的设计，配置的合理性、完备性、正确性在避免出现保护误动、拒动等事件发生起着十分重要的作用。因此，按照相关行业规程进行保护配置设计，总结保护装置不正确动作原因，落实反事故措施，确保继电保护及安全自动装置处于可控、在控的健康状态。

当调相机正常运行，并网断路器本体出现非全相时，使得调相机运行于非全相状态，虽然调相机在设计和制造上允许定子负序电流低于0.1倍额定电流的情况下长期运行。但如果因系统故障，在非全相运行状态下调相机强励无功输出，会产生巨大的负序电流将对调相机转子造成损伤，降低运行寿命，因此不允许非全相运行。由于并网断路器本体继电器可能出现误动，通常就地非全相保护动作不能作为调变组保护的直跳开入信号。

优化调相机非全相保护策略，保证非全相保护动作可靠性、提高动作灵敏性角度出发，应满足如下要求：

（1）调相机并网断路器本体非全相保护应经延时动作跳并网断路器，同时动作接点开入调变组保护，经调变组保护电流判别后，灭磁再跳并网开关，同时启动失灵保护。

（2）经 3/2 接线开关并网的调相机，非全相保护判别电流应取自升压变压器高压侧套管。电流互感器的安装位置决定了继电保护装置的保护范围，为避免经 3/2 接线开关并网的调相机非全相保护的"死区"，要求该接线方式下的非全相保护判别电流应取自升压变压器高压侧套管。

（3）大组滤波器母线保护失灵联跳就地判据和 3/2 接线母线保护不一致，无法满足调相机非全相启动失灵时保护可靠动作的要求，因此采用直接跳闸方式。因此，直接接入大组滤波器母线的调相机，并网断路器失灵保护动作接点，通过硬接线接入交流滤波器母线上各小组断路器及两台大组进线断路器的跳闸回路。

（4）断路器断口闪络保护功能应在调相机转热备用前投入，调相机并网后应退出；启动保护功能应在调相机启机前投入，调相机并网后应退出；调相机误上电保护应在盘车及启停机过程中投入，调相机并网后应退出。调相机在进行并网过程中，当断路器两侧电压方向为 180° 时，断口易发生闪络，故要求调相机转热备用启动前投入，调相机并网后退出；启动保护用于调相机启动过程中定子接地及相间短路故障，在启动完成后受到断路器接点位置闭锁，但为保障可靠性，一般在调相机并网后退出；调相机误上电是指在不满足并网条件时，机组单相、两相或三相并入系统，主要在调相机盘车和启停过程中投入，在并网后退出。

六、提高调相机非电量保护动作可靠性

非电量保护，顾名思义就是指由非电气量反映的故障动作或发信的保护，一般是指保护的判据不是电量（电流、电压、频率、阻抗等），而是非电量如瓦斯保护（通过油速整定）、温度保护（通过温度高低整定）、超速保护（通过转速整定）等。非电量保护通常动作于直接跳闸时，其动作的准确性和可靠性是关键。提高非电量保护的可靠性对整个调相机继电保护电气二次系统而言有着重要的意义。调相机继电保护开关量保护可分为接入电气量和非电气量保护，现场要注意区分两者异同。

原则上，电气量保护开入信号接点是一个瞬时动作接点，当断路器跳开后就没有故障电流了，则接点返回，不会引起失灵保护动作。而非电量保护是一个物理过程，断路器跳开后，接点不会立刻返回，如油温过高、瓦斯浓度过高等都不可能很快地恢复到正常状态，接点处于保持状态，若此时电流继电器误动，则失灵保护立刻动作，跳开母线上所有元件，这是非常危险的，因此非电量保护不启动失灵。

对于调相机继电保护，要区分转子接地保护跳闸、励磁系统严重故障、母线保护失

灵联跳等开入量保护异同,现场要检查并区分各保护出口方式。

(1)转子接地保护跳闸、励磁系统严重故障、母线保护失灵联跳等信号应作为开关量保护的开入信号接入电气量保护。电气量保护在将断路器成功跳开后,跳闸接点就会迅速返回。非电量保护在断路器跳开后,并不会迅速返回,如果非电量保护启动失灵,则失灵保护将会在断路器跳开后仍然处于启动的状态,导致增加失灵保护的误动概率。

(2)转子接地保护、励磁系统严重故障、母线保护失灵联跳等故障在断路器动作后,跳闸接点迅速返回。励磁系统严重故障信号应接入非电量保护装置,确保励磁系统严重故障时可靠跳机。

(3)非电量保护、注入式定子接地保护及注入式转子接地保护等动作后不能及时返回的保护(只能靠手动复位或延时返回)不应启动失灵保护。注入式定、转子接地保护属于电气量保护,但机组跳闸后接地点依然存在,不会自动复归,其信号不返回的特性与非电量保护信号(如重瓦斯动作信号)相似,不应启动失灵保护。

(4)非电量保护应采用三重化配置,采用"三取二"原则出口,三个开入回路要独立,不允许多副跳闸接点并联上送,三取二出口判断逻辑装置及其电源应冗余配置。非电量保护应同时作用于断路器的两个跳闸线圈。新建工程所有作用于跳机的热工保护信号均直接接入非电量保护装置,由非电量保护装置实现热工保护跳机的功能。接入非电量保护装置的热工保护信号采用"三取二"原则出口,当一路信号传感器故障时采用"二取一"原则出口,当两路信号传感器故障时采用"一取一"原则出口。非电量保护采用"三取二"原则出口,三个开入回路要独立,最大程度避免振动、水汽、电缆端子绝缘破坏等外部因素引发的非电量保护误动。同时,三取二出口逻辑装置电源冗余配置,非电量保护同时作用于断路器的两个跳闸线圈,驱动两个跳闸线圈的跳闸继电器不宜为同一个继电器等措施,进一步提升非电量保护动作的可靠性。

(5)DCS从热工保护输入(开关量及模拟量)到非电量保护屏三取二装置出口,经过两次三取二运算,冗余过度,环节过多可靠性较差,不利于维护。新建工程应将非电量保护功能和DCS完全解耦,实现非电量保护不经过DCS系统实现跳闸功能。通常作用于跳机的热工保护信号包括调相机定子绕组进水流量低、转子绕组进水流量低、润滑油供油口压力低、润滑油箱液位低、励端/盘车端轴瓦温度高、空气冷却器外冷水流量低、调相机轴承振动高等。

【案例4-9】2021年8月,某变电站主变压器本体瓦斯继电器电缆穿管处由于长期运行并时常处于振动状态导致松动,雨水由缝隙处流入气体继电器内,如图4-5、图4-6所示。本次事故原因是由于本体气体继电器进水,导致本体重瓦斯回路继电器回路接通,1号主变压器非电量保护接收到本体重瓦斯开入,本体重1号瓦斯动作出口跳开1号主变压器三侧,导致非停事件。

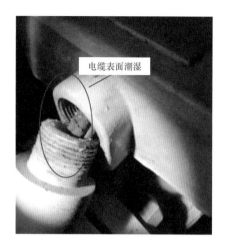

图 4-5　继电器电缆穿管密封不严　　　　图 4-6　非电量保护电缆表面水珠（拆开后）

七、做好调相机继电保护用互感器励磁特性校核

差动保护是调变组主保护，能够快速切除系统中 90%以上的故障。然而，差动保护动作可靠性受电流互感器的性能影响非常大。理想情况下，当线路正常运行或区外故障时，电流互感器传变的电流数值相等但反向，差动继电器感知电流为零，保护装置可靠不动作。但实际工程中两个电流互感器总是具有励磁电流，且励磁特性不会完全相同，因此会产生不平衡电流甚至导致保护误动。对于电流互感器暂态特性导致差动保护误动的问题一直是研究的重点和难点，实际工程中经常会碰到这样的问题。一般先要知道保护的误差特性曲线，并以此为依据对动作值进行整定。但实际应用中，常常会碰到差动保护的不平衡电流估算困难、误差特性曲线选取不合理、保护动作特性缺乏依据等问题。因此，应根据系统短路容量合理选择电流互感器的容量、变比和特性，满足保护装置整定配合和可靠性的要求。

保护级电流互感器准确限制系数（ALF）定义为其复合误差不超过规定值时的一次电流倍数，要求优先选用 ALF 和额定拐点电压较高电流互感器，使调变组差动保护各支路的电流互感器在故障电流最大时有较好的传变特性和较强的抗区外短路能力，有助于提升保护灵敏度，差动保护动作的可靠性。

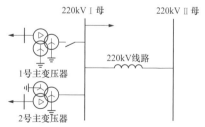

图 4-7　某发电厂电气一次接线图

【案例 4-10】某发电厂 1 号发电机处于检修状态，出口断路器断开，电气一次接线如图 4-7 所示。检修完成后对 1 号主变压器进行充电时，流经 2 号发电机电流中的非周期分量迅速增加，机端电流互感器发生暂态饱和，非周期电流使得 2 号机

组两侧互感器饱和特性不一致，引发差动电流流增大，导致 2 号发电机 B 相电流差动保护动作。

八、加强调相机继电保护信号状态监视

故障录波装置对保证换流站及调相机的安全运行有着十分重要的作用，当站内设备发生故障或运行参数超过设定值时，其能自动准确地记录故障前、后过程的各种电气量的变化情况，可用于分析继电保护事故发生的地点、过程，并且判断故障类型、保护动作正确与否，是迅速排除设备故障，制定反事故措施的重要依据。

由于直流系统异常引起的断路器误动作时有发生，而此类事故不一定会与系统故障有关联，因此利用故障录波器对直流系统进行录波将有助于此类事故的分析。调相机系统配置故障录波器，接入相关电气量、励磁系统相关电流、电压、非电量及直流系统相关信号，有助于调控人员尽快掌握设备情况，及时做出处置。因此，调相机应配置专用的故障录波器，并符合下述要求：

（1）对站用直流系统的各段母线（控制、保护）对地电压进行录波。

（2）应能记录调相机各侧的电压、电流模拟量，同时监视匝间保护专用电压、机端开口三角电压、中性点零序电压、变压器中性点零序电流和调相机中性点接地变压器各侧零序电流等。

【案例 4-11】某年 5 月，某变电站发生一次系统异常，造成站用变压器低压断路器低电压脱扣跳闸，全站失去交流电源，直流电源第 1、2 组蓄电池分别带全站直流电源负荷运行。由于故障录波器未对直流系统的各母线段（控制、保护）对地电压进行监视和录波，未能提早发现母线电压异常现象，导致在交流电源失去 1 小时期间，直流电源第 1、2 组蓄电池分别带全站直流电源负荷，直流电源系统监控装置报"直流Ⅱ段母线电压低"信号，加速第 2 组蓄电池的部分电池故障。

第四节　继电保护技术监督管理与技术提升

调相机继电保护系统的可靠性受到多方面因素影响，与电压互感器、电流互感器、变压器、断路器等一次设备紧密联系。电气一次设备技术指标是否满足继电保护专业要求，电气二次通信、直流等系统是否可靠支撑，都将影响调相机继电保护装置投运率和动作正确率。调相机继电保护系统技术监督管理要从单一专业向多专业监督转变。

在继电保护专业管理方面，目前电力系统各发、供电单位普遍存在台账记录内容多样、格式各异等问题，不规范现象较为突出，对技术监督管理漏洞、问题处理闭环仍停留在纸面化，故障消除后深层次分析、隐患问题排查后的消缺改造计划等内容有待加强。近年来，调相机在电网侧换流站、变电站相继投入使用，调相机继电保护技术监督提上

日程。调相机继电保护技术监督管理工作需要充分总结现有经验，要从现阶段重装置轻管理的体系下，逐渐步入保护装置管理并重技术监督的层面上转变，重点学习事故案例及理解反措要求，做到举一反三，加强隐患排查及闭环管理。

作为调相机继电保护专业管理人员，要重视二次回路和运检过程安全措施管控，杜绝人为因素引起的继电保护事件发生。继电保护技术监督要立足于从基建到投产运行后的全过程监督档案，做好投产后的技改监督和运检监督管控。随着计算机技术、数字通信技术、信息技术的发展，相关技术被广泛应用于继电保护领域，运用先进的检测手段、科学的管理方法来做好继电保护的技术监督工作是未来发展趋势，实施精细化的技术监督评价和管理是关键。

一、继电保护及安全自动装置管理提升

加强调相机继电保护专业管理，落脚点在保护及安全自动装置的管理提升、保障并持续提升调相机继电保护及安全自动装置运行的可靠性，提高调相机继电保护专业精益化管理水平。

调相机继电保护及安全自动装置管理提升需融入日常设备管理和维护中，将精益化评价工作动态化、常态化、长期化，并持续每年以自查、互查、抽检等多种形式开展，以更好地提高调相机现场运维管理和设备检修能力。但是，目前精益化评价工作过程中存在如下问题：

（1）存在被检设备、条目多、运维工作量大与运检时间紧之间的矛盾。

（2）设备评价总体进度统计困难，实时进度不可见，难以全过程进行把控。

（3）设备评价工作模式协同分散化，存在工作面交互、繁琐等难题，总体效率不高。

（4）评价工作，依赖人工计算，可能存在漏项、漏统计、计算错误等问题，导致评价可靠性低。

（5）对检查过程中发现的问题，根据不同维度进行分类统计汇总，不利于后期问题整改，容易出现漏整改现象，且问题整改过程进度难以把控，不利于问题最后形成闭环管理。

（6）缺乏可控、可靠、易操作的历史精益化评价信息的电子档案管理，不利于回溯。

继电保护系统技术监督管理数字化技术是未来监督发展的一个方向。技术监督的数字化是指利用信息化手段，建设一套"数据穿透、风险预控、监督查询、高效决策、统计分析"的技术监督信息平台，具备技术监督数据录入，整合，调用等功能，实现技术监督设备台账信息、有关文件、报表、简报、动态、评价报告、标准查询和下载、问题和告警的闭环管理的集中管理，进一步提高技术监督执行的科学性、先进性、预防性、准确性。目前，已有类似的继电保护及安全自动装置精益化评价系统在变电站、发电厂的专业监督中应用。

在电网侧,甘肃电网具备典型"双高"的特征,新能源装机占比超过 41.9%,甘肃电网设备安全运行、电网安全生产对技术监督要求也更加严苛。2021 年,由国网甘肃省电力公司设备部牵头,国网甘肃电科院具体实施的技术监督移动作业功能完善项目,将实现全过程技术监督全流程移动作业,实现"无纸化"办公,高效便捷地开展技术监督工作,为基层减负,提质增效,支撑技术监督工作的数字化、智能化转型。

在电源侧,中广核新能源投资(深圳)有限公司云南分公司结合新能源电厂设备(包括场内输变电设备、风机、水机设备)运行特点及日常运维管理要求,根据新能源行业 11 项技术监督标准,采集技术监督标准规定的检测数据及工作周期,通过移动技术,借助计算机、手机 App 平台建立一整套符合新能源场站设备管理实际需求的先进、规范、高效的现代新能源企业设备智能化管理系统平台。该系统将设备试验数据、巡检规范、设备台账、检修工作周期、工作进度管理数据集成,通过对数据的统一处理,形成全面、深入的新能源电厂设备智能化管理终端,最终达到减轻人工统计工作量、提高机组设备生产维护工作效率、积累知识、安全高质量生产及远程监督的目的。

综上所述,目前数字化赋能技术监督,主要实现评价设备的身份识别管理、电子化评价模式、评价条目标准化、评价过程实时管控、评价结果智能化管理等功能。总体建设思路及规划业务模块包括:技术监督标准、技术监督网络、技术监督计划、技术监督执行记录、问题管理、技术监督报告、技术监督会议等业务功能模块。具体实施方案可根据电力行业监督标准规范、《防止电力生产事故的二十五项重点要求》《国家电网有限公司十八项电网重大反事故措施》《国家电网有限公司防止调相机事故措施及释义》进行分解,梳理本专业技术监督的指标以及告警判据,形成监督标准工作库,并通过监督标准工作库订制定期计划,系统根据频率产生计划的执行待办任务,执行人按照要求执行任务,具体实施内容如图 4-8 所示。

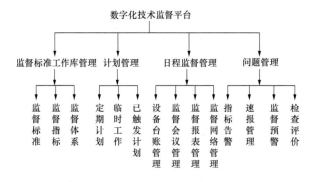

图 4-8 数字化继电保护技术监督平台实施方案

基于电网交直流系统技术监督现状,结合数字化技术的发展趋势,使用该移动信息平台能够实现基于电网设备全寿命周期的全过程技术监督精益化管理,改善技术监督工作模式,提升技术按进度精益化管理水平,提高技术监督工作效率是未来技术监督发展趋势，为强化调相机继电保护技术监督，提升生产现场管控力提供一种思路和方法。

二、继电保护系统监督管理提升建议

继电保护事故原因是多方面的，如设计不规范、原理不成熟、制造有缺陷、定值整定不合理、调试和运检不到位等。继电保护专业发展的趋势是使保护管理工作逐渐规范、保护功能配置进一步完善、提高保护动作可靠性，但继电保护事故仍时有发生。因此，加强调相机继电保护系统技术监督管理要从源头入手，做好"四个把好"：把好设计设查关、把好调试关、把好检验验收关、把好运行管理关。

（一）把好设计审查关

工程项目的设计是否优秀有它的衡量标准。把好设计审查关十分重要，工程设计中出现的错误如果不及时查处，则很难保证在以后的环节中将缺陷处理完善，为了避免调相机继电保护系统出现误动、拒动等问题，必须重视设计审查工作。因此，工程改造项目、基建项目的设计审查工作必须从严把关，对每一个环节、每一个功能都要认真检查、仔细核对。在以往继电保护出现的故障中，涉及继电保护二次回路故障的比例较大，因此调相机继电保护系统二次回路的检查工作尤为重要，应予以足够重视。

在调相机继电保护系统设计阶段，通过采取检查设计报告、现场见证等方式对待交付继电保护系统的关键点进行技术监督，减少后期因前期设计缺陷而带来的技术改造。

（二）把好调试关

继电保护的调试与其他设备的调试环节一样，是设备送电前的一道最重要工序。做好调相机继电保护及自动安全装置调试以及大、小修期间的定检调试，确保继电保护系统处于良好的运行工况，是降低继保事故率的关键环节。把好调试关，应做好以下三方面工作。

1. 统一现场检验规程

目前，调相机工程现场调试一般参照设备厂家的出厂调试大纲进行功能性检查。继电保护及安全自动装置出厂调试大纲根据出厂的验收条例详细的规定了必做的所有项目，规定了需要调节的参数的误差范围，明确了需要调节的具体元件。这些对出厂调试来说是必不可少的，但是现场检验不同于出厂调试，一方面出厂调试中的元件参数的选配以及某些元件的特性测试等在现场无须重复；另一方面由于现场环境状况的差别等应该考虑的问题，在出厂调试中却没有列全。因此，调相机继电保护及安全自动装置现场检验除开展继电保护装置静态功能测试外，重点检验继电保护系统带二次回路传动测试，以及与其他电气二次设备公共回路的分系统测试，做好装置检验记录。

2. 明确调试注意事项

调相机继电保护调试对象包括调变组保护系统、站用电保护测控系统、同期和故障录波系统等继电保护及安全自动装置，分为设备级单体调试、各设备间分系统调试及系统级启动调试三个阶段。

（1）在进行单体级设备调试时，主要针对设备内部回路及功能验证测试，通常要注意如下三点：

1）明确试验设备及接线的基本要求。为了保证检验质量，试验仪器仪表应经检验合格，试验仪表的精度不低于 0.5 级。试验接线的原则，应使加入继电保护装置的电气量与实际情况相符合。模拟故障的试验回路，应具备对保护装置进行整组试验的条件。

2）明确试验条件。交、直流试验电源及接线方式要按照 DL/T 995—2016《继电保护和电网安全自动装置检验规程》有关规定执行；加入装置的试验电压和电流，应从保护屏端子排处加入；为了保证检验质量，对所有特性中每一点，应重复试验三次，其中每次试验的数值与整定值的误差满足规定要求。

3）明确试验注意事项。现场检验必须严格执行继电保护安全措施票有关规定，执行和恢复安全措施。需要一人负责操作，工作负责人负责监护，并逐项记录执行和恢复内容。试验人员接触、更换芯片电路板时，应采取防人体静电接地措施，正确佩戴防静电手套，以确保不会因人体静电作用损坏电路板芯片部件。

（2）在进行设备间分系统调试时，主要针对各设备二次回路及各设备交互信号的验证，包括与保护系统存在联系的调相机、GIS、升压变压器、励磁系统、监控、SFC 系统等电气一次、二次系统。分系统调试主要内容：各系统间模拟量通道、开入量、开出量、二次回路传动、互感器极性与变比及电源冗余切换等验证性工作。

（3）在进行调相机整组启动试验时，确保各辅助系统正常工作条件后，调试内容主要以电气调试为主。SFC 拖动调相机并网前的检查内容，主要包括确认线路各相关设备受电、冲击合闸、定相等试验完成，各电气回路、保护、测量显示均正常，绝缘电阻合格，各控制、信号、保护传动正常，同期模拟、站用电备用电源切换等试验已完成。SFC 拖动调相机并网及并网后的整组启动具体调试内容如下：

1）采用一键式变频启动，励磁系统自动投入和切换，SFC 使调相机升速至 3150r/min 时，SFC 自动退出。启动并网阶段进行快速再启动试验，同时录波。

2）启动完成后，开展调相机带负荷试运阶段检查保护及测量用 TV 和 TA 回路，测量相关电气量，进行励磁调节器运行方式切换，低励磁限制功能检查，无功调节运行，记录额定迟相和进相运行时的温升、电气参数等，进行无功甩负荷试验（新机投运或必要时），录取调相机机端电压最大值。

3）调相机停机时，要求记录转子惰速曲线。

在调相机整组启动过程中，继电保护及安全自动装置调试内容包括：

1）调相机启动及并网试验前相关保护和保护电源逻辑可靠性检查，并网前后保护投退。

2）进行主变压器相关二次电压检查，对系统侧开关同期电压进行核相；同期装置定值和励磁系统定值校核。

3）现场调试可开展并网后的各项带负荷试验，开展带无功负荷下的调相机保护系统极性检查等内容。

上述内容中，如下试验项目需要重点关注：

1）备用电源切换。备用电源为避免全站事故停电时造成机组失控、损坏设备、影响换流站/变电站长期不能恢复供电而设置的向重要负荷供电的电源。对于调相机，在出现事故时，需要为调相机提供润滑油源，保证机组安全停止而不发生断油烧瓦事故发生，因此要确保调相机直流事故油泵备用电源的可靠性，做好备用电源切换验证。

在调相机启机前，润滑油系统投入运行，通过润滑油泵出口压力开关电磁阀模拟压力低信号，检查油泵的切换逻辑，核查各系统回路，进行投运试验联锁启动备用交流油泵和直流油泵，保证润滑油系统在各种工况下正常运行；检查备用电源有关开关联投、联跳、闭锁逻辑。在电源切换试验过程中，接入录波装置，记录各测点的油压、流量变化情况，重点测录送端调相机的储能器工作特性和受端调相机的直流电机启动特性曲线，确保切换过程中顶轴油油压符合设计要求。

2）励磁系统切换。进行励磁系统切换试验时，做好保护装置定值与励磁系统定值间配合工作。在大容量调相机的同期并网之前励磁系统由启动电源切换至机端自并励，在整组启动调试中检查励磁切换过程中的机端变化量并测量切换对转子惰速的影响，为调节同期并网断路器导前时间提供依据；在并网运行之后，进行过激磁限制检查，同时检查过激磁限制与强励功能之间的联锁，并检查 V/Hz 限制动作情况；进行低励限制检查，试验过程中监视调变组保护装置过激磁、失磁保护动作情况。

3）惰速并网。大容量调相机由 SFC 拖动，从静止开始启动加速至大于额定同步转速，然后转子惰速，在惰速至同步速附近时由同期装置捕捉并网点，实施并网。在进行同期并网调试之前，检查同期分系统调试已完成，在 SFC 拖动至 1.05 倍额定转速（3150r/min）后惰速，保持该状态，进行调相机同期系统定相试验，核查同期用 TV 极性，升压变压器与高压母线侧 TV 二次定相。此后，进行假同期试验，同时录波，根据励磁开关切换、励磁回路损耗对电压、转速波形的影响来调节并网断路器导前时间，然后进行自动准同期并网试验，同时录波。

在并网完成之后，跳开并网断路器，调相机惰转减速，此时进行快速再启动测试，检查大容量调相机快速再启动功能，同时录波。在此之后，进一步进行完整的调相机一键停机和一键启动功能调试，并在停机过程中测录转子实际惰速曲线。

4）带无功负载调节。大容量调相机具备−150～300Mvar 无功输出无级调节能力，可通过对换流站/变电站的电容器组投切提供额定迟相和进相试运行条件，在进行带无功负载调节的试验之前，应编制试验措施，组织审查，并报电网调度部门批准。在运行过程中，加入阶跃信号，检查欠励磁限制器的限制功能。调相机额定迟相和进相运行时检查整流柜均压、均流及各个元件温升负荷设计要求，测量相关电流互感器回路相位及差动保护差流情况，校核保护极性。

3. 解决存在的遗留问题

在继电保护系统检验中经常遇到的问题是配线错误或工作漏项，务必通过保护装置的正确调试，使其特性参数、定值数据等达到最理想水平，使其各种功能处于最良好状态。因此必须重视调试环节，加强调试工作的管理，发挥调试环节的应有功效。

（三）把好检验验收关

做好调相机继电保护有关技术资料的技术监督检查，提供以下资料：

（1）做好调相机继电保护系统实测参数归档：包括电气一次设备的参数和试验数据，如断路器动作特性，变压器阻抗电压，电压、电流互感器的变比、极性、直流电阻、伏安特性等实测数据，保护装置及相关二次交、直流和信号回路的绝缘电阻的实测数据，气体继电器试验报告等。

（2）全部继电保护竣工图纸：继电保护装置调试报告、二次回路检测报告以及调相机保护整定计算所必需的其他资料。

（3）做好调相机继电保护系统专用仪器及备品备件梳理工作：做好专用仪器及备品备件台账，确保检验专用仪器的完好性，便于运行以后的管理工作。

（4）备品备件台账记录检查和测试，以便在运行器件出现问题以后进行更换。

（5）核查调相机继电保护系统相关反措条款的落实情况。在新建项目的设计过程中应加入有关条款，在设计审查时重点落实反措问题，交接验收时进行二次核查。

（6）做好调相机继电保护系统带负荷后的相量检查，对新安装或回路经过较大变动的装置，在投入运行以前，必须用一次电流和工作电压加以检验，以保证接入保护电压、电流的正确性。

（四）把好运行管理关

加强继电保护专业的运行管理，是保证继电保护及安全自动装置、现场运维工作不出或少出问题及故障的又一重要环节，多年的运行经验已经证明了这一点。继电保护运行管理中存在不少弊端，从事继电保护管理的人员应充分认识到这些问题，以便理顺继电保护的工作关系，充分发挥监督体系的作用，提高继电保护的管理水平，达到减少事故的目的。针对投运后的调相机继电保护系统，除按照规程进行保护设备及二次回路定检工作外，在系统阻抗变化较大时，开展调相机涉网保护定值和励磁系统配合关系校核是不可忽视的项目。

由于调相机具备无励磁同步运行的能力，其完全失磁本质为欠励的极限，从系统吸收无功的能力达到最大。若失磁前调相机向系统发出额定无功 Q_1（过励状态），完全失磁后自系统吸收最大无功 Q_2，导致电网出现 Q_1+Q_2 的无功缺额，可能引起系统电压下降。失磁保护在反应励磁系统故障的同时，也应反映其对系统无功、电压的影响。因此，调相机失磁后没有静态稳定和失步问题。发电机失磁保护里的定子阻抗判据（无论是静稳阻抗圆还是异步圆），在调相机失磁保护里可不必设置，要求做好调相机励磁绕组过负荷保护与励磁系统转子过负荷限制，调相机过激磁保护与励磁系统过激磁限制的配合关系校核。

（1）调相机励磁调节器应配置过励磁限制功能，应采用与转子过负荷相同的计算公式，其反时限动作特性应与转子过负荷反时限动作特性相配合，过励限制反时限动作定值曲线、转子过负荷保护反时限动作值曲线、转子过负荷能力曲线配合关系如图4-9所示。

（2）过激磁限制整定值与过激磁保护定时限配合关系如图4-10所示。

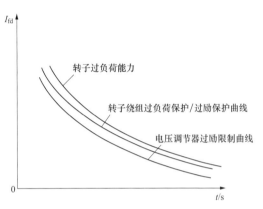

图 4-9　调相机转子过负荷保护与励磁调节器过励限制配合关系

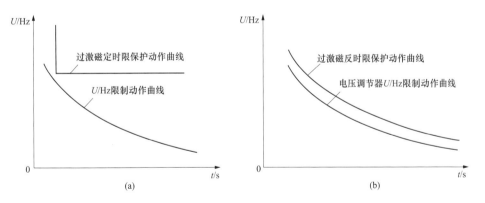

图 4-10　调相机过激磁保护与励磁调节器过激磁限制配合关系

（a）定时限配合关系；（b）反时限配合关系

第五章

直流电源系统技术监督

第一节　直流电源系统技术监督概述

一、直流电源系统技术监督的定义

直流电源系统技术监督是以安全和质量为中心，以标准为依据，以有效的测试和管理为手段，对调相机直流电源系统的规划设计、设备采购、设备运输、安装调试、设备验收、运维检修、退役报废等阶段的全过程监督，以确保相关设备在良好状态下运行，防止重要的热工、电气保护失去电源，防止直流润滑油泵无法启动，以及防止全站失电事故的发生。直流电源系统技术监督既是保证调相机安全、稳定、经济运行的重要手段，也是生产技术管理的基础工作。

直流电源系统是保证调相机安全稳定运行的重要电源，是电气和热工、保护系统的控制、信号、保护、自动装置和某些执行机构的重要电源，同时也是电磁操动机构、事故照明装置、直流润滑油泵的重要电源，对调相机的安全稳定运行起着极为重要的作用，在日常的生产管理中，很重要的一项工作便是根据相关规程及直流电源系统重点反事故措施，对直流电源系统开展技术监督管理，使直流电源系统正确有效地发挥作用，保证调相机安全稳定的运行。

在国家电网有限公司各类规程、反事故措施以及技术监督规定中，直流电源系统是作为防止厂/站全停的重要组成部分，本书将直流电源系统技术监督单独列一个章节，以规范调相机直流电源专业的技术监督管理工作。

二、直流电源系统技术监督的任务

直流电源系统监督的任务是在认真贯彻执行国家、行业及国家电网有限公司发布的各项标准规程、规章制度及国家能源局二十五项反事故措施的基础上，坚持"公平、公正、公开、独立"工作原则，贯穿规划可研直至退役报废全过程，推行闭环管理工作方式，通过定期、定项目对调相机的蓄电池组、直流电源充电装置、保护级电器设备、绝缘监察装置、蓄电池电压巡检装置等站内电气设备进行测试、评价，及时发现和消除直流电源系统缺陷，指导现场做出跟踪、处理、更换等具体决定，不断提高调相机运行的安全可靠性。

在规划设计阶段，直流电源系统技术监督的主要任务是监督可研规划相关资料是否满足公司有关可研规划标准、设备选型标准、预防事故措施、差异化设计要求等，并确保严格按照统一的直流电源系统设计原则进行选型和设计，使调相机直流电源系统满足安全可靠、技术先进的要求。

在设备采购阶段，直流电源系统技术监督的主要任务是保证直流电源系统设备招标技术文件与相关技术标准及反事故措施等规定的一致性，当标准出现差异时应以设备招投标文件、订货技术合同及《国家电网有限公司十八项电网重大反事故措施》为准。

在设备运输阶段，直流电源系统技术监督的主要任务是保证蓄电池组的标志、包装、运输、储存满足DL/T 637《电力用固定型阀控式铅酸蓄电池》有关规定；保证直流电源充电装置、直流馈线屏（柜）、分电屏（柜）等设备的标志、包装、运输、储存满足DL/T 459《电力用直流电源设备》有关规定，并形成设备运输阶段监督报告，通过对设备起运前、到货后和储存现场进行抽查，监督内容和监督结论及整改问题等均纳入监督报告，作为后续工作依据。

在安装调试阶段，直流电源系统技术监督的主要任务是重点做好新设备安装调试、作业流程、工艺质量、设备质量、性能参数、功能指标质量检查和技术监督工作，应符合GB 50172《电气装置安装工程　蓄电池施工及验收规范》、DL/T 637《电力用固定型阀控式铅酸蓄电池》和《国家电网有限公司十八项电网重大反事故措施（修订版）》相关标准的要求，并形成设备安装调试阶段监督报告，抽查监督内容和监督结论及整改问题等均纳入监督报告，作为后续工作依据。

在竣工验收阶段，直流电源系统技术监督的主要任务是通过对现场设备的检查和抽查，查阅试验报告、安装记录等相关资料，监督设备隐患整改情况。必要时可提前介入隐蔽工程和施工单位验收环节保证，确保系统设备的配置满足相关标准和规定的要求，提供完备的订货文件、监造报告、设计联络文件、出厂试验报告、型式试验报告、设计图纸、备品备件资料、使用说明书、交接试验报告、验收记录、施工记录、调试报告、监理报告，并提供电子版本的资料。

在运维阶段，直流电源系统技术监督的主要任务是做好直流电源系统的运行监督管理，定期开展设备状态评估等活动，制订预防事故措施，防止直流电源系统故障及直流电源系统原因造成的事故扩大，做好对直流电源系统缺陷的分析和管理，运行中发现的缺陷要按规定及时上报，并应及时安排消缺。

在检修阶段，直流电源系统技术监督的主要任务是加强对直流电源系统的检修监督管理工作，在认真做好设备缺陷检查和诊断工作的基础上，做好消缺工作。并按有关规章制度要求定期开展直流电源系统的技术分析和设备状态评估，对频发性故障和缺陷要制定预防措施和检修方案，尚未消除的直流电源系统缺陷，应纳入月度或季度检修计划，落实责任限期消缺。直流电源设备的检修阶段监督，应制订检修安全技术措施，加强检修前的设备和回路检查以及检修过程中工艺、质量的控制。特别防止检修工作造成运行设备的直流电源消失，直流电压值等指标超出允许范围，直流回路短路、接地等故障发生而影响安全运行。直流电源系统设备检修后应进行验收，要完成检修的计划项目，达到检修预期目标，经验收合格后方可投入运行。

在退役报废阶段，直流电源系统技术监督的主要任务是依据报废原则以及报废标准，开展直流电源类设备退役报废阶段的各项工作，并填写相关设备退役报废报告。还需按照 GB/T 37281《废铅酸蓄电池回收技术规范》要求对废铅酸蓄电池处置全过程进行监督，使其符合国家法律法规及相关技术标准要求。

此外，直流电源系统技术监督还承担着对于已发生的直流电源系统事故开展事故调查分析，制定相应反事故措施，减少和预防事故再次发生的重要任务。

三、直流电源系统技术监督的范围

监督范围包含了调相机蓄电池组、直流电源充电装置、保护级空气开关、绝缘监察装置、蓄电池电压巡检装置等站内电气设备以及这些设备所处的场所。监督内容包括了直流电源装置的运行与维护的技术要求、技术参数、技术指标、技术管理的监督工作。直流电源系统监督的阶段范围可划分为规划设计、设备采购、设备运输、安装调试、设备验收、运维检修、退役报废等全过程，在此期间按照《国家电网有限公司全过程技术监督精益化管理实施细则（修订版）》中直流电源监督要求开展技术监督工作。原则上，调相机直流电源系统监督范围应与所在换流站/变电站直流电源系统监督范围保持一致。

四、直流电源系统技术监督的目的

直流电源系统监督目的是使直流电源系统满足安全可靠、技术先进的要求，按照统一的标准规程进行规划设计、设备采购、设备运输、安装调试、设备验收、运维检修、退役报废全过程的质量检查及试验工作，使直流电源系统正常投入运行，做好直流电源系统的运行监督管理，防止直流电源系统故障及直流电源系统原因造成的事故扩大，并加强对直流电源系统的检修监督管理工作，防止因检修项目不满足要求，或者检修方法不正确导致的故障或缺陷。

目前，因直流电源系统在各阶段的水平存在差异化，直流电源设备技术指标易发生偏移，典型的现象是充电机的稳压精度、稳流精度及纹波因数超标、蓄电池组容量不达标、保护级直流断路器越级跳闸等，对技术监督工作而言，若不能及时通过监督流程发现直流电源系统隐患以及管理工作中存在的疏漏，所造成的后果就是蓄电池提前失效，严重的会导致调相机全站失电，直接威胁调相机的安全运行。

因此，直流电源系统监督的总体目标是加强直流电源系统的技术监督管理工作，进一步拓宽技术监督工作的范围，延伸技术监督工作的内涵，规范直流电源系统设备的检修周期，使此项工作科学化、规范化、有序化的进行，达到提高企业相关工作人员的意识，形成一体化管理目标。最终确保调相机运行及备用时直流电源系统设备能够安全、可靠、经济运行。

五、直流电源系统技术监督的依据

直流电源系统技术监督必备的标准见表 5-1，应查询、使用最新版本。

表 5-1 直流技术监督必备标准

序号	标准号	标准名称
1	国能发安全〔2023〕22 号	国家能源局关于印发《防止电力生产事故的二十五项重点要求（2023 版）》的通知
2	GB/T 19826	电力工程直流电源设备通用技术条件及安全要求
3	GB 50150	电气装置安装工程　电气设备交接试验标准
4	GB 50172	电气装置安装工程　蓄电池施工及验收规范
5	DL/T 459	电力用直流电源设备
6	DL/T 637	电力用固定型阀控式铅酸蓄电池
7	DL/T 724	电力系统用蓄电池直流电源装置运行与维护技术规程
8	DL/T 856	电力直流电源和一体化电源监控装置
9	DL/T 1074	电力用直流和交流一体化不间断电源
10	DL/T 1397.1	电力直流电源系统用测试设备通用技术条件　第 1 部分：蓄电池电压巡检仪
11	DL/T 1397.2	电力直流电源系统用测试设备通用技术条件　第 2 部分：蓄电池容量放电测试仪
12	DL/T 1397.3	电力直流电源系统用测试设备通用技术条件　第 3 部分：充电装置特性测试系统
13	DL/T 1397.4	电力直流电源系统用测试设备通用技术条件　第 4 部分：直流断路器动作特性测试系统
14	DL/T 1397.5	电力直流电源系统用测试设备通用技术条件　第 5 部分：蓄电池内阻测试仪
15	DL/T 1397.6	电力直流电源系统用测试设备通用技术条件　第 6 部分：便携式接地巡测仪
16	DL/T 1397.7	电力直流电源系统用测试设备通用技术条件　第 7 部分：蓄电池单体活化仪
17	DL/T 1397.8	电力直流电源系统用测试设备通用技术条件　第 8 部分：绝缘监察装置校验仪
18	DL/T 2122	大型同步调相机调试技术规范
19	DL/T 5044	电力工程直流电源系统设计技术规程
20	Q/GDW 606	变电站直流电源系统状态检修导则
21	Q/GDW 1969	变电站直流电源系统绝缘监察装置技术规范

序号	标准号	标准名称
22	Q/GDW 10799.7	国家电网有限公司电力安全工作规程 第7部分：调相机部分
23	Q/GDW 11078	直流电源系统技术监督导则
24	Q/GDW 11937	快速动态响应同步调相机组检修规范
25	国家电网设备〔2021〕416 号	国家电网有限公司关于印发防止调相机事故措施及释义的通知
26	国家电网设备〔2018〕 979 号	国家电网有限公司十八项电网重大反事故措施（修订版）及编制说明
27	—	国家电网有限公司全过程技术监督精益化管理实施细则（修订版）

第二节 直流电源系统技术监督执行资料

一、直流电源系统技术监督必备的档案及记录

按标准及有关管理规定，应建立和健全运行和检修技术档案资料。直流电源系统设备或回路发生变更时，应及时修改图纸、填写记录，做到图实相符。交接及检修试验环节应有完善的检修方案以及试验报告。直流电源系统技术监督必备的档案及记录见表 5-2。

表 5-2　　　　　　　　直流电源系统技术监督必备的档案及记录

序号	名　称	说　明
1	直流电源系统设备台账	
2	蓄电池组使用说明书、型式和出厂试验报告、充放电曲线	
3	蓄电池投运前的完整充放电记录	
4	蓄电池日常测量记录	
5	充电装置出厂试验报告、使用说明书	如有高低压穿越能力，则需提供相应型式试验报告
6	微机监控装置、自动装置、微机接地选线装置使用说明书	
7	直流电源系统原理接线图、直流网络图	
8	自动空气断路器和熔断器保护级差配置图	
9	产品出厂合格证明、材质检验报告、型式试验报告、出厂试验报告等文件和资料	
10	设计图纸、设计变更证明文件、订货相关文件、监造报告、备品备件移交清单、安装调试记录、验收报告和记录等资料	
11	试验相关资料，包括检修方案、检修项目、检修结论、验收意见、遗留问题等	
12	整组蓄电池、充电装置及相关的直流电源装置检修试验报告	

二、直流电源系统技术监督报表及总结

直流电源系统技术监督项目完成情况统计表见表5-3，缺陷情况统计表见表5-4。

表5-3　　　　　　　　　　直流电源系统监督项目完成情况统计表

序号	设备名称	总件数	计划应试件数	已试设备		检出缺陷		消除缺陷	
				件数	占应试件数（%）	件数	占应试件数（%）	件数	占应试件数（%）
1	蓄电池组								
2	充电机								
3	保护级电器设备								
4	绝缘监察装置								
5	蓄电池电压巡检装置								
	合计								

表5-4　　　　　　　　　　缺 陷 情 况 统 计 表

序号	设备名称	设备缺陷情况	检查情况	缺陷分析	已消除日期	拟消除日期及措施
1						
2						
3						

调相机直流电源系统技术监督报表及总结由运维单位直流电源系统技术监督工作人员编写、填报，监督专责工程师审核，负责人批准。报表和报告可根据换流站/变电站监督管理规范，按统计周期上报至上级主管部门。技术监督常用统计表宜包含：检修完成率、缺陷率、缺陷消除率。

应开展季度及年度技术监督总结，包含以下内容：

（1）直流电源系统技术监督网人员变动情况。

（2）巡检、试验、检修过程中，发现的调相机直流电源设备问题，影响调相机安全运行的隐患、隐患消除措施、新增直流电源设备验收及试验情况和结果等。

（3）季度及年度直流电源装置试验情况统计表、缺陷统计表、缺陷消除情况统计表等。

（4）巡检、试验、检修及状态评估工作中发现且未处理问题详细情况描述，拟处理措施等。

（5）下一步技术监督工作中需要解决的问题。

（6）下一阶段及下一年度重点工作计划。

三、直流电源系统监督考核评价

根据国家电网有限公司技术监督管理规定，制定调相机技术监督实施细则，监督内容应涵盖规划可研、工程设计、采购制造、运输安装、调试验收、运维检修、退役报废等全过程，认真检查国家电网有限公司有关技术标准和预防设备事故措施在各阶段的执行落实情况，分析评价调相机直流电源设备健康状况、运行风险和安全水平。

第三节 直流电源系统技术监督重点内容

调相机直流电源系统技术监督应涵盖规划可研、工程设计、采购制造、运输安装、调试验收、运维检修、退役报废等全过程，现对调相机直流电源系统全过程技术监督中应重点关注的内容进行详细介绍。

一、防止供电能力不足导致直流油泵停运

调相机正常运行时，由主油泵供油，作用是润滑轴承，并且带走因摩擦产生的热量和由转子传过来的热量，起到保护调相机大轴和轴瓦的作用。在启、停机时，由主机交流润滑油泵供油，主机交流润滑油泵在故障情况下，联启直流润滑油泵，以向调相机各类轴承供油，保证机组安全停止而不发生断油烧瓦或者动静摩擦事故。因此，保证直流电源系统处于正常的状态，保证调相机直流事故油泵安全备用，对保护机组的安全稳定运行具有至关重要的作用，如图 5-1、图 5-2 所示。

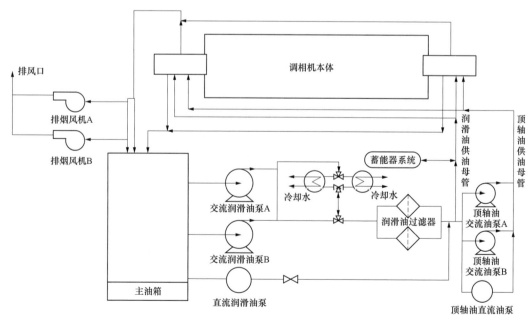

图 5-1 调相机润滑油系统配置示意图

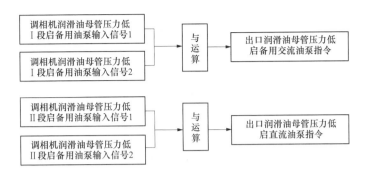

図 5-2 某站调相机 DCS 热工保护压力低启备用油泵逻辑

（1）应加强调相机蓄电池和直流电源系统（含逆变电源）的运行维护，确保调相机直流润滑油泵供电可靠。调相机有为避免机组停电事故的电源，事故电源分直流和交流两种，直流事故电源采用蓄电池，向控制、信号和自动装置等控制负荷及直流润滑油泵、交流不停电电源等动力负荷和事故照明负荷供电。

（2）采用两组蓄电池供电的直流电源系统，每组蓄电池组的容量，应能满足同时带两段直流母线负荷的运行要求。

【案例 5-1】某发电厂在开展厂用电切换时由于不当操作，造成了厂用交流电源失去以及停机事故，由于该机组部分直流 220V 蓄电池存在故障，事故停机过程中供电能力不足，在 4 台直流油泵运行后直流 220V 母线电压开始快速下降，造成了主机直流油泵、直流密封油泵和两台小机直流油泵联锁启动后又相继跳闸，以及 UPS 系统跳闸、DCS 失电等一系列事故，给机组的安全带来严重威胁。

二、预防直流电源系统蓄电池故障

因蓄电池系统在设计、制造、安装及运维各环节水平存在差异化，蓄电池技术指标易发生偏移，典型的现象是蓄电池容量不达标、内部发生短路、蓄电池酸液渗漏、蓄电池外壳鼓包变形等，若不能及时发现其隐患，所造成的后果就是蓄电池提前失效或损坏，直接威胁调相机的安全运行，如图 5-3、图 5-4 所示。

图 5-3　蓄电池外壳鼓包及极柱压接不良现象

图 5-4　蓄电池外壳破裂爬碱

因此，在直流电源系统技术监督的过程中应做好防止蓄电池故障导致的直流电源系统事故的措施。重点监督内容及反事故措施如下：

（1）在直流电源系统设计时，220V 或 110V 直流电源应采用蓄电池组，48V 及以下的直流电源可采用由 220V 或 110V 蓄电池组供电的电力用 DC/DC 变换装置。正常运行方式下，每组蓄电池的直流网络应独立运行，不应与其他蓄电池组有任何直接电气连接。蓄电池组正常应以浮充电方式运行。铅酸蓄电池组不应设置端电池。关于蓄电池选型，调相机蓄电池型式宜采用阀控式密封铅酸蓄电池，也可采用固定型排气式铅酸蓄电池，铅酸蓄电池应采用单体为 2V 的蓄电池，直流电源成套装置组柜安装的铅酸蓄电池宜采用单体为 2V 的蓄电池。

（2）蓄电池组的安装调试期间，在调相机新建、扩建和技改工程中，应按 DL/T 5044《电力工程直流电源系统设计技术规程》、GB 50172《蓄电池施工及验收规范》的要求进行交接验收工作。所有已运行的蓄电池都应按 DL/T 724《蓄电池直流电源装置运行与维护技术规程》的要求进行维护、管理。调相机的直流电源系统在交接验收、运行维护管理过程中要严格按照国家、行业及国家电网有限公司有关的标准要求进行。在工程验收投产前，新安装的阀控密封蓄电池组，应进行全核对性放电试验，检验其容量是否满足要求。以后每隔 2 年进行一次核对性放电试验。运行了 4 年以后的蓄电池组，每年做 1次核对性放电试验。并与厂家提供的放电曲线、内阻值相比较，结果应吻合。必要时应由蓄电池生产厂家指派技术人员现场指导安装调试、初充电或进行核对性充放电试验等工作。工程交接验收时，应提交相关的资料和文件，主要包括：产品安装使用说明书等出厂技术文件资料；现场安装调试报告及蓄电池充放电记录、曲线、图纸、备品备件移交清单等竣工文件和资料。

定期进行阀控密封蓄电池组核对性放电试验目的，是及时发现蓄电池组容量不足的问题，以便及时对相关设备进行维护改造，确保调相机蓄电池组容量满足事故处理要求。

蓄电池核对性充放电试验的要求为：恒流放电电流均为 0.1C10A，额定电压为 2V 的蓄电池，放电终止电压为 1.8V。只要其中一个蓄电池放到了终止电压，应停止放电，放电后应立即用 0.1C10A 恒流充电，若经过 3 次全核对性放充电，如其容量达不到额定容量的 80% 以上，表明此组蓄电池寿命已终止，应尽快安排更换。测试时，一定要测记蓄电池组安装位置的环境温度，实测容量要进行 25℃ 标准温度下的容量核算。

（3）在蓄电池组的检修维护阶段，当运行中的蓄电池出现下列情况之一者应及时进行均衡充电：

1）被确定为欠充的蓄电池组。

2）蓄电池放电后未能及时充电的蓄电池组。

3）交流电源中断或充电装置发生故障时蓄电池组放出近一半容量，未及时充电的蓄电池组。

4）运行中因故停运时间长达两个月及以上的蓄电池组。

5）单体电池端电压与整组电池平均电压的偏差，超过允许值 ±50mV 的电池数量达整组电池数量的 3%～5% 的蓄电池组。

浮充电运行的蓄电池组，除制造厂有特殊规定外，应采用恒压方式进行浮充电。浮充电时，严格控制单体电池的浮充电压上、下限，浮充电压值宜控制为 2.23～2.28V×N，均衡充电电压值宜控制为 2.30～2.35V×N，每个月至少一次对蓄电池组所有的单体浮充端电压进行测量记录，防止蓄电池因充电电压过高或过低而损坏。阀控密封铅酸蓄电池组，运行中检测其好坏的主要指标，就是蓄电池的端电压。当检测端电压异常时，要及时分析处理。

【案例 5-2】2011 年 10 月，某 35kV 变电站事故处理过程中，发现该站阀控密封铅酸蓄电池组端电压下降较快，约 10h 后就降至 160V，影响二次装置运行。经核查该站蓄电池自 2009 年 10 月安装至今，未进行过维护检测且查看其电压记录数据不全面，而该站蓄电池组自 2009 年装设后未能按要求进行核对性放电试验，也就无法及时发现电池容量不足这一缺陷。

【案例 5-3】2004 年 5 月，某发电厂进行核对性放电试验时部分电池按 10h 放电率放电，5min 后电池端电压就降到最低允许放电电压以下。经对多个蓄电池打开安全阀检查，其内部电解液已干涸。经调查发现，其运行环境恶劣，长期超过 35℃，而没有有效的通风降温措施，是造成蓄电池组运行寿命过早终结的主要原因。此案例说明做核对性放电试验必要性，同时也说明应严格保证蓄电池组运行环境符合要求。

【案例 5-4】2016 年 10 月，某 220kV 变电站 110kV Ⅰ 母、Ⅱ 母及 4 座 110kV 变电站发生失压事件，事件后果达到二级电力安全事件标准。事故直接原因为电池组失效、保护装置控制电源和操作电源不在同一母线。暴露了变电站直流电源系统维护不到位的问题，2015 年 12 月，2 号蓄电池组 31 号、45 号、48 号等 3 只蓄电池外壳有裂纹仍带缺陷运行，2016 年 10 月 5 日，运行人员发现 2 号蓄电池组 18 号、27 号等 2 只蓄电池组外壳爆裂，仅按一般缺陷上报，其次是反措执行不到位，未取消低压脱扣，保护电源与操作电源接在不同直流母线上。

三、确保直流电源系统运行方式正确

在直流电源系统运行过程中，常出现因直流电源系统运行方式不正确导致的直流电源系统非正常运行，例如充电机均充、浮充参数不正确、蓄电池脱离母线、直流母线存在接地环流等，其结果就是蓄电池组寿命减少及直流母线失压，蓄电池脱离母线造成变电站全停及主变压器损毁如图 5-5 所示，蓄电池组脱离母线检测模块接线如图 5-6 所示。

图 5-5　蓄电池脱离母线造成变电站全停及主变压器损毁

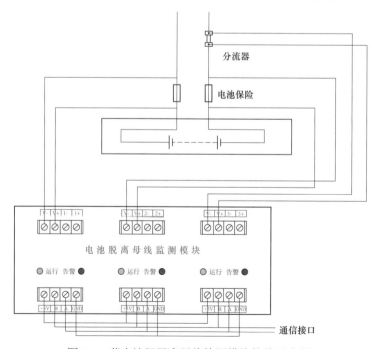

图 5-6　蓄电池组脱离母线检测模块接线示意图

1. 做好直流电源系统设计

在直流电源系统设计时，调相机直流电源系统电压应根据用电设备类型、额定容量、供电距离和安装地点等确定合适的系统电压。直流电源系统标称电压应满足下列要求：

（1）专供控制负荷的直流电源系统电压宜采用110V，也可采用220V。

（2）专供动力负荷的直流电源系统电压宜采用220V。

（3）控制负荷和动力负荷合并供电的直流电源系统电压可采用220V或110V。

（4）全站直流控制电压应采用与所在换流站/变电站相同电压，扩建和改建工程宜与已有直流电压一致。

动力、UPS及应急电源用直流电源系统，按主控单元，应采用2台或3台充电、浮充电装置，2组蓄电池组的供电方式。每组蓄电池和充电机应分别接于一段直流母线上，如配置有第三台充电装置（备用充电装置），可在两段母线之间切换，任一工作充电装置退出运行时，手动投入第三台充电装置。其标称电压应采用220V。直流电源的供电质量应满足动力、UPS及应急电源的运行要求。

控制、保护用直流电源系统，按单台调相机，直流系统的设计至少应采用3台充电、浮充电装置，两组蓄电池组，三条直流配电母线（直流A、B母和C母）的供电方式，A、B两条直流母线为电源双重化配置的设备提供工作电源，C母线为电源非双重化的设备提供工作电源。A、B两段馈电母线宜采用手动切换开关实现对C段馈电母线供电；每组蓄电池和充电装置应分别接于一段直流母线上，第三台充电装置（备用充电装置）可在A、B两段母线之间切换。每一段母线各带一台调相机的控制、保护用负荷。直流电源的供电质量应满足控制、保护负荷的运行要求。

调相机直流电源系统的馈出网络应采用辐射状供电方式，严禁采用环状供电方式。因为在大型直流网络中，环形供电网络操作切换较复杂、寻找接地故障点也较困难，且环形供电网络路径较长，电缆压降也较大，因此，调相机直流系统的馈线网络应采用辐射状供电方式，不宜采用环状供电方式。

调相机直流电源系统对负荷供电，应按所供电设备所在段配设置分电屏，不应采用直流小母线供电方式。因为运行时，直流小母线容易短路或接地，在施工检修时也存在一定风险。

2. 做好直流电源系统运维工作

直流电源系统主屏监控示意图如图5-7所示，在正常运行情况下，直流母线电压应为直流电源系统标称电压的105%。在均衡充电运行情况下，直流母线电压应满足下列要求：

（1）专供控制负荷的直流电源系统，不应高于直流电源系统标称电压的110%。

（2）专供动力负荷的直流电源系统，不应高于直流电源系统标称电压的112.5%；对控制负荷和动力负荷合并供电的直流电源系统，不应高于直流电源系统标称电压的110%。

（3）在事故放电末期，蓄电池组出口端电压不应低于直流电源系统标称电压的87.5%。

图 5-7　直流电源系统主屏监控界面

长期处于浮充电运行方式的蓄电池，应按照有关规程规定进行均衡充电或核对性充放电。为防止蓄电池极板开路，应加强蓄电池巡检、单体电池电压的定期测量或采取其他技术手段进行监测。

直流母线采用单母线供电时，应采用不同位置的直流开关，分别带控制用负荷和保护用负荷。

【案例5-5】某300MW发变组主保护A、B、C三套，设计时以小母线供电方式，不满足直流电源系统对负荷供电时不应采用直流小母线供电方式的反措要求。A保护装置供电直流电源断路器下口出现短路故障，造成直流小母线进线断路器误动，使这三套保护装置全部失电。

【案例5-6】2016年6月，某330kV变电站35kV电缆出现故障，造成该变电站1号、2号、0号站用变压器跳闸，直流系统失去交流电源，而改造更换后的两组新蓄电池未与直流母线导通，且监控系统未报警，造成直流母线失压、全站直流失电、保护拒动、故障扩大越级，最终造成330kV主变压器等设备烧毁。

四、防止直流级差配合不正确

在直流回路中，熔断器、断路器是直流电源系统各出线过流和短路故障主要的保护元件，可作为馈线回路供电网络断开和隔离之用，其选型和动作值整定是否适当以及上下级之间是否具有保护的选择性配合，直接关系到能否把系统的故障限制在最小范围内，这对防止系统破坏、事故扩大和主设备严重损坏至关重要。因此，加强熔断器、断路器选择及配置的准确性，对提高调相机运行的安全可靠性具有重要意义。监督方式为查阅有关资料、试验报告。现场抽查已运行开关的铭牌、参数，所用开关是否采用交流开关替代直流专用开关使用。重点监督内容及反事故措施如下：

（1）调相机直流电源系统的各级熔断器和空气小开关的定值应满足选择性要求，应备有规格齐全数量足够的熔断器。

（2）加强直流断路器上、下级之间的级差配合的运行维护管理。新建或改造的调相机直流电源系统，应进行直流断路器的级差配合试验，断路器应采用具有自动脱扣功能的直流断路器，严禁使用普通交流断路器。

（3）做好直流电源系统直流断路器、熔断器的管理，应按有关规定分级配置。自动空气断路器使用前应进行特性和动作电流抽查。同一条支路上直流熔断器或断路器不应混合使用，尤其不能在断路器之前再使用熔断器。

（4）蓄电池组保护用电器应采用熔断器，不应采用断路器，以保证蓄电池组保护电器与负荷断路器的级差配合要求。

（5）除蓄电池组出口总熔断器以外，逐步将现有运行的熔断器更换为直流专用断路器。当负荷直流断路器与蓄电池组出口总熔断器配合时，应考虑动作特性的不同，对级差做适当调整。

直流专用断路器在断开回路时，其灭弧室能产生与电流方向垂直的横向磁场（容量较小的直流断路器可外加一辅助永久磁铁，产生一横向磁场），将直流电弧拉断。普通交流断路器应用在直流回路中，存在很大的危险性，普通交流断路器在断开回路中，不能遮断直流电流，包括正常负荷电流和故障电流。这主要是由于普通交流断路器的灭弧机理是靠交流电流自然过零而灭弧的，而直流电流没有自然过零过程，因此，普通交流断路器不能熄灭直流电流电弧。当普通交流断路器遮断不了直流负荷电流时，容易将使断路器烧损，当遮断不了故障电流时，会使电缆和蓄电池组着火，引起火灾。加强直流断路器的上、下级的级差配合管理，目的是保证当一路直流馈出线出现故障时，不会造成越级跳闸情况。

调相机直流电源系统馈出屏、分电屏、负荷所用直流断路器的特性、质量要满足 GB 10963.2《家用及类似场所用过电流保护断路器　第 2 部分：用于交流和直流的断路器》的相关要求。继电保护装置电源，开关柜上、现场机构箱内的直流储能电动机、直流加热器等设备用断路器，建议采用 B 型开关；分电屏对负荷回路的断路器，建议采用 C 型开关。两个断路器额定电流有 4 级左右的级差；根据实测的统计试验数据结果，就能保证可靠的级差配合。

【案例 5-7】某变电站站用变压器低压侧开关使用低压脱扣开关，当发生短路故障造成母线电压降低无延时动作跳闸，同时直流 1、2、3 号充电机交流电源失去。站内直流电源系统在交流电源消失后，无其他外部交流电源，同时蓄电池未正确接入直流电源系统，造成全站直流全停，保护装置、自动化装置完全失去作用，无法及时切除外部故障，外部故障不断扩大，最终烧毁变压器，该变电站与系统完全解列。

五、规范直流电源系统接线方式

为了保证调相机正常运行所需的直流电源，在设计层面上，根据站内调相机数量配置以及直流负荷水平，调相机直流电源系统的接线方式有所差别，以满足供电可靠性和保护装置运行的要求，目的在于防止失去站用直流电源，给调相机的安全生产带来影响。因此规范直流电源系统接线方式就十分重要。需注意以下事项。

（1）直流电源系统接线方式应符合下列要求：

1）直流母线应采用分段运行的方式，并在 A、B 两段直流母线之间设置联络断路器或隔离开关，正常运行时断路器或隔离开关处于断开位置。

2）2 组蓄电池配置 2 套充电装置时，每组蓄电池及其充电装置应分别接入相应母线段。

3）2 组蓄电池配置 3 套充电装置时，每组蓄电池及其充电装置应分别接入相应母线段；第 3 套充电装置应经切换电器对 2 组蓄电池进行充电。

4）2 组蓄电池的直流电源系统应满足在正常运行中两段母线切换时不中断供电的要求。在切换过程中，2 组蓄电池应满足标称电压相同，电压差小于规定值，且直流电源系统均处于正常运行状态，允许短时并联运行。

（2）蓄电池组和充电装置应经隔离和保护电器接入直流电源系统。

（3）每组蓄电池应设有专用的试验放电回路。试验放电设备宜经隔离和保护电器直接与蓄电池组出口回路并接。放电装置宜采用移动式设备。

（4）220V 和 110V 直流电源系统应采用不接地方式。

（5）直流网络宜采用集中辐射形供电方式或分层辐射形供电方式。

（6）下列回路应采用集中辐射形供电：

1）直流应急照明、直流油泵电动机、交流不间断电源。

2）DC/DC 变换器。

3）热工总电源柜和直流分电柜电源。

下列回路宜采用集中辐射形供电：

1）调相机系统保护等。

2）主要电气设备的控制、信号、保护和自动装置等。

3）调相机热工控制负荷。分层辐射形供电网络应根据用电负荷和设备布置情况，合理设置直流分电柜。

直流分电柜接线应符合下列要求：

1）直流分电柜每段母线宜由来自同一蓄电池组的 2 回直流电源供电。电源进线应经隔离电器接至直流分电柜母线。

2）对于要求双电源供电的负荷应设置两段母线，两段母线宜分别由不同蓄电池组供电，每段母线宜由来自同一蓄电池组的 2 回直流电源供电，母线之间不宜设联络电器。

3）公用系统直流分电柜每段母线应由不同蓄电池组的 2 回直流电源供电,宜采用手动断电切换方式。

（7）调相机站直流电源系统配置应充分考虑设备检修时的冗余,应采用 3 台充电、浮充电装置,两组蓄电池组的供电方式。每组蓄电池和充电机应分别接于一段直流母线上,第三台充电装置（备用充电装置）可在两段母线之间切换,任一工作充电装置退出运行时,手动投入第三台充电装置。调相机站直流电源供电质量应满足微机保护运行要求。

【案例 5-8】某发电厂在做直流油泵启动试验时,误跳开 220kV 升压站母联断路器。后查明由于该厂 3 台机组和升压站直流电源系统是一个系统,馈出线采用环路接线,接线方式混乱。在启动直流油泵时,同时在 220kV 升压站母联断路器跳闸线圈中记录到跳闸电流。

六、预防直流电源系统充电装置故障

直流电源系统的稳定可靠运行对电力系统的安全、稳定运行有着极为重要的作用,而直流充电装置特性的好坏将直接影响着直流电源系统的稳定运行,因此,有必要开展充电装置的试验与检查,了解充电装置的特性,确保直流电源系统的稳定运行。重点监督内容及反事故措施如下:

（1）充电装置型式宜选用高频开关电源模块型充电装置。

（2）2 组蓄电池时,充电装置的配置应采用高频开关电源模块型充电装置时,宜配置 2 套充电装置,也可配置 3 套充电装置。

（3）在调相机新建、扩建和技改工程中,应按 DL/T 5044《电力工程直流电源系统设计技术规程》的要求进行交接验收工作。所有已运行的充电装置都应按 DL/T 724《蓄电池直流电源装置运行与维护技术规程》、DL/T 781《电力用高频开关整流模块》的要求进行维护、管理。

调相机直流电源系统在交接试验验收、运行、维护管理过程中要严格按照国家、电力行业标准的有关要求进行。交接验收时,查验制造厂所提供的充电、浮充电装置的出厂试验报告。现场具备条件的话,要对充电、浮充电装置进行现场验收试验,测试设备的稳压、稳流、纹波系数等指标,有关出厂试验报告、交接试验报告作为技术档案保存好,并作为今后预防性试验的原始依据。有的制造厂的出厂测试报告只提供高频模块的测试报告,未提供充电、浮充电装置的整机测试报告,造成现场检测整机稳压精度与出厂测试数据严重不符。

（4）新建或改造的直流电源系统选用充电、浮充电装置,要严格参照 DL/T 5044《电力工程直流电源系统设计技术规程》,应满足稳压精度不大于±0.5%、稳流精度不大于±1%、输出电压纹波系数不大于 0.5% 的技术要求。在用的充电、浮充电装置如不满足上述要求,应逐步更换。

电源电压不稳定，纹波系数大会影响继电保护装置对电流等模拟量的采样精度。现代阀控密封铅酸蓄电池对浮充电压的稳定度也有严格要求，浮充电压长期不稳定，会使蓄电池欠充或过充电。而稳流精度的好坏，直接影响阀控密封铅酸蓄电池充电质量。

【案例 5-9】2011 年 6 月，某 500kV 变电站发生一起 380V 直流充电机在运行状态中，因交流接触器和交流进线空气断路器同时老化烧损粘连，造成断路器越级跳闸的事故。事故原因为充电模块长期运行引起的部件老化，造成内部绝缘击穿，短路电流达到交流进线输入断路器脱扣电流，但交流 1 路输入断路器未跳开，直接越级跳开上级 380V 配电室 1 号直流充电柜Ⅰ段电源抽屉式断路器，跳闸后 KM1 仍然吸合，怀疑接触器故障，自动切换盒自动切换到交流 2 路供电，但短路故障仍未消除，但屏内交流 2 路进线断路器也未跳开，越级跳开上级 380V 配电室 1 号直流充电柜Ⅱ段电源。

七、预防直流电源系统接地及交流窜入

调相机直流电源系统是控制、保护和信号的工作电源，直流电源系统的安全、稳定运行对防止调相机站全停起着至关重要的作用。直流电源系统作为不接地系统，如果一点及以上接地或者交流窜入，可能引起保护及自动装置误动、拒动，引发调相机站停电事故，直流电源系统接地危害分类如图 5-8 所示。

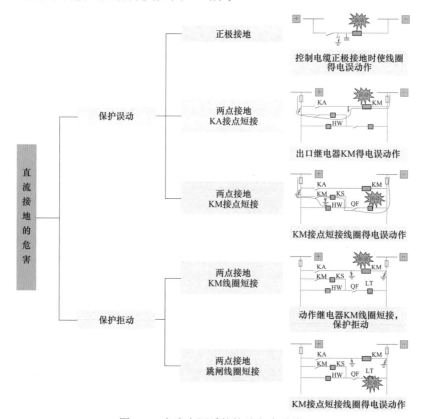

图 5-8　直流电源系统接地危害分类

在实际运行过程中，调相机直流供电回路较为复杂，直流接地以及交流窜入直流回路的事故频繁发生，对系统安全构成威胁。因此，当发生直流一点及以上接地或者交流窜入时，应在保证直流电源系统正常供电情况下及时、准确排除故障。应做好以下工作：

（1）加强直流电源系统绝缘监察装置的运行维护和管理。新投入或改造后的直流电源系统绝缘监察装置如图 5-9、图 5-10 所示，不应采用交流注入法测量直流电源系统绝缘状态。在运的采用交流注入法原理的直流电源系统绝缘监察装置，应逐步更换为直流原理的直流电源系统绝缘监察装置。直流电源系统绝缘监察装置，应具备检监测蓄电池组和单体蓄电池绝缘状态的功能。新建或改造的变电站，直流电源系统绝缘监察装置应具备交流窜直流故障的测记和报警功能，原有的直流电源系统绝缘监察装置应逐步进行改造，使其具备交流窜直流故障的测记和报警功能。有条件可采用具备动态记录或故障录波功能的直流电源系统绝缘监察装置。

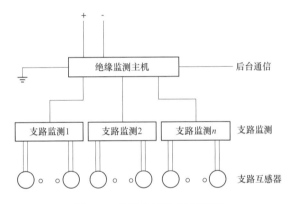

图 5-9　绝缘监察装置原理图

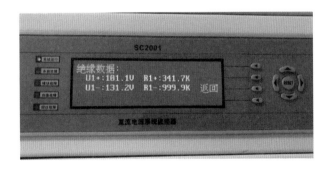

图 5-10　绝缘监察装置正极高阻接地

（2）及时消除直流电源系统接地缺陷。同一直流母线段，当出现同时两点接地时，应立即采取措施消除，避免由于直流同一母线两点接地，造成继电保护或断路器误动故障，如图 5-11 所示。当发生 A、B 两点接地时，电流继电器 KA1、KA2 触点被短接，将使 KM 动作致开关误跳闸；A、C 两点接地，因 KM 触点被短接而跳闸：同理，在 A、D 两点，D、F 两点等接地时都同样会造成开关跳闸。当出现直流电源系统一点接地时，应及时消除。

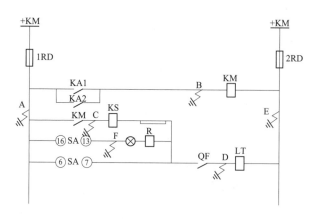

图 5-11　直流系统两点接地示意图

（3）严防交流窜入直流故障出现，如图 5-12 所示。雨季前，加强现场端子箱、机构箱封堵措施的巡视，及时消除封堵不严和封堵设施脱落缺陷。现场端子箱不应交、直流混装，现场机构箱内应避免交、直流接线出现在同一段或串端子排上。

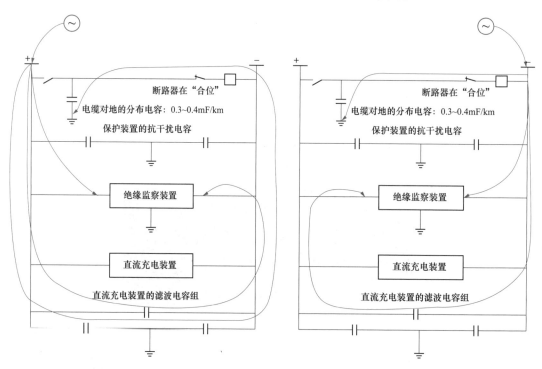

图 5-12　交流电源分别从正极、负极窜入直流示意图

（4）直流电源系统的电缆应采用阻燃电缆，两组蓄电池的电缆应分别铺设在各自独立的通道内，尽量避免与交流电缆并排铺设，在穿越电缆竖井时，两组蓄电池电缆应加穿金属套管。由于交流电缆过热着火后，引起并行直流馈线电缆着火，可能会造成全站

直流电源消失情况，从而导致全站停电事故。本要求主要是针对直流电缆防火而提出的电缆选型、电缆铺设方面具体要求，竖井中直流电缆穿金属管也是避免火灾的必要措施。

【案例 5-10】2010 年 11 月，某 220kV 重要负荷站 220kV 进线断路器非全相跳闸，继电保护没有任何动作信号记录，后非全相保护动作，跳开断路器。经查，一继电保护柜中一根直流电缆出现两点接地，造成环流流过中间继电器线圈，导致保护误动。

【案例 5-11】2011 年 8 月，某 330kV 变电站因雨水进入断路器操动机构箱，引起 220V 交流电源窜入直流电源系统，致使主变压器断路器操作屏中非电量出口中间继电器触点受电动力影响持续抖动，引起断路器跳闸，造成 330kV 变电站 2 台主变压器及 110kV 母线失压，15 座 110kV 变电站全停。

【案例 5-12】2005 年 10 月，某发电厂 1、4、5 号发电机组相继跳闸，当时 2、3 号机组处于检修状态，6 号机组未并网，1、2 号联络变压器同时被切除，500kV 三条线路仍在运行。事故原因为检修维护人员工作不规范，在未取得运行人员同意、未查清图纸的情况下短接端子，误使 500kV 网控 220V 直流窜入交流，导致保护误动。

【案例 5-13】2003 年 4 月，某发电厂 500kV 升压站一段 400V 交流电缆阴燃。由于直流电源系统馈出的两根主电缆在电缆沟里与阴燃电缆混装，没有隔离措施，电缆沟出口紧连一电缆竖井，竖井中直流电缆没有用穿金属管隔离，造成电缆全部烧损，事故扩大。使全站失去直流电源，500kV 两条输电线路失去继电保护，被迫跳开，造成 4 台发电机退出运行。

八、防止直流电源系统切换操作不正确

在直流电源系统中，执行正确的切换操作十分重要，如若在切换过程中由于运行方式的不正确或者操作流程错误，严重的后果便是造成直流母线失去电源。而在运维过程中，直流电源系统切换操作较为常见的，对于双套直流电源设备配置的变电站，如果某组蓄电池组或某套充电装置故障，首先需要切换直流电源系统运行方式，将故障直流电源设备所在直流母线上的负荷由未故障的另一套直流电源设备供电，然后退出故障直流电源设备进行检修。《国家电网有限公司十八项电网重大反事故措施（修订版）》明确规定：对于双套直流电源设备配置的变电站，在按规定进行定期试验时需要进行直流电源运行方式切换操作，即将待试验的一套直流电源设备退出运行，由另外一套直流电源设备带两段直流母线运行。

（1）两组蓄电池组的直流电源系统，应满足在运行中两段母线切换时不中断供电的要求，切换过程中允许两组蓄电池短时并联运行，禁止在两个系统都存在接地故障情况下进行切换。在直流电源系统切换操作过程中，在任何时刻，不能失去蓄电池组供电，原因是充电、浮充电装置在切换操作过程中，有可能失电。当倒闸操作时，如果两段母线都分别有接地情况时，合直流母联断路器后，就会出现母线两点接地。

（2）充电、浮充电装置在检修结束恢复运行时，应先合交流侧开关，再带直流负荷。充电、浮充电装置在恢复运行时，如果先合直流侧断路器，再合交流断路器，很容易引起充电、浮充电装置启动电流过大，而引起交流进线断路器跳闸。容易引起操作人员误判充电、浮充电装置故障，延误送电。

【案例 5-14】 某 500kV 枢纽变电站在检修充电、浮充电装置检修结束恢复运行时，带直流负荷启动充电、浮充电装置时，交、直流侧断路器由于启动电流过大，引起同时跳开。有关人员当时对这个现象处理不当，误认为直流母线出现短路故障，拉开蓄电池组熔断器，造成一段直流母线失去直流电源。

第四节　直流电源系统重点试验

一、直流充电装置特性试验

直流电源系统的稳定可靠运行对电力系统的安全、稳定运行有着极为重要的作用，而直流充电装置特性的好坏将直接影响着直流电源系统的稳定运行，因此，有必要开展充电装置的特性测试，了解充电装置的特性，确保直流电源系统的稳定运行。

在对蓄电池组充电的整个过程中，充电装置只有两个工作状态：稳流状态和稳压状态。这两个过程涉及充电机的三个指标：稳流精度、稳压精度和纹波系数。一个完整的充电周期包括恒流充电、恒压充电、尾流充电和浮充电四个阶段。其中，前三个阶段属于均充阶段。这四个阶段中，仅恒流充电时充电机工作在稳流状态，其余三个阶段充电机都工作在稳压状态，但是恒压充电及尾流充电阶段，充电机工作在均充电压上，浮充电时，充电机工作在浮充电压上。对于 220V 的蓄电池组，均充电压要比浮充电压高 10V 左右。所以在试验时，为获得完整的充电机特性曲线，宜将整定电压分别设置成均充电压与浮充电压进行两次试验。试验接线示意图如图 5-13 所示。

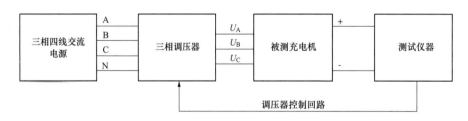

图 5-13　充电机特性测试接线示意图

（1）检查两套充电机－蓄电池系统状态，确认均处于工作状态且负荷正常。

（2）合上母联开关，使两段母线并列运行。

（3）断开充电机输出开关，使得第一组充电机脱离系统，并断开第一组充电机所有充电模块电源。

（4）在第一组充电机出口处按照正负极接入仪器，注意将测试线同时并联接入，并合上待测充电模块电源，开始测试。

（5）测试完毕后恢复第一组充电机所有充电模块电源，合上充电机输出开关。

（6）断开充电机输出开关，使得第二组充电机脱离系统，并断开第二组充电机所有充电模块电源。

（7）在第二组充电机出口处按照正负极接入仪器，注意将测试线同时并联接入，并合上待测充电模块电源，开始测试。

（8）测试完毕后恢复第二组充电机所有充电模块电源，合上充电机输出开关。

（9）所有测试工作完毕后，断开母联开关，并检查两套充电机－蓄电池系统状态。

（10）按照 DL/T 781《电力用高频开关整流模块》的规定，充电浮充装置在浮充电或均充电（稳压）状态下，交流输出电压在其额定值的±15%内变化，输出电流在额定值 0～100%内变化，输出电压在其浮充电压调节范围的任一数值上保持稳定，直流电源系统稳压精度、纹波系数数值见表 5-5。

表 5-5 整流充电装置特性试验限值

充电装置类型	稳压精度	稳流精度	纹波有效系数	纹波峰值系数
高频开关电源型	±0.5%	±1%	0.5%	1%
相控型	±1%	±2%	1%	2%
交流补偿型	±1%	±2%	2%	4%
其他类型	±1%	±2%	2%	4%

二、直流保护电器级差配合特性试验

直流电源系统广泛应用于各级火力、水力发电厂、换流站/变电站以及调相机工程，作为调相机控制电源、继电保护及安全自动装置电源以及部分重要电动机的动力电源，是整个调相机安全稳定运行的重要保障，其关键地位和重要性不言而喻。调相机直流电源系统一般由蓄电池组、直流充电柜、直流馈线柜、直流联络柜以及监测装置、直流负载等构成。但因其布置分散且容量较小，级差配合在实际工作中易被忽视。

在直流电源系统的基本配置中，通过直流馈线开关，分层分级的不断输送给各路直流负载使用。直流母排到直流用电负载，一般经历 2～3 级配电，甚至更多级分配。每级分配一般均采用直流断路器作为保护电器。调相机直流电源系统中除了直流事故油泵等作为动力支持，其余均是电气二次设备装置电源、监控和保护电源、控制电源，故一般采用直流断路器作为二级、三级断路器，采用大容量直流断路器作为第一级断路器。直流断路器是各出线过流和短路故障主要的保护元件，其选型和动作值整定是否适当以及上下级之间是否具有保护的选择性配合，直接关系到能否把系统的故障限制在最小范围内，对防止系统破坏、事故扩大和主设备严重损坏至关重要。在多级配电的直流馈线网络中，由于上下级保护动作特性不匹配，直流电源系统时常出现下级用电设备短路故障引起上一级直流断路器的越级跳闸这一现象，从而引起其他馈电线路的失电，错误地扩大了停电范围甚至引起重大事故，如控制回路断电导致一次设备失电、误动、拒动等。

为防止此类事故的发生，依据《防止电力生产重大事故的二十五项重点要求（2023版）》，对于新装和运行中的直流保护电器，必须保证其直流回路级差配合的正确性。因此，加强直流保护电器的选择及配置的准确性，对提高电力系统运行的安全可靠性具有重要意义。

配电直流断路器的上下级配合按照相关规程，在设计时均满足 2～4 个级差，但现场运行的直流断路器级差配合是否满足选择性保护的要求则需要实际进行测试判断。直流级差配合测试正是通过测试馈线回路，依据直流断路器的型号和种类，判断直流电源系统在故障时是否可靠动作。直流断路器级差配合现场测试作为评判直流电源系统配置合理与运行安全的主要测试之一，验证了直流电源上下级直流断路器是否符合设计规程，并可将故障时的切除范围限制在最小，从而最大程度保证直流电源的供电可靠性。具体的试验方法如图 5-14、图 5-15 所示。

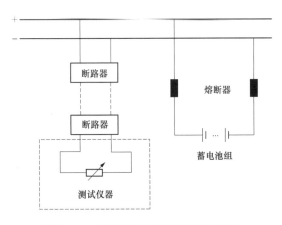

图 5-14 直流保护电器级差配合特性
试验接线示意图

图 5-15 直流保护电器级差配合
特性试验现场图

（1）确认试验前调相机直流电源系统（包括蓄电池组、充电机、直流盘柜、直流空开等）安装调试完毕，直流回路检查无误，蓄电池组容量应为100%，并处于浮充状态。

（2）被试的直流回路应处于备用状态，退出本段直流电源系统所有负荷，包括其他回路中带保护装置等影响系统安全稳定的负荷，断开待测回路直流断路器，依接线图连接现场待测直流断路器和测试系统各部分。严禁在运行的直流电源系统中操作。

（3）充电机模块应脱离母线，试验前应保证末级直流断路器不带电，确保人员安全。

（4）按照调相机 110V、220V 直流电源系统实际的配置，选择合适的接线方式，将典型回路的各级直流断路器同蓄电池组一起串联接入级差配合测试系统。

（5）设置工作参数，闭合待测回路所有直流断路器，根据需要，按照软件提示，进行相应测试试验。

（6）将直流断路器测试仪设置恒流输出，设置为末级断路器的额定值，回路中的断路器应均不跳闸。

（7）短路校验测试。首先进行录波相关参数设置，再按控制装置上测试按钮模拟短路，正常情况下，待测回路断路器自动脱扣断开，控制装置延时断开，同时录波单次触发，并记录电流波形，如图 5-16 所示。

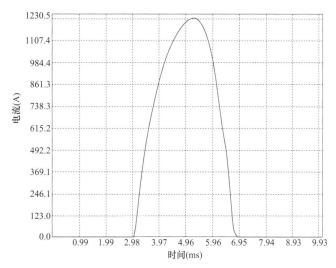

图 5-16 电流分断特性曲线图

评判标准：

（1）直流断路器应按有关规定分级配置，其性能必须满足开断直流回路短路电流和动作选择性的要求，下级直流断路器的额定电流不应大于上级直流断路器的额定电流。

（2）熔断器装设在直流断路器上一级时，熔断器额定电流应为直流断路器额定电流的 2 倍及以上。

（3）各级直流馈线断路器宜选用具有瞬时保护和反时限过电流保护的直流断路器。当不能满足上、下级保护配合要求时，可选用带短路短延时保护特性的直流断路器。

（4）充电装置直流侧出口宜按直流馈线选用直流断路器，以便实现与蓄电池出口保护电器的选择性配合。

（5）两台调相机之间 220V 直流电源系统应急联络断路器应与相应的蓄电池组出口保护电器实现选择性配合。

（6）采用分层辐射形供电时，直流柜至分电柜的馈线断路器宜选用具有短路短延时特性的直流塑壳断路器。分电柜直流馈线断路器宜选用直流微型断路器。

（7）各级直流断路器配合应参照 DL/T 5044《电力工程直流电源系统设计技术规程》中附录 A 表 A.5-1～表 A.5-5 的规定。

三、蓄电池负载能力测试

调相机直流电源系统在正常情况下为控制信号、继电保护、自动装置、断路器跳合闸操作等回路提供可靠的工作电源，另外直流电源系统还是调相机最重要的备用电源，当站用电系统失电时为事故照明、UPS 交流不停电电源和直流润滑油泵等提供直流电源，保证机组安全停机。调相机正常运行时，由主油泵供油，作用是润滑轴承，并且带走因摩擦产生的热量和由转子传过来的热量，起到保护调相机大轴和轴瓦的作用。在启、停机时，由主机交流润滑油泵供油，主机交流润滑油泵在故障情况下，联启直流润滑油泵，以保证向调相机各类轴承供油，保护大轴和轴瓦不被损坏。直流润滑油泵作为一级备用设备，是在紧急极端情况下，为调相机提供润滑油源，保证机组安全停止而不发生断油烧瓦或者动静摩擦事故，如图 5-17 所示。因此，保证直流电源系统处于正常的状态，保证调相机直流润滑油泵安全备用，对保护机组的安全稳定运行具有至关重要的作用。

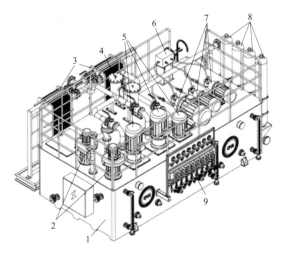

图 5-17　润滑油集装装置外形图

1—集装油箱；2—除油雾风机；3—板式冷却器；4—双筒过滤器；5—低压润滑油泵组；6—顶轴调压分流阀组；

7—高压顶轴油泵组；8—皮囊式蓄能器；9—测压元件集中仪表盘

蓄电池作为直流电源系统最重要的设备，如存在质量问题或者容量不够将对调相机的安全运行存在严重隐患，其容量应该能满足在调相机全站停电时的机组安全停机要求，电池供电能力应能保证调相机站检修人员有足够的时间来组织现场的抢修。因此，在调相机调试时需要对蓄电池进行负载能力测试，通过模拟调相机全站停电的极端情况，有效检验直流电源系统供电下的安全停机能力，并为调相机运行和检修提供现场实际数据，为制定紧急事故预案提供依据。蓄电池带负荷能力不足的危害有如下四点：

（1）全站失电后，如果备用电源投不上，事故照明自动切换到直流供电，如果蓄电池容量不足，会影响调相机事故照明和故障抢修工作。

（2）全站失电后，如果备用电源投不上，调相机在交流润滑油泵失电后自动切换投入直流润滑油泵，如果蓄电池容量不足，会影响调相机安全停机。

（3）全站失电后，如果备用电源投不上，UPS 电源自动切换到直流蓄电池供电，如果蓄电池容量不够，调相机 DCS 将由于失去工作电源，会失去对机组的监控。

（4）在调相机失去站用电后，如果备用电源投不上，调相机所有的保护及自动装置的工作电源将自动切换到蓄电池供电，如果蓄电池容量不足或存在质量问题将严重影响继电保护及自动装置的运行，相关电气开关将失去控制。

由此可见，蓄电池带负载能力考核工作是十分重要的，其试验方法如下：

（1）应在调相机停机时进行试验，检查调相机直流润滑油系统的直流电机、油泵及相关系统，确认满足启动运行条件。确认调相机直流电源系统工作正常，蓄电池处于正常浮充状态。

（2）确认直流母线之间的联络开关断开，断开直流负荷所在直流段的交流充电电源。

（3）立即启动所有调相机直流润滑油系统的直流电机、油泵及相关系统，检查各系统运行正常并连续运行。记录断开交流充电电源的时间、记录相应直流电源系统电压、蓄电池放电电流、各油泵直流电机的运行电流、各油泵的出口压力。

（4）试验过程中监视各系统运行状况，过 30min 记录一次、然后每隔 10min 记录一次时间及上述各参数，在接近限制值时应连续监视。试验持续 90min，如达到其中一个限制值（220V 直流电源系统电压降低到 208V 或任意一个蓄电池电压降至 1.8V），则停止试验。

（5）90min 试验完成，合上交流充电电源，并确认其处于均充方式，将直流辅机停止运行。

评判标准：试验时间，大于等于 90min；直流电动机运行正常；蓄电池组电压，大于等于 208V，单体蓄电池电压，大于等于 1.8V。

热工仪表及控制系统技术监督

第一节　热工仪表及控制系统技术监督概述

一、热工仪表及控制系统技术监督的定义

调相机热工仪表及控制系统技术监督（以下简称"调相机热控技术监督"）是对调相机设备、仪表以及控制系统在运行过程中进行调节、控制、操作、保护和联锁装置等开展全过程技术监督，防止热工仪表及控制系统事故的发生，确保调相机安全、稳定、经济运行。

调相机热控技术监督是调相机技术监督的一部分，在确保所监控的运行过程参数准确、调相机安全经济运行方面发挥了重要作用。随着调相机安全技术管理要求的不断提高、热工系统监控功能的不断增强和监督范围的不断扩大（由 DCS 系统扩展到包括内冷水、循环冷却水、润滑油和消防控制等各个分系统），对调相机热工仪表及控制系统的设计、安装、调试以及周期的检定、校验、维修、技术改造等方面的可靠性提出了更高的要求，因此，对调相机热工仪表及控制系统开展全过程技术监督是非常必要的，尤其是重视设计和安装阶段的监督。

二、热工仪表及控制系统技术监督的任务

调相机热控技术监督依据国家、行业及国家电网有限公司有关标准、规程规范，利用先进的测试和管理手段，在系统设计、安装调试、维护检修、周期检定、日常校验、技术改进和技术管理等阶段的性能和指标开展全过程技术监督与考核，及时发现并消除控制缺陷，指导现场作出跟踪、处理、更换等具体决定，使调相机仪表、控制系统不断完善并处于准确、可靠状态，不断提高调相机运行的安全可靠性。热工仪表及控制系统技术监督任务如下：

（1）开展监督范围内调相机各部件在规划可研、工程设计、设备采购、设备制造、设备验收、设备安装、设备调试、竣工验收、运维检修、退役报废全过程中的热工仪表检测及控制系统相关试验的监督工作。

（2）对监督范围内调相机热工相关故障开展调查和原因分析，并提出处理对策。

（3）按照相关技术标准，针对进一步提高热控系统及相关设备仪表的可靠性进行检测和评判，并提出相应的技术措施。

（4）组织开展DCS软硬件性能测试技术监督，并确保DCS软件修改、更新等工作。

（5）组织开展热工仪表及控制系统技术监督培训考核。

（6）建立健全热工仪表及控制系统技术监督档案，并进行档案管理。

三、热工仪表及控制系统技术监督的范围

随着调相机热工设备精度与准确性越来越高，热控监督范围也在不断扩大。一方面，调相机对热工测量和控制技术的要求越来越高；另一方面，国内外先进的测量和控制技术的引进，加深了热工技术和热控设备的复杂程度。据统计，我国新建火电机组的热控误动率有约60%来自安装和调试的不规范，通过在基建阶段开展热工仪表及控制系统可靠性控制，可以在很大程度上消除安装和调试中存在的隐患，提高热工仪表及控制系统系统的可靠性。此外，过去热工仪表及控制系统监督主要着眼于分散控制系统（DCS），目前已扩展至调相机各个分系统，设备上涉及热控测量、信号取样、控制设备与逻辑的可靠性，技术上涉及热控系统设计、安装、调试、检修运行维护质量和人员的素质。热工仪表及控制系统技术监督范围的扩展，对监督人员的技术全面性也提出了更高要求。

调相机热控技术监督是针对调相机主机、DCS及所有分系统的热工设备，涵盖规划设计、采购制造、基建安装、调试验收及运维检修等调相机全过程的监督工作。主要包括以下七方面：

（1）热工仪表及控制系统的检测元件：包括检测温度、压力、流量、转速、振动、液位等物理量的一次传感器及配套的转换器、变送器、信号开关等，主要监督量程设计、设备选型是否合理、安装是否规范、冗余可靠性等方面。

（2）热工仪表及控制系统的二次线路：涉及控制电缆、接线盒、端子排、接地系统等，主要监督安装规范性与设计可靠性。

（3）热工仪表及控制系统的脉冲管路：主要指一次阀门后的管路及阀门等，主要检查安装是否规范。

（4）热工仪表及控制系统设备：包括控制设备与就地设备，控制设备又包括采用分散控制系统的控制设备和其他常规设备。控制设备包括DCS控制软件、数据采集、模拟量控制、顺序控制、联锁保护、显示、记录、存储等功能单元及工程师站人机接口设备，通信网络，电源系统、机柜等设备；其他常规控制设备包括小型数据采集、程控装置及配套设备，显示、记录、调节器、操作器（开关、按钮），运算、辅助单元，保护、联锁、信号装置及机柜等。就地设备主要包括联锁装置，电动执行器，就地安装、显示的各类热工检测仪表等。

（5）计量标准器具及装置：包括信号源、测试仪器、量值传递用的标准器具等。

（6）热工技术管理：主要指监督网络、管理制度、人员资质、设备技术台账和报表总结等。

（7）控制系统管理：包括试验方案和试验报告、控制系统故障记录、分析处理记录、控制系统设备与部件故障更换记录、日常巡检记录、软件组态升级与修改记录、软件版本备份、防病毒措施等。

四、热工仪表及控制系统技术监督的目的

调相机热控技术监督通过对热工仪表及控制装置进行合理的系统设计、设备选型、安装调试和周期性的检定、校验、日常维护、技术改造以及统计、考核等工作，使之处于完好、准确、可靠的状态，是保证调相机设备安全、经济、稳定运行、提高机组运行可靠性的一项重要措施，在保障机组安全启停、稳定运行和故障分析处理过程中起到不可替代的作用，是调相机设备可靠运行、减少事故发生的重要保证。

热工仪表及控制系统是保障电力设备安全启停、正常运行和故障处理的重要技术装置，是促进安全经济运行、文明生产和提高机组运行可靠性的不可缺少的手段。通过全面做好热控监督工作，从而保障热工相关规章制度的严格执行，认真做好设备故障分析，切实做好检修维护工作，进一步提高热工仪表及控制系统可靠性。

五、热工仪表及控制系统技术监督的依据

（一）一般原则

根据国家、行业及国家电网有限公司相应标准、规定及反事故措施等要求，调相机热控技术监督工作应以安全和质量为中心，以标准为依据，以有效的测试和管理为手段，结合新技术、新设备、新工艺应用情况，持续开展工作，对调相机热工设备进行全过程技术监督，以确保热工仪表及控制系统设备在良好可控状态下运行，防止热工事故的发生。

（二）热工仪表及控制系统技术监督依据的标准

调相机热控技术监督必备的标准见表 6-1，应查询、使用最新版本。

表 6-1　　　　　　　　热工仪表及控制系统技术监督必备标准

序号	标准号	标准名称
1	国能发安全〔2023〕22 号	国家能源局关于印发《防止电力生产事故的二十五项重点要求（2023版）》的通知
2	GB/T 30372	火力发电厂分散控制系统验收导则
3	GB/T 33009.1	集散控制系统（DCS）第 1 部分：防护要求

序号	标准号	标准名称
4	GB/T 36293	火力发电厂分散控制系统技术条件
5	GB/T 50169	电气装置安装工程接地装置施工及验收规范
6	DL/T 261	火力发电厂热工自动化系统可靠性评估技术导则
7	DL/T 659	火力发电厂分散控制系统验收测试规程
8	DL/T 774	火力发电厂热工自动化系统检修运行维护规程
9	DL/T 1056	发电厂热工仪表及控制系统技术监督导则
10	DL/T 1083	火力发电厂分散控制系统技术条件
11	DL/T 2122	大型同步调相机调试技术规范
12	DL/T 5004	火力发电厂试验、修配设备及建筑面积配置导则
13	DL/T 5175	火力发电厂热工开关量和模拟量控制系统设计规程
14	DL 5190.4	电力建设施工技术规范 第4部分：热工仪表及控制装置
15	DL/T 5210.6	电力建设施工质量验收规程 第6部分：调整试验
16	DL/T 5428	火力发电厂热工保护系统设计规程
17	DL/T 5791	火力发电建设工程机组热控调试导则
18	JJG 229	工业铂、铜热电阻检定规程
19	Q/GDW 10799.7	国家电网有限公司电力安全工作规程 第7部分：调相机部分
20	Q/GDW 11588	快速动态响应同步调相机技术规范
21	Q/GDW 11936	快速动态响应同步调相机组运维规范
22	Q/GDW 11937	快速动态响应同步调相机组检修规范
23	Q/GDW 11959	快速动态响应同步调相机工程调试技术规范
24	Q/GDW 12024	快速动态响应同步调相机组验收规范
25	国家电网设备〔2021〕416号	国家电网有限公司关于印发防止调相机事故措施及释义的通知
26	国家电网设备〔2018〕979号	国家电网有限公司十八项电网重大反事故措施（修订版）及编制说明

第二节 热工仪表及控制系统技术监督执行资料

一、热工仪表及控制系统技术监督必备的档案及记录

档案记录的准确与完善是热工仪表及控制系统技术监督管理的重要组成部分，调相机的热控技术监督必备的档案及记录见表6-2，热控技术监督资料应实行动态化管理，所有档案及资料应为符合实际情况的最新版本。

表 6-2 热工仪表及控制系统技术监督必备的档案及记录

编号	名 称	说 明
1	热工计量标准仪器仪表清册	及时更新
2	热工检测仪表及控制装置系统图、原理图、实际安装接线图、电源系统图和控制系统 I/O 清册	
3	流量测量装置（孔板、喷嘴）设计计算原始资料及常用部件的加工图纸	
4	主辅机保护与报警定值清单	正式发文版，并及时更新
5	设备出厂试验报告、产品证明书以及图纸和资料	
6	DCS 逻辑说明书、热控设备备品备件清册、DCS 系统软件和应用软件备份	
7	热工自动化设备运行日志	包括运行巡视记录、报表、维修和故障处理记录
8	热工设备异常及缺陷处理记录，事故分析报告和采取的措施	
9	试验用标准仪器仪表维修、检定或校准的记录或报告	
10	软件修改审批和修改记录，包括软件修改、更新、升级前后，软件备份记录	运行中重要保护投退必须严格执行审批制度，记录描述清晰完整，审批规范
11	热工测量参数校验记录或报告	
12	自动调节系统试验记录	
13	保护联锁试验记录	实时更新
14	DCS 系统故障及死机记录	
15	热工故障和保护动作情况统计	
16	热工自动化设备损坏及更换台账	
17	测量仪表调前合格率统计，统一的计量器具台账及仪表校验报告	完整、规范
18	测点投入率、热工保护投入率、自动投入率统计记录，重要参数报表	

二、热工仪表及控制系统技术监督报表及总结

调相机热控技术监督专项检查记录表见表 6-3，缺陷情况统计表见表 6-4。

表 6-3 调相机热工仪表及控制系统技术监督专项检查统计表

序号	检查内容	情况梳理	监督建议	备注
1	控制系统监督检查的范围及控制系统名称			
2	性能测试发现问题处理情况			
3	调试、运行过程中遇到的硬件问题			

序号	检查内容	情况梳理	监督建议	备注
4	调试、运行过程中遇到的逻辑、软件及通信问题			
5	定值扰动等试验开展情况和存在问题			
6	运行期间机组控制系统出现的主要故障			
7	其他问题			

表6-4 缺 陷 情 况 统 计 表

序号	缺陷名称	缺陷情况	检查情况	缺陷分析	已消除日期	拟消除日期及措施
1						
2						
3						

专项检查及年度热工监督总结应包含以下内容：

（1）热工监督网人员变动情况。

（2）巡检、试验、检修工作中，现场热工设备发现的问题，对设备、电网安全生产影响程度情况，消缺措施，软件修改记录，验收及试验情况、结果。

（3）阶段及年度热工设备试验情况统计表。

（4）巡检、试验、检修及状态评估工作中发现且未处理问题详细情况描述，拟处理措施等。

（5）热工监督工作中需解决的问题。

（6）下一阶段及下一年度重点工作计划。

三、热工仪表及控制系统技术监督考核评价

根据国家电网有限公司技术监督管理规定，制定调相机技术监督实施细则，监督内容应涵盖规划可研、工程设计、采购制造、运输安装、调试验收、运维检修、退役报废等全过程，认真检查国家电网有限公司有关技术标准和预防设备事故措施在各阶段的执行落实情况，分析评价调相机热工仪表及控制系统健康状况、运行风险和安全水平。

第三节　热工仪表及控制系统技术监督重点内容

调相机热工技术监督应涵盖规划可研、工程设计、采购制造、运输安装、调试验收、运维检修、退役报废等全过程，现对调相机热工全过程技术监督中应重点关注的内容进

行详细介绍。

一、预防热工仪表量值传递发生偏移

调相机的热工仪表主要用于测量各种介质的温度、压力、流量、液位、机械量等，是保障调相机安全启停、正常运行、防止误操作和处理故障等非常重要的技术设备，也是调相机安全经济运行、文明生产、提高劳动生产率、减轻运行人员劳动强度必不可少的装置。按照检测测量功能的不同，仪表可以分为温度测量仪表、流量测量仪表、液位测量仪表和压力测量仪表，根据仪表用途的不同可以分为测量仪表、显示仪表和控制仪表三大类。为了确保各类仪表运行稳定、显示准确，对其所管辖范围的热工测量仪表制定周检计划，并按照检定规程和周检计划进行检定，做到不漏检、不误检。其次计量检定人员应熟悉并正确使用计量器具，并按规定进行考核、取证，持证上岗。最后对于调试、检测用的标准仪器、仪表必须经过校验且合格。

（一）建立计量标准实验室并拥有合格的检定人员

为了更好地保证热工仪表及控制装置的准确性，在调相机检修期间，现场宜建立符合生产需要的三级热工计量标准室，且所有仪表都需要定期开展校验。为了确保仪表校验精度，降低测量过程中外部环境影响，计量标准室环境条件应满足相应的标准、技术规范和检定规程要求，如设立独立的温、湿度调节设备，有防尘、防震设施。随着大容量调相机技术水平的发展与热工可靠性要求的提高，调相机所用检定、校准规范也应及时更新。为了保证各级量值传递的正确性，上一级计量监督管理机构随时可以对下级计量检定的情况进行抽查。

根据 DL/T 5004《火力发电厂试验、修配设备及建筑面积配置导则》的要求，计量检定人员应熟悉并正确使用计量器具，从事计量检定、测试、调试、试验、检修的热工自动和保护人员均应按规定进行考核、取证、持证上岗，一个检定项目必须有两名或以上人员持本项目检定培训合格证（证明）。检定人员应能够熟练掌握检定规程的操作步骤，正确填写原始记录，数据处理准确。脱离检定岗位一年以上的人员，必须重新考试合格后，方可恢复工作。

【案例 6-1】2021 年 4 月，某换流站 1 号调相机检修期间仪表校准间设置于调相机厂房 0 米层，存在震动大、灰尘多、噪声大和潮湿等问题，无法满足仪表校准温度、湿度等要求，后期组织协调新建规范仪表校准间。

（二）合格的计量标准仪器及规范的检定记录

热工计量标准仪表和标准装置，必须按上级计量主管部门下达的年度周期检定计划，制定送检计划并按期检定，不得任意拖延或不送检，特殊情况须事先联系。用于热工计量的电测计量器具，由本单位电测检定机构进行检定，本单位不能检定的，统一报送省一级专业机构进行检定。

热工试验室的设施、计量标准装置的配置应符合 DL/T 5004《火力发电厂试验、修配设备及建筑面积配置导则》要求。检定和调试用的标准仪器、仪表必须合格，符合等级规定并贴有有效的计量标签，凡无有效的计量标签和检定合格证书的标准仪器、仪表不得用作量值传递使用，暂不使用的计量标准和仪器可报请上级检定机构封存，再次使用时需经上级检定机构启封并检定合格后方可使用。标准器及配套设备的工作状态应完好，并建立统一的计量器具台账。试验记录应规范，并存档备查，计量标准使用记录及计量标准履历书内容应填写完整，计量标准更换应符合最新标准要求，技术报告及量值传递系统图必须正确、完整、规范。

测量仪表的校验周期，应按照国家和行业标准规定（DL/T 261《火力发电厂热工自动化系统可靠性评估技术导则》），结合仪表实际调前合格率、仪表的重要性分类、可靠性评级和实际可行性进行，并参照 DL/T 1056《发电厂热工仪表及控制系统技术监督导则》。根据仪表调校前记录评定等级并经批准，校准周期可适当缩短（调校前记录评定为不合格仪表）或延长（调校前记录评定为优秀）。

（1）同一制造厂的同一类且同一量程仪表，若在原校验周期内的调前合格率统计低于 80% 及以下时，应将原确定的校验周期缩短半个周期。

（2）同一制造厂的同一类且同一量程仪表，若在原校验周期内的调前合格率统计达到 95% 以上时，可在原校验周期上延长半个（或一个）周期，但延长后的仪表校验周期不宜超过 A 级检修周期。

所有热工仪表安装前均应进行定值与精度的检查和检定，确认合格后方可安装。安装后应对参与跳闸保护的等重要热工仪表做系统综合误差测定，确保仪表的综合误差在允许的范围内。检修后的热工仪表检测系统，在主设备投入运行前应进行系统联合调节和测试，并符合误差要求。

【案例 6-2】2021 年 4 月，监督人员在对某换流站 1 号调相机已校验仪表的数据进行统计时，发现仪表校验前合格率偏低：变送器 77.8%、压力开关 22.2%、热电阻元件 66.7%。该数据表明基建期间仪表校验，特别是压力开关的校验精度超差情况较多，严重影响系统运行可靠性。组织热工相关人员重新统计校验仪表，进一步扩大校表量，同时对不合格的表计采取重新校验或更换处理。

二、提高热工保护可靠性

热工保护系统的功能是当调相机设备运行过程中出现生产参数或设备超出正常可控范围时，及时采取相应的措施加以保护，从而降低故障损失，避免发生重大设备损坏和人身伤亡事故。如果热工保护发生拒动，将会造成设备损坏事故或其他比较严重的损失；

如果热工保护发生误动，则会使调相机设备造成不必要的停运，从而造成较大的经济损失。在日常生产中，热工保护系统拒动的事件时有发生，误动造成调相机非计划停运的比例也较大。因此，从设计阶段开始就提高热工保护系统的可靠性，消灭或减少热工保护系统的拒动和误动成为日益关注的焦点。

（一）设计阶段尽量完善组态、提高逻辑可靠性

调相机热工控制回路应按照保护、联锁控制有限的原则设计，减少运行与维护工作量的同时，保证调相机设备和人身的安全。热工保护系统设计过程中应重点关注以下几方面：

（1）依据《防止电力生产事故的二十五项重点要求（2023版）》第9.5.2条款要求：所有重要的主、辅机保护都应采用"三取二"、"四取二"等可靠的逻辑判断方式，保护信号应遵循从取样点到输入模件全程相对独立的原则，确因系统原因测点数量不够，应有防保护误动及拒动措施，保护信号供电亦应采用分路独立供电回路。

冗余的 I/O 信号应通过不同的 I/O 模件引入、开出，防止单一原件故障导致保护误动或拒动。三重化 I/O 信号配置在同一对控制站下的三个不同 I/O 单元中，每个系统的传感器或压力开关采集量按"三取二"原则出口；当一套传感器或压力开关故障时，出口采用"二取一"逻辑；当两套传感器或压力开关故障时，出口采用"一取一"逻辑出口的要求。如确因系统原因测点数量不够，应采取组合逻辑等防保护误动措施。

【案例 6-3】2021 年 1 月，某换流站 2 号调相机起机试验过程中，1 号调相机励端 X 向轴振因干扰显示值异常升高达到跳机值，振动保护逻辑无防误动措施，触发轴承振动保护动作跳机。在故障处理过程中，对信号线进行了重新检查确认无接地，并对轴振和瓦振保护逻辑进行了进一步优化。

【案例 6-4】2021 年 4 月，某换流站 1 号调相机轴振与瓦振跳机信号均经过单一继电器输出模块向 DCS 提供三冗余回路输出，在 DCS 实现"三取二"冗余后，再将输出信号送至调变组非电量保护屏，其中热工保护信号 1、2、3 由卡件 1 进行输出，若该卡件故障，则第一路热工保护拒动；热工保护信号 4、5、6 由卡件 2 进行输出，若该卡件故障，则第二路热工保护拒动。为防止单一卡件故障引起热工保护拒动，最终将保护信号重新排卡分布布置。

（2）除特殊要求的设备外，所有调相机设备启、停控制信号都应采用脉冲信号控制，防止热工仪表及控制系统由于失电导致停机时，引起该设备误停运，造成主设备或辅机损坏。

【案例 6-5】2020 年 11 月，某发电厂化学补给水泵 C 送电时，检修人员在就地将补给水泵 C 从就地切至远方后补水泵自动合闸。检查发现逻辑组态中启、停指令均为长指令，就地切至远方将直接触发联锁启动长指令，修改组态，将联锁指令改为脉冲信号后

设备运行正常。

（3）触发跳闸的保护信号的开关量仪表和变送器应单独设置，防止短路或者触发误动。

（4）为进一步减少故障环节，尽量缩短热工保护中间流程。即减少中间转接柜、转接端子，信号直接由源头送至终端处理，如调相机已经逐步将一些重要保护信号不经过DCS转换直接由就地送至非电量保护屏。

【案例6-6】2022年3月，某换流站1号调相机由于DCS I/O信号出现离线致使DCS系统触发"1号调相机绝对振动高跳机"指令，机组跳机。电源模块和底座出现故障的可能性较低，但仍不能完全排除，为了从根本上杜绝类似事故，有必要将DCS重要保护全部迁移至非电量保护屏，详细配置方式如图6-1所示。

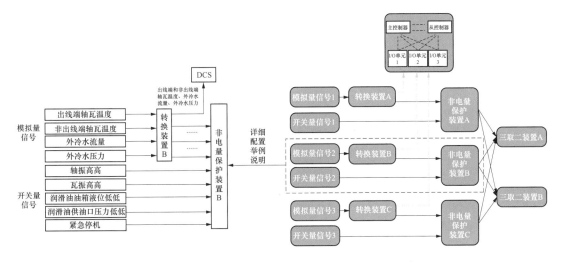

图6-1　DCS重要保护迁移至非电量保护屏配置方式

（二）联锁试验阶段严格验证每一条逻辑、提高运行可靠性

无论是基建调试、设备检修还是调相机检修后重新启动，为了确保设备正常运行，提高运行可靠性，都需要开展热工联锁保护试验，并重点关注以下问题：

（1）热工保护联锁试验中，尽量采用物理方法（即在测量设备输入端加入被测物理量的方法，尽量采用实际设备运行方式实现）进行实际传动，如条件不具备，可在现场信号源处模拟信号（采取测量设备加信号、短接等方式）开展试验，但禁止在控制柜内通过开路或短路输入信号的方法进行试验。对采用中间点的保护联锁条件验证时，必须逐项验证中间点产生的源信号及逻辑是否设置正确。

【案例6-7】2022年8月，某换流站调相机联锁清单中，试验方法栏注明模拟量、开关量信号从DCS模拟，实际开展联锁试验过程中也采取在DCS逻辑中强制信号的方式，不符合相关要求。

（2）为加强和规范热工联锁保护定值和保护联锁试验工作，确保调相机和设备的正常运行，调相机检修工作完成后，在机组启动前应进行所有热工联锁保护试验并做好保护传动记录。包括润滑油系统事故低油压保护、工作油箱低液位保护、交流润滑油泵失电保护、冷却水严重泄漏保护、调相机本体振动保护、调相机本体瓦温保护等。联锁保护逻辑有变动的，以及运行中出现异常的保护系统，必须进行逻辑验证和保护传动。新增测点必须进行核对检查。

（3）有在线试验功能的热工联锁保护系统，其定期保护试验应在安全可靠的原则下进行。

（4）热工保护回路中不应设置供运行人员切、投保护的任何操作设备。热工保护动作原因应设事件顺序记录，调相机应有事故追忆功能。涉及调相机安全的重要设备应有独立于 DCS 的硬接线操作回路。调相机润滑油压力低信号应直接送入事故润滑油泵电气启动回路，确保在失去 DCS 控制的情况下能够自动启动，保证调相机的安全。

（5）不同控制器间的网络传输信号在逻辑下载与电源切换过程中可能发生信号跳变，因此为了提高信号传输可靠性，在 DCS 不同控制器之间传输保护信号，应采用硬接线方式实现，不能仅以软逻辑方式实现。

（6）为了确保调相机各个系统、设备安全稳定运行，必须投入所有联锁保护，而正确的定值是确保每一条联锁保护准确运行的关键，调相机热工系统报警、保护定值应按照公司规范流程签字正式发文下达，并根据现场设备、保护、环境等变化及时更改，此外更改定值应经企业技术负责人批准，并做好记录。

（7）保护逻辑执行时序、配合时间应按设备工艺及控制要求设计，防止因参数设置不当保护误动。

【案例 6-8】2020 年 12 月，某换流站 2 号空冷调相机循环水泵切换失败导致两台循环水泵全停引起跳机。循环水泵周期切换逻辑设计为运行泵切换期间 10s 内禁止切回，如果联锁启动备用泵失败后应允许手动启动备用泵，另外只要内循环没断水就能还能坚持一段时间，通过优化两台泵全停触发跳机逻辑解决了问题。

（三）设备改造阶段充分认证优化、提高改造可靠性

在生产运行过程中，由于设备更换、增加、DCS 改造等原因，会涉及逻辑修改，调相机的联锁保护是一个不断优化提升的过程，逻辑修改过程中必须确保做到以下几点：

（1）逻辑修改前要做好软件修改工作联系单审批工作，并严格做好技术交底，热工人员应了解逻辑修改内容，并进行充分的检查分析和验证。

（2）调相机重要保护逻辑优化应进行充分的论证，修改后必须进行相关联锁保护试验，联锁保护试验时应尽可能模拟设备系统的真实运行状态。

（3）完善重要保护信号的状态监视和报警功能，确保不同机柜系统之间，硬接线信

号输出输入两端的状态一致性。

（4）加强逻辑修改的检查确认，对不同工况下联锁条件变化情况进行预判评估其合理性。

（5）对主要设备的备用联锁逻辑进行梳理时，从保护主设备角度出发，适当放宽备用启动逻辑中的允许条件，完善备用联锁启动功能。

（6）修改逻辑画面组态后，应进行相应的逻辑试验检查和画面检查，及时发现逻辑漏洞，并做好修改记录与逻辑备份。

（7）系统优化改造后，需要及时向运行人员做好操作功能变化的技术交底工作。

（8）调相机逻辑修改应按照有关要求执行。

三、优化热工自动调节品质

热工自动调节指的是在一个生产及工艺流程控制过程中，把整个工艺流程有限孤立成一个个可以单独实现某种功能控制的调节系统，然后对这些调节系统进行 PID 运算，通过运算结果去控制执行机构动作，从而实现运行人员脱离复杂的手动控制方式。优秀的自动调节系统比人手动控制精度要高得多，可以大幅降低劳动量，甚至实现智慧监盘，在一定范围内安全性也更高。

为了提高系统稳定性，防止单独信号发生故障、失准影响自动调节，重要模拟量输入、输出等信号应按照双重化设计，涉及保护及控制等信号应考虑三重化设计。DCS 中模拟量数据应进行数据选取逻辑优化，当一路明显超差故障时，应自动将该路数据剔除，选择另外一路或者两路数据，三选中模块当多个信号出现异常偏差大时，逻辑自动判断输出情况是否符合机组安全运行要求，是否存在风险。如：调相机挡风圈外侧冷风温度、定子线圈进水温度、定转子线圈进水温度、润滑油供油口油温度、循环水泵出口母管温度等。

此外，除了需要检查主要自动系统的阀门特性、报告资料等是否规范、齐全，还要定期抽查核对主要自动调节系统品质指标，是否满足 DL/T 657《火力发电厂模拟量控制系统验收测试规程》和 DL/T 774《火力发电厂热工自动化系统检修运行维护规程》的相关要求。

【案例 6-9】2020 年 1 月，某发电厂 5 号机组深度调峰至 350MW 过程中，由于主蒸汽压力低，增负荷时 NPR 功率调节器输出快速增加至 110%，FM458 主控制器和从控制器数据不一致，两次触发控制器故障报警，闭锁增负荷。检查发现由于 DCS 送至 DEH 的 3 个主蒸汽压力设定值扫描步序不一致，导致压力设定值 3 与压力设定值 2 的偏差大于 5bar。

四、预防热工控制系统设备故障失准

随着热工控制设备技术水平的不断完善，可靠性得到大幅度的提高，但是根据近些

年发电厂事故统计，由于设备老化、安装操作不规范等原因导致通信故障（包括控制器、网络、光纤、通信卡、交换机等通信故障）、卡件故障、信号干扰故障（包括接线松动、接地故障）的案例还是频有发生，调相机与发电厂热工相关设备类似，有一定的借鉴意义，有必要采取针对性措施来加以防范，进一步预防控制设备故障。

（一）防止通信故障

防止通信故障需要做好以下几方面工作：

（1）定期检查连接屏蔽线、通信卡件；加强系统接地、屏蔽管理。

（2）总结分析系统通信异常处理过程，补充完善应急处理预案；并定期开展控制系统通信故障的应急处理演练，提高故障应对处理水平。

（3）检修期间应开展 DCS 性能测试，通过控制器、网络以及通信功能的冗余切换试验，尽早发现故障隐患。

（4）检修中对机柜内布置的通信同轴电缆敷设情况进行排查，确保电缆屏蔽接地良好，外表皮无损伤，敷设走向符合规范要求。

（5）对运行较久的 DCS 系统加强巡检，及时发现异常报警信息；检修中对控制器和卡件进行插拔紧固性、终端电阻连接情况的检查。

（6）做好公用系统远程柜运行环境的维护，摸索各个系统远程卡熔丝的检修更换周期。

（7）在巡检或专项检查过程中，需要重点检查电源模块、通信模块及机柜 I/O 总线背板等，对性能明显下降的要及时更换。为了防止信号传输跳变，当引用跨控制器的开关量数据时，应增加滤波保护，重要联锁信号也应该避免只采用跨控制器通信信号，必须采用时应增加辅助逻辑增加逻辑可靠性。此外，为了便于更好监视控制器运行状态，需要将控制器切换报警加入声光报警范围。

【案例 6-10】2020 年 7 月，某天然气调压站至 DCS 系统通信中断。该调压站 PLC 至 DCS 系统采用 modbus485 硬接线通信，在雷击 3 分钟后数据中断。经检查发现通信卡件 1 通道故障，最终确认为卡件通道遭受雷击导致卡件故障使通信中断，如图 6-2 所示。

图 6-2 通信卡件被雷击后通道明显烧坏

【案例 6-11】2018 年 6 月，某发电厂 2 号机组 DCS 14 号控制器与该控制器下 4 块总线卡件内部通信丢失，造成部分参数等保持通信丢失前的参数值。引起 DEH 主汽压力自动控制回路动作导致汽轮机主、再热蒸汽调门关闭，机组再热器保护动作，锅炉 MFT 动作（Main Fuel Trip，即：锅炉主燃料跳闸）。最终确认为 FF 现场总线卡与控制器通信中止问题。

（8）DCS 控制器、模件等应采取冗余配置方式，并具有诊断至通道级的自诊断功能，使其具有高度的可靠性。系统内任一模件发生故障时应自动触发报警，且不影响系统其他部分的工作。当 DCS 系统出现程序死机或失控时，DCS 系统后台应能自动恢复到原来正常运行状态。调相机热工的控制站、网络及电源模块应双重化冗余配置，且冗余设备应能自动切换到备用设备运行。

（二）预防卡件故障

针对使用年限较长的卡件老化现象，需在检修中开展卡件检查，统计分析同类型或批次的重要 DI 信号卡件性能变化情况，必要时进行更换或升级，尽早对出现明显老化的控制系统开展全面升级改造，提高控制系统运行可靠性。对逻辑组态进行梳理，对设有硬件卡件输入信号，但实际未接线或不必要的单点联锁保护进行完善，防止保护误动（采取在逻辑中对输入信号进行置位或取消无用逻辑等方式）。对系统失电保护信号的取信方式进行对照检查，对存在的薄弱环节进行信号冗余配置优化完善（三取二）。

调相机运行过程中需要减少并谨慎开展运行中的卡件更换操作，避免由于插拔导致相关信号异常变化引起设备误动。在检修中还需重点做好该控制系统的性能测试，通过故障报警分析系统薄弱点，预先更换部分存在老化风险的重要模件。

在检修中需要对出现过故障的同批次、同类型继电器性能进行抽查测试，确认继电器性能未出现下降，对于存在隐患的重要输出继电器要提前进行更换。利用机组停机机会，定期开展操作员站和工程师站的重启，消除系统内数据垃圾，并确认系统内存及负荷率满足规范要求。合理设置偏差报警定值，提前发现卡件的性能变化，对信号偏差逐步变大的卡件，停机状态下提前进行更换。

DCS 控制器应采用冗余配置，且具有无扰切换功能，主从控制器应同步更新数据，防止从控制器切换为主控制器时对输出产生扰动影响。

DCS 应遵循调相机重要功能分开的独立性原则，各控制功能应遵循任一组控制器故障时对机组影响最小的原则，防止单一控制器故障导致停机。为防止单一控制器故障导致机组被迫停运事件的发生，重要的并列或主/备运行的辅机设备应由不同的控制器控制。例如单台机组设计四对控制器，一号控制器控制 A 侧水泵、油泵等设备；二号控制器控制 B 侧水泵、油泵等设备；三号控制器控制直流油泵等设备；四号控制器控制调相机本体铁心测温系统、外部冷却循环水系统的相关参数。

DCS 卡件熔丝与卡件通道熔丝的熔断速度及额定电流应匹配，防止任一通道故障影响整块卡件运行。

调相运行过程中，需要做好电子间、控制机柜运行环境温度、湿度的检查和日常维护，尽早开展出现明显老化的控制系统的全面升级改造，提高控制系统运行可靠性。

【案例 6-12】2020 年 7 月，某换流站 1 号调相机因 DCS 控制器之间通信点的报文缓冲区处理机制不完善，主从控制器未同步更新数据，报文缓冲区存在油压低跳机信号，主从控制器切换时保护误动跳机。

【案例 6-13】某换流站调相机采用 ABB 的 DCS 卡件损坏率较高。经检查，ABB 卡件通道熔丝为 1A 慢熔，卡件熔丝为 3A 快熔，通道熔丝与卡件熔丝不匹配造成单通道故障扩大为整块卡件，排查所有通道与卡件熔丝，做到熔丝电流容量匹配。

【案例 6-14】2019 年 5 月，某发电厂 1 号机组 DCS 控制系统 DROP12 控制器出现橙色故障报警，原因为与 DROP12 控制器相连的循泵房远程柜通信卡故障引起。检查发现通信卡故障是由于卡件内的熔丝已熔断。

（三）避免信号干扰

为了避免电缆之间的相互干扰，造成设备损坏或者保护误动，DCS 信号电缆与动力电缆尽量在不同的通道中敷设，当在同一通道中敷设时，信号电缆与动力电缆应分层布置，并采取必要的隔离措施。对于可能引入干扰的现场设备，除检查回路接线应正确、牢固、无接地外，还应对该设备加屏蔽罩。有防干扰要求的测量装置，其电缆的屏蔽层接地应正确可靠；连接延伸至接线盒的全程应远离电磁干扰源和高温区，保持与地面的绝缘，并有可靠的全程金属防护措施。

预防信号干扰应做好以下几点：

（1）增加并完善轴向位移通道等涉及保护的信号异常报警功能；运行中加强巡检，对信号通道报警要查找出原因，及时处理。

【案例 6-15】2018 年 11 月，某发电厂 2 号机组在运行过程中突然跳闸，首出原因为"轴承温度高"。检查发现 8 号轴承左前下部温度 A 跳机前 5min 内跳变严重，最终触发"轴承温度高"保护，汽轮机 ETS 保护动作（Emergency Trip System，汽轮机跳闸保护系统）。检查发现 8 号轴承温度就地端子排渗油现象明显，判断是由于渗油原因导致绝缘下降，静电在接线端子处累积产生温度信号波动，从而导致机组跳机。

（2）运行期间对汽轮机安全监视系统（turbine supervisory instrumentation，TSI）就地接线盒、TSI 传感器电缆等周围的卫生清扫工作必须由热工专业人员清洁，或相关专业要做好现场监护工作；并禁止用化纤毛掸等容易引起静电的清扫工具对现场热工设备进行卫生清扫。

（3）前置放大器应安装于金属箱中，前置放大器应与箱体隔离，金属箱体须可靠接地；检修维护过程中做好 TSI 延伸电缆接头的紧固检查；尽量采用一体化探头，以减少中间故障隐患环节。

（4）重视现场热工电缆敷设及接地规范性，对重点区域的现场热工电缆屏蔽接线、电缆桥架和电缆沟的布置情况进行检查，按规范中关于防雷接地的要求进行完善整改。

（5）DCS 系统信号电缆与动力电缆应分开敷设，模块回路交流 220V 与直流 24V 应分板卡布置，防止强电与弱点相互干扰，造成设备损坏或保护误动。

（6）对于涉及跳机的非电量弱电信号（小于 110V），应在验收期间测试其电缆屏蔽层接地电阻，确保屏蔽层良好接地。

（7）对运行中出现信号干扰的情况，需认真检查电缆屏蔽接地和端子接线紧固性，切断干扰途径，做好防干扰措施。

【案例 6-16】2018 年 6 月，某发电厂 4 号机组启动前检查中，EH 油母管压力 2、3 信号同时故障，3s 后同时恢复正常。在 EH 油母管压力变送器附近进行对讲机干扰测试，故障事件报警现象与之前一致，分析判断 EH 油母管压力信号故障是对讲机干扰引起，更换变送器后正常。

（8）调相机投运前、机组检修或更换前，主、重要控制和保护的测量元件和回路电缆，应进行外观、抗干扰性能、绝缘性能等检查测试，切断干扰途径，消除屏蔽接地和选型的故障隐患。

【案例 6-17】2021 年 1 月，某换流站 1 号调相机由于 2 号调相机临停消缺后 SFC 拖动试验的干扰，导致振动保护动作、非电量保护动作。检查试验发现使用 2 号 SFC 拖动 1 号调相机时会对 TSI 系统产生干扰，在整个拖动过程一直存在，且随 SFC 拖动转速的增加，SFC 把调相机拖动到 3150r/min 退出运行时，该扰动随即消失；延伸电缆接头的污染使 1 号调相机出线端 X 向轴振测量链路的局部阻抗发生变化，延伸电缆接头脏污可能会导致延伸电缆对干扰的屏蔽效果减弱，影响振动测量结果，从而导致机组振动保护动作。

（9）规范接线检查，对线径不同的芯线应增加压接线鼻子，确保接线紧固；检修中对热控系统中容易因振动造成碰磨损伤电缆或取样管的部位进行全面检查，日常加强巡视，及时消除碰磨隐患。

【案例 6-18】2020 年 8 月，某厂 12 号汽机低压抽汽液控蝶阀因快关电磁阀失电突然关闭造成低压抽汽供热中断，12 号汽机排汽量陡然增大，引起轴位移增大，触发"轴位移大"机组跳闸。

（10）检修及日常维护中应使用专用工具（如剥线钳）进行剥线，接线前应检查线损伤情况；检修中对使用年限较长的接线端子进行检查，对锈蚀或氧化严重的接线应进行更换。

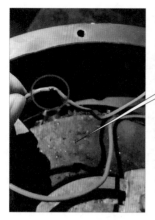

此处电缆接地

图 6-3　电缆绝缘层加强处理前后

五、提升热工电源稳定性

控制电源是热工控制系统的动力来源，它的稳定供电对于热工控制系统至关重要。为了保障 DCS 系统的稳定可靠性，控制器、系统无扰电源、为 I/O 模件供电的电源、通信网络等均采用完全独立的冗余配置，且具备切换功能；电源设计必须有可靠的后备手段，电源的切换时间应保证控制其不被初始化；工程师站如无双路电源切换装置，则必须将两路供电电源分别链接与不同的工程师站；DCS 应设计两路独立的供电电源（至少有一路为 UPS 电源），任何一路电源失去或故障不应引起 DCS 任何设备的故障、数据丢失或异常动作，电源失去或故障应在 DCS 中报警，且系统电源故障应设置最高级别的报警。

非电量保护应设置独立的电源回路（包括直流空气开关及其直流电源监视回路）和出口跳闸回路，且必须与电气量保护完全分开；严禁非热工仪表及控制系统用电设备接到热工仪表及控制系统的电源装置上；热工仪表及控制系统两路电源应分别取自不同机组的不间断电源上，且具备无扰切换功能，电源的各级电源开关容量和熔断器应匹配，防止故障越级。

提升热工电源稳定性要做好以下几点：

（1）优化 PLC 供电方式，具备改造条件的应改造为双路电源切换供电方式。在 PLC 控制柜内增加电源模块，增加一路电源实行双电源供电，两路电源来自不同段进行供电，确保一路电源瞬间掉电后，另一路电源可以正常供电。

（2）完善热控 UPS 装置更换记录台账，增加下次更换日期内容；在电源切换装置出口增加失电报警继电器，防止电源切换装置故障后无法及时发现。

（3）结合机组运行周期，制定工控系统计算机主板电池更换计划。

（4）加强对 PLC 系统电源柜、DCS 电源柜、热控电源柜正常巡检，密切注意电源柜内设备运行状况，并做好巡检记录。

（5）对现场外围系统的热工控制系统电源配置和运行情况进行排查，及时更换运行周期过长的老化电源装置，提高系统运行可靠性。

【案例6-19】2018年8月，某发电厂运行人员操作关闭3B循环水泵出口液控蝶阀时，就地液控蝶阀控制柜内24V直流电源模块的进线220V电源空气开关跳闸，导致就地控制柜指示灯全灭，液控蝶阀无法动作。分析认为A、B路24V电源模块老化，在关3B循泵蝶阀关指令发出后，电流瞬间波动导致A路电源模块输入端熔断器烧毁，推测B路原处于故障状态，最终蝶阀控制电源失电。事件暴露出设备巡检不到位，未及时发现单路电源模块故障的老化现象；同时"OIL STA ALM"的油站单路失电报警未连接于光字报警中，报警作用不够明显。

（6）利用检修机会对DCS服务器UPS电源进行定期更换。对DCS服务器的备件定期在模拟机上测试，以确定是否在正常备用状态。

（7）对发生故障的同批次DCS电源模块性能进行测试，及时对出现指标下降或老化的电源模块进行更换处理。

（8）加强DCS电源模块性能的劣化分析，定期检修中检查测试电源模块输出值，观察历史记录数据是否出现变化，并实际进行电源模块的切换试验，按模块使用期限进行定期批量更换。

（9）定期开展重要辅助PLC的电源模块性能检测，尽早发现并消除电源故障隐患。

（10）完善DCS系统故障后，应急处理预案，以加快故障处理速度。若备件难以采购，技术人员应尽快进行服务器升级改造方案编制，尽早开展升级改造。

【案例6-20】2019年7月，某发电厂6号机组DCS控制系统下层服务器故障报警，检查服务器电源故障异常，导致下层模块异常停运，并使下层模块内存条和系统硬盘损坏，DCS服务器失去冗余。

（11）直流电源设计系统图应提供计算书，标明开关、熔断器电流级差配合参数。各级开关的保护动作电流和延时应满足上、下级保护定值配合要求，防止直流电源系统越级跳闸。

【案例6-21】2020年12月，某换流站1号调相机两台循环水泵周期切换时，因循环水泵配电电源空气开关与其400V电源空气开关级差配合问题及循泵水泵切换逻辑隐患，导致两台主泵均停机，造成1号调相机跳机。

综上所述，采用质量可靠的电源模块，实现控制电源的冗余配置对于热工控制系统安全稳定运行至关重要，同时，有必要加强就地控制柜环境的日常巡检维护，及时发现并更换故障的单路电源模块。

六、降低 TDM 故障率

振动在线状态监测和分析系统（turbine dignosis managment，简称TDM）是指机组振动在线状态监测和分析系统。TDM 的主要作用在于对机组运行过程中的数据进行深入分析，获取包括转速、振动波形、频谱、倍频的幅值等故障特征数据，从而为专业的故障诊断人员提供数据及专业的图谱工具，协助机组诊断维护专家深入分析机组运行状态。在线监视装置实时监视主机振动情况，其逻辑与电源配置、信号布置及接线必须标准规范。就地接线盒应采用金属接线盒，且接地可靠。振动探头外壳应接地；若调相机的轴承座要求与地绝缘时，则探头底部应垫绝缘层并用绝缘垫片固定，探头的引出线若使用金属保护套管时不应与轴承座有直接接触；探头延伸电缆应与探头和前置器配置使用，避免固定或走向布置时损伤电缆；探头电缆引出轴承箱前应用专用电缆卡可靠固定，引出轴承箱时密封可靠，连接延伸至接线盒的全程应远离电磁干扰源和高温区，保持与地面的绝缘，并有可靠的金属防护措施。

调相机温度监测发生报警时，运行人员应及时记录调相机运行工况及电气和非电量运行参数，不得盲目将报警信号复位或随意降低监测仪检测灵敏度。经检查确认非监测仪器误报，应立即处理，必要时停机进行消缺处理。加强监视调相机各部位温度，当调相机（绕组、铁心、冷却介质）的温度、温升、温差与正常值有较大的偏差时，应立即分析、查找原因。温度测点的安装必须严格执行规范，要有防止感应电影响温度测量的措施，防止温度跳变、显示误差。采用温度巡检仪与 DCS 通信模式采集温度的，应防止温度出现瞬时跳变现象，温度巡检仪应有装置失电报警硬接点上送 DCS。

降低热工监视分析设备故障率需要做好以下几点：

（1）外置探头应安装保护罩，抗干扰能力测试结果应符合要求。

（2）定期检查监测装置面板灯光状态、监测仪表的定值及示值，应与实际运行情况相符。

（3）定期对速度传感器、电涡流传感器进行标定，更换不合格传感器。

（4）运行中一旦某通道示值发生异常，应立即查明原因，采取相应的措施。

（5）传感器探头、延长电缆和前置器，成套校验并随机组检修进行，并有资质的检定机构出具的校验合格报告和机务配合下进行的传动校验记录可溯源。

（6）定期检查测点的间隙电压，结合当前状态与以前的记录进行分析判断。

（7）前置器外部应清洁，固定应牢固，无松动；延伸电缆应采用接线鼻子压接后连接前置器，屏蔽层应和输出电缆的屏蔽线可靠相连；输出信号电缆屏蔽层在现场侧应绝缘浮空（若采用四芯屏蔽电缆，备用芯应在机柜端接地），在监测装置侧应直接延伸到机架的接线端子旁，屏蔽线接机架的 COM 或 Shield 端，并确保全程单点接地。

【案例 6-22】2021 年 4 月，监督人员发现某换流站 1 号调相机 TSI 振动柜 X3 端子排 2、6、10 接线端子上分别有灰色的线并接，灰色线另一端连至机柜接地铜棒上，存在两点接地，不符合 DL/T 261《火力发电厂热工自动化系统可靠性评估技术导则》中 "TSI 系统与被连接系统应作为一个整体并保证屏蔽层一点接地" 的要求。

（8）TDM系统投运前，应对监测装置各个通道进行试验，确认示值、报警与危险定值设置及面板指示灯显示正确后，保护信号方可投入运行；确认线路发生故障或者认为切除监测装置通道时，该通道应发出旁路指示。

【案例6-23】2021年5月，监督人员发现某换流站1号调相机TDM在线监视装置中振动高和高高报警值与TSI实际设定值不一致，应将TDM在线监测装置中定值与DCS中定值进行同步修改。

七、防止热工设备管理维护不规范

为了避免就地运行维护时误操作，热工设备应有挂牌和明显标志，且操作开关、按钮、操作器及执行器均应有明显的开关方向标志。

（一）防止阀门故障

防止阀门故障需要做好以下几点：

（1）建立重要系统电磁阀线圈等的维修和设备缺陷档案，对电磁阀设备缺陷进行定期分析。

（2）停机或检修期间应进行电磁阀测试检查，查看电磁阀外观无破损，无起泡鼓包现象，对电磁阀线圈阻值进行检查记录。

（3）做好重要热工执行机构设备的运行环境维护，防止造成长期使用设备的性能异常。

【案例6-24】2018年7月，某发电厂11号机组负荷280MW运行过程中，辅助截止阀因单电磁阀故障造成关闭导致天然气中断，辅助截止阀关闭导致失火焰跳机。分析认为厂家生产的辅助截止阀设计了单电磁阀单回路控制，电磁阀故障将引起辅助截止阀误关闭。

（4）电磁阀功能和参数测试应建立台账，定期整定行程确保开关位置准确，检修中对重要电磁阀进行检查记录，并检查接插头的紧固性。

【案例6-25】2018年11月，某发电厂1号机组运行中AST电磁阀4线圈故障，造成对应AC220V电源空气开关跳闸，经检查为线圈烧毁，更换新的电磁阀后恢复正常。分析认为运行中AST电磁阀为长带电状态，长期带电运行线圈老化、绝缘降低易造成线圈烧毁。发现问题后，将AST电磁阀检查列为停机必检项目，并做好AST电磁阀检查更换台账；结合检修对同一通道的电磁阀进行更换，运行一个检修周期运行稳定后，对另一通道两个电磁阀进行更换，防止设备质量问题造成两个通道同时故障的机组跳闸。

（二）做好防水、防冻等保护措施

主要的仪表及保护装置应有必要的防雨水、防冻、防震、防误碰和防尘措施。对重要接点、继电器、压力开关等采取防雨措施，防止消防系统误动引起接点短接造成设备跳闸。油泵电机、电控柜、电动阀门等电气元件应具备相应的防护等级，必要时，有关设备仪表增加防雨罩等，加强日常对重要测点及设备的日常巡检，加强露天设备的防雨措施的检查，制定完善的巡检计划，消除设备进水隐患；防止运行机组发生火灾时，喷淋设施动作喷水导致非火灾设备损坏，影响机组停机安全。

【案例 6-26】2021 年 5 月，某换流站调相机外冷水系统机力冷却塔风机 AP1、AP3 齿轮减速器三位一体仪（Y0PAE71、Y0PAE73）电缆保护套管端头热缩膜破裂，且开口位置高于套管另一端端子盒，当雨量大时可能导致雨水灌入端子盒，不符合 GB 50093《自动化仪表工程施工及质量验收规范》7.4.8 的相关要求。

深入开展热工设备的防水隐患排查，针对户外布置的电机、执行机构、变送器和其他热工表计的密封老化情况进行全面检查梳理，对存在渗水隐患的电缆套管入口和接合面部位进行密封完善，并增设必要的防雨罩设施，确保热工现场设备正常安全运行。对故障同类型执行机构的防护情况进行检查，对可能存在渗漏的密封部件进行完善处理；加强重要执行机构的日常巡查，及时发现设备面板上的异常报警信息并进行处理。

【案例 6-27】2018 年 4 月，某发电厂 1 号机组 90MW 正常运行中，1 号炉增压风机出口挡板突关，原烟气入口压力升高造成增压风机跳闸，引起锅炉 MFT 动作。检查发现增压风机出口挡板电动执行器罩壳结合面 O 型密封圈老化松弛，导致水汽从罩壳接合面缝隙处渗入执行器内部，电子元器件受潮误发关闭指令造成增压风机出口挡板门关闭，如图 6-4 所示。

图 6-4 增压风机出口挡板电动执行器罩壳结合面 O 型密封圈老化松弛

DCS 电子间及 PLC 设备运行温湿度环境应满足要求。温度低于 0℃地区的户外供水、排水及外冷水系统设备（阀门、仪表、传感器等）应通过加装保温棉、埋管至冻土层以下、增加电伴热带、选取耐低温材料、搭建防冻棚等措施，避免温度低于 0℃时管道冻裂或设备故障。

夏季加强对调相机周边可能高温部位的温度监测，防止出现热控设备运行环境超温情况。同时重视电子间运行环境的检查，避免长期高温造成控制卡件的故障异常。

【案例 6-28】2018 年 5 月，某发电厂 2 号机组高旁阀异常开启至 5.2%，阀后温度最高升至 367℃。高旁控制柜 PLC 控制器故障报警。检查高旁阀处温度较高（76℃），高于 LVDT（位移传感器）最大耐受温度（60℃），且 LVDT 装置接线有高温烫伤。将高旁快关电磁阀电源断电，将阀门顶至全关后，高旁阀后温度降至 260℃。上位机反馈仍为 4.5%，确认 LVDT 装置已故障。高旁阀保温效果不良，超温导致 LVDT 故障，内部存在绝缘损坏情况。LVDT 故障后导致 PLC 死机，无法正常联启油泵。

（三）防止电缆老化破损

电缆经过高温、易受外力破坏、水处理、环保取样等腐蚀性环境等区域，将加速造成破皮、老化等情况，从而影响其正常使用，因此热工仪表及控制系统技术监督过程中有必要检查是否存在电缆屏蔽或绝缘异常风险及隐患，从而加强电缆桥架、二次阀门等设备防护措施。DCS 控制电缆必须采用屏蔽电缆，电缆屏蔽层应在机柜侧单端接地，且 DCS 接地线与主电气接地网只允许有一个连接点。

防止电缆老化破损需要做到以下几点：

（1）在机组检修或更换前，主要控制和保护的测量元件和回路电缆，应进行外观、抗干扰性能、绝缘性能等检查测试，消除屏蔽接地和选型的故障隐患。

（2）日常维护中加强对电缆防护及敷设规范性的检查，检修中开展重要电缆的接地测试和屏蔽检查。

（3）做好隐蔽区域的电缆布置及安装工艺的检查验收，确保电缆布置规范，避免运行中由于长期碰磨造成电缆绝缘下降。

（4）重视现场热工电缆敷设及接地规范性，对重点区域的现场热工电缆屏蔽接线、电缆桥架和电缆沟的布置情况进行检查，按规范中关于防雷接地的要求进行完善整改。

（5）增加并完善重要保护的信号异常报警功能；运行中加强巡检，发现信号通道报警要及时查找出原因并处理。

【案例 6-29】2018 年 10 月，某发电厂 9 号燃机 330MW 负荷正常运行中跳闸熄火。Mark VIe 触发"轴向位移 1、2 故障"及"轴向位移故障跳闸"报警。检查确认是由于轴向位移延伸电缆老化及机械损伤，导致损伤处接地引入干扰信号，当 A、B 通道同时出现故障报警后引起跳闸。

（6）重视现场热工电缆敷设及接地规范性，对除盐水、循环水系统等重点区域的现场热工电缆屏蔽接线、电缆桥架和电缆沟的布置情况进行检查，按规范中关于防雷接地的要求进行完善整改。

【案例 6-30】某发电厂处于雷电区域，2019 年 7 月，该发电厂制氢站热控设备大面积出现故障点。经统计共损坏压力变送器 5 台，温度变送器 4 台，如图 6-5 所示。检查发现制氢站氢罐压力变送器、温度变送器二次电缆管线未做等电位连接，接地和屏蔽不可靠。雷击时，接闪器（避雷针）在雷电流接闪和泄流过程中所产生电磁场变化在电缆上产生感应过电压，部分能量通过信号电缆释放，串入卡件、变送器等热控设备，导致设备损坏。

图 6-5　雷击导致压力变送器、温度变送器损坏

（四）预防取样管路不合理

热工仪表设备的取样对于信号准确性至关重要，首先要规范布置热工信号取样管路走向，避免振动区域对测量信号的影响，对长期运行调相机热工信号的取样管路情况抽查，及时发现取样管路是否存在管壁腐蚀泄漏故障等隐患。其次规范选择热工测量回路特别是高压取样信号的接头垫片，做好安装过程的质量情况跟踪检查。最后对分析仪表冷态变热态采样管造成导致卡箍老化松脱情况进行检查，采用金属卡箍，定期开展接头情况检查。

对长期运行机组高压热工信号的取样管路情况抽查，及时发现取样管路是否存在管壁腐蚀泄漏故障隐患。规范选择热工测量回路特别是高压取样信号的接头垫片，做好安装过程的质量情况跟踪检查。

【案例 6-31】2018 年 1 月，某发电厂 5 号机组正常运行中汽包水位 1 跳变，最终汽包水位三高触发 MFT。检查发现汽包水位 1 变送器高压侧接头泄露，汽包水位 1 瞬间变成最大值，同时影响汽包水位 3、汽包水位 4 仪表取样管路温度，造成汽包水位高高保护误动，趋势如图 6-6 所示。直接原因是基建期变送器垫片选用不合理。

设计与改造过程中都应该规范布置热工信号取样管路走向，避免高温或振动区域对测量信号的干扰，从而影响其准确性。

【案例 6-32】2019 年 7 月，某发电厂 5 号机组运行中 1 号瓦绝对振动信号 1、2 不定期出现信号跳变，维持时间约 200ms，如图 6-7 所示。分析认为机组冷态启动过程中对各部件加热过程中传感器、底座、固定螺栓等部件膨胀变形而产生应力，影响了压电加速度传感器的正确测量。

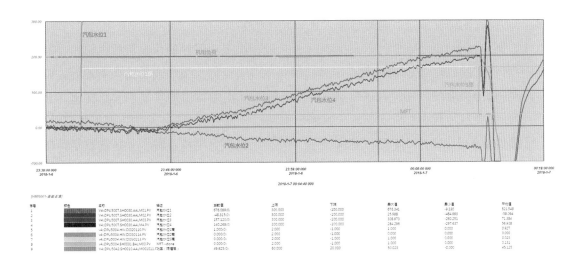

图 6-6 高温管路附近汽包水位变送器垫片选用不当引起信号波动

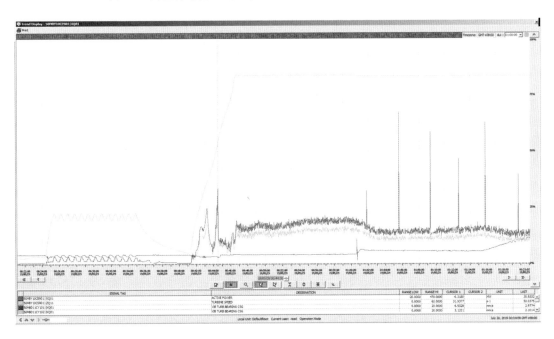

图 6-7 传感器受热后产生应力影响信号测量

八、防止检修与日常管理不到位

检修维护过程中，热工专业应有详细的消缺记录，详细的缺陷等级、处理方法等。如加强冬季寒冷天气情况下，机组热控表计和取样回路的防冻措施检查；机组检修或停机检修中进行组态修改时，应做好设定值等状态的核对保存，防止因组态下装引起定值不一致情况；在检修改造施工中，需逐一核对接线是否正确，并完善联锁试验单和功能确认单，通过实际试验测试确认相关联锁控制功能；完善报警定值，对出现流量或温度偏差异常报警的情况应及时进行检查，采取预控措施。

【案例6-33】2021年3月，某换流站3号调相机振动保护动作，调相机跳机。原因为3号调相机励磁端X向轴振测点传感器探头电缆与延伸电缆之间的接头有油污，降低了传感器输出灵敏度，使得轴振传感器的静态输出和动态输出均明显小于正常值，传感器可能在接头脏污状态发生变化时导致输出间隙电压发生突变，触发TSI保护装置动作。

【案例6-34】2021年4月，某换流站1号调相机热电阻校验时，分别测试了两支元件的对地绝缘性能，却未记录两支元件之间的绝缘电阻，不符合JJG 229《工业铂、铜热电阻检定规程》第7.3.2条的要求。同时加强冬季寒冷天气情况下，机组热控表计和取样回路的防冻措施检查，缩短变送器取样管路，对取样管路和变送器进行保温。

【案例6-35】2020年12月，某发电厂3号炉汽包水位1、4号炉汽包水位2、6号炉汽包水位1、一期低压供热流量计总表、1号机主蒸汽母管压力（DAS点）、1号炉汽包压力5（DAS点）、1号炉汽包压力6（DAS点）、2号炉过热器一级减温水流量（DAS点）、2号炉再热器二级减温水流量（DAS点）测点异常。经疏通后正常投入，并完善保温保护箱封堵、增加柜内仪表管保温棉、增加保温保护箱外部包裹。

第四节　热工系统在改造优化过程中的注意事项

在调相机长期运行过程中，因工作环境变化、积灰、工况变化等原因，存在现场测量元件和执行机构部件性能不足或老化、电缆配置和敷设不规范、信号受到干扰跳变等问题，需要在检修中开展更新换型或设备改造工作。同时，随着调相机故障隐患排查工作的开展，对运行中暴露出来的逻辑功能不合理、报警功能不合理、信号冗余度不足等问题，也需要对控制系统中逻辑功能开展优化完善。结合DL/T 261《火力发电厂热工自动化系统可靠性评估技术导则》，本节提出了热工控制系统优化改造、TDM改造及维护注意事项，以避免由于实施中的疏漏引起控制系统逻辑功能缺陷、现场设备信号异常等问题。

一、控制系统优化改造的注意问题

采用单个测量信号作为保护联锁控制条件时，测量信号故障将可能造成保护误动或拒动，主要采用在控制系统中增加测点的方式进行完善，在实施过程中涉及信号配置修改、系统配置修改和信号电缆增加等工作，需要对信号冗余配置、控制软件配置和电缆配置敷设等方面的规范性加以重视，确保控制系统功能可靠完善。

（一）信号冗余功能配置

（1）为了保证机组运行可靠性，重要参数测点、参与机组或设备保护的测点应冗余配置，配置的测量信号需要分配在不同的卡件上。

（2）为了更好地监控设备运行情况，降低运行人员操作难度，当控制信号采用"三取二"逻辑判断配置后，任一信号越限或与其他两点不一致时应有报警功能，信号正常后应自动复归。

（3）调相机热工主保护应采用"三取二"的逻辑判断方式，保护信号应遵循从取样点到输入模件全程相对独立的原则，确因系统原因测点数量不够，应有防保护误动措施。

（4）为了降低误动，提高设备运行可靠性，用于保护联锁的测量信号，应有坏质量信号保护剔除功能并作为报警信号，信号正常后应自动恢复保护功能。

（二）控制系统配置

（1）为了进一步提高系统可靠性，确保任何单一硬件（如通道、部件）故障不会引起所在的子系统故障，任何单一设备故障不会导致整个系统故障，硬件和控制逻辑设计，应采取物理分散的安全措施。

（2）DCS 应设计具有冗余交换机的网络，与其他系统的网络连接应设防火墙并可靠隔离；DCS 系统中网络应采用星型分层分布方式，当一个单元机组检修时不影响其他设备单元正常运行。

（3）DCS 应设计两路独立的供电电源（至少有一路为 UPS 电源），且任何一路电源故障不会影响整个系统的正常运行；DCS 系统电源的各级电源开关容量和熔断器熔丝应匹配，防止故障越级；DCS 电源故障应设置告警并上送至监控后台。

（4）DCS 系统的控制器、系统电源、为 I/O 模件供电的直流电源、通信网络等均应采用完全独立的冗余配置，且具备无扰切换功能。当系统发生全部电源失去、主控模件重启、通信网络中断等故障，无法通过操作员站对调相机进行控制的情况下，控制系统应保证调相机安全停机。

（5）DCS 系统控制器应严格遵循机组重要功能分开的独立性配置原则，各控制功能应遵循任一组控制器或其他部件故障对机组影响最小的原则。具有冗余配置的回路控制模件，任一故障时除发出报警外，不会引起所在系统控制过程出现其他异常。

（6）控制系统应设计独立于 DCS 的硬接线后备操作手段（紧急停机按钮），以便发生全局性或重大故障情况下，确保调相机紧急安全停机。

（7）重要控制、保护信号根据所处位置和环境，信号的取样装置应有防堵、防震、防漏、防冻、防雨、防抖动等保护措施。

（三）逻辑修改操作

（1）为防止非法操作/存取，进入相应操作环境/数据库时，应采取可靠的安全许可措施并严格执行。

（2）系统操作容错功能完善，严格执行软件修改和软件升级管理制度，软件修改中需进行修改复核、功能测试验证工作，确保修改后的控制功能符合设计要求。

（3）应规范 DCS 控制系统软件和应用软件的管理，软件的修改、更新、升级必须履行审批授权及责任人制度。在修改、更新、升级软件前，应对软件进行备份。未经监控系统厂家测试确认的任何软件严禁在监控系统中使用，必须建立有针对性的监控系统防病毒、防黑客攻击措施。

（4）定期切泵逻辑设计中，切泵失败应发出告警。备用泵有故障时不应切泵。

（5）DCS 系统中模拟量数据应进行数据选取逻辑优化，当一路明显超差故障时，应自动选取最优一路，防止扩大事故。

（四）电缆配置敷设

（1）盘、柜内的排线绑扎整齐；接线端子螺钉齐全，每个端子板的每侧接线不得超过两根；电线在端子的连接处或备用芯的长度，应留有适当余量，端子接线处的线芯不得裸露过长；信号电缆的备用芯线应可靠接地。

（2）接线箱、盒过渡连接时，屏蔽电缆的屏蔽线应通过端子可靠连接，保证电气连续性。

（3）柜、盒内部接地线线径、颜色及连接方式应符合规定要求；内部连接导线，除了插件的连接宜采用单芯多股软线外，其余宜采用单芯单股电线。

（4）重要信号的电缆屏蔽层，应尽可能在接近接线端子处破开，电缆皮剥开处的电线外皮应无损伤。单股线芯弯圈接线时弯曲方向应与螺栓紧固方向一致；多股软线芯与端子连接时，线芯应镀锡或加与芯线规格相应的接线片经压接钳压接，确保芯线与端子或绕线柱接触良好。

（5）接线应无歪斜交叉连接现象，接触良好、牢固、美观，用手轻拉接线应无松动；柜、盒内电源线、地线和公用连接线应全部环路连接可靠。

（6）电缆在需要弯曲时的最小半径（该电缆直径 D 的倍数）：铠装电缆不小于 12D；非铠装电缆不小于 6D；屏蔽电缆不小于 6D；耐火电缆不小于 8D；氟塑料绝缘及护套电缆不小于 10D；光缆不小于 15D（静态）和 20D（动态）。

（7）电缆跨越建筑物伸缩缝处或在热力设备、管道及其附近敷设时，应考虑热膨胀的影响。

（8）电缆无明显机械损伤，与其他硬质物体之间无摩擦现象；电缆不宜交叉和扭绞，松紧适度，并留有适当余量；无临时绑线和重物压迫或悬挂现象。

（9）电缆和导线进入控制箱盒及设备时应优先由底部引入，做好防护情况下可由侧面引入。

（五）非电量保护装置动作可靠性

非电量保护装置通常用于调相机直接跳闸，其动作的准确性和可靠性是关键。提高非电量保护装置的可靠性对整个调相机安全可靠运行有着十分重要的意义。非电量保护回路采用"三取二"原则出口，三个回路相互独立，最大程度避免振动、水汽、电缆端子绝缘破坏等外部因素引发的非电量保护误动。当一路信号传感器故障时采用"二取一"原则出口，当两路信号传感器故障时采用"一取一"原则出口。

非电量保护装置本质为模拟量转为开关量的信号转换装置，模拟量经品质判断和动作值判断后输出开关量，通常作用于非电量保护装置跳机的热工保护信号包括调相机定子绕组进水流量低、转子绕组进水流量低、润滑油供油口压力低、润滑油箱液位低、励端/盘车端轴瓦温度高、空气冷却器外冷水流量低、调相机轴承振动高等，对于水冷机组，就地传感器（轴瓦温度、油箱液位）输出的模拟量经信号转换装置（具备品质判断和动作值判断）后，输出开关量送至非电量保护装置 C1/C2/C3。TSI（用于测量轴振、瓦振、转速>2850r/min）输出的三路开关量信号直接接入三套非电量保护装置，其中输出的转速>2850r/min 需与转子线圈进水流量低低信号进行逻辑处理后使用。信号迁移过程中必须严格执行系统配置可靠性原则，并且避免电缆接地与防止信号干扰。

目前，除部分新建或已实施热工保护迁移的调相机由非电量保护装置实现，热工保护动作信号送至后台后做告警监视，不做首出功能，该部分由非电量保护屏柜实现，且非电量保护动作后，需人工在屏柜上进行复位。其余的调相机仍由 DCS 完成热工保护动作，实现机组跳闸。

二、TDM 系统改造及维护注意事项及建议

TSI 可以对调相机稳定运行起到基本的监测和安全保护作用，但 TSI 缺少对机组振动数据的深入挖掘。TDM 的主要作用在于对机组运行过程中的数据进行深入分析，获取包括转速、振动波形、频谱、倍频的幅值等故障特征数据，从而为专业的故障诊断提供数据及专业的图谱工具，协助机组诊断维护专家深入分析机组运行状态。正常运行中，它监视调相机振动参数的变化，一旦参数越限即发出报警信号，若振动参数达到限值时，则通过保护系统动作，将调相机安全停机。为保证机组的安全经济运行，要求 TDM 系统的动作必须正确、可靠。

延伸电缆、前置器等随着时间的推移，原先紧固的接头和接线，可能会因气候、氧化等因素而引起松动造成接触不良，使信号出现波动。对 TDM 来说，一个探头对应一根延伸电缆和一个前置器，三者是一个测量整体，有相应的阻抗和特性曲线。一旦测量系统的阻抗和特性曲线发生变化，会引起信号异常。因此，在系统改造或维护中，需要从系统配置可靠性、探头及线缆安装规范性、参数设置合理性等方面加以注意。

（一）提高系统报警功能可靠性

（1）测量回路连接异常或探头间隙超出指示量程范围时，监视系统应有相应的故障显示并引入 DCS 系统报警。

（2）线路发生故障或者人为切除监视器通道时，该通道应发出旁路指示。

（3）当监测值达到报警和停机输出值时，装置应发出相应的报警和停机信号。

（二）提高系统配置的可靠性

（1）振动测量与在线监测和分析 TDM 系统应配置两路可靠的冗余电源和至少两块电源模块实现装置电源间的无隙切换。

（2）TDM 系统的 CPU 及重要跳机信号应冗余配置，输出继电器应可靠，输出动作信号采用三取二逻辑运行方式。

（3）采用轴承相对振动信号作为振动保护的信号源，有防止单点信号误动的措施。当任一轴承振动达报普或动作值时，应有明显的声光报警信号，且宜在 DCS 中设置振动信号偏差报警。

（4）TDM 的输入信号通道，应设置断线自动退出保护的逻辑判断与报警功能。

（5）传感器宜选择不带中间接头且全程带金属恺装的电缆。

（6）保护动作信号采用冗余判别逻辑时，其中一路信号动作后的复归方式应设置为自动方式，并在大屏上设置共用报警声光信号牌且报警信号采用手动复归。

（7）就地传感器或 TSI（用于测量轴振和瓦振）输出的开关量信号应直接接入非电量保护装置；就地传感器输出的模拟量经转换装置阈值判断转换为开关量后接入非电量保护装置（避免信号传输干扰），然后由三取二装置进行逻辑判断（保护逻辑＋延时）后动作跳机。

（8）出线端/非出线端轴承 X、Y 向相对振动传感器信号接入 TSI，由 TSI 进行轴振保护逻辑判断，然后由 TSI 继电器模块输出 3 个独立的轴振高高信号（开关量）至非电量保护装置，最后由三取二装置按照"三取二、二取一、一取一"逻辑判断后动作出口。同时，TSI 振动模块将轴振信号（模拟量）送至 DCS 用于报警。

（三）探头线缆的安装检修需注意事项

（1）传感器安装紧固，传感器尾线与延伸电缆的连接接头套有热缩管固定可靠，延伸电缆避免小弧度弯曲（根据厂商要求）且沿途固定，远离强电磁干扰源和高温区，固定与走向不存在损伤电缆的隐患，并有可靠的全程金属防护措施。

（2）TSI 系统的传感器探头、延长电缆和前置器应成套校验并随机组定期检修（3年，参照发电机组 B 级检修）进行，有资质的检定机构出具的校验合格报告和机务配合下进行的传动校验记录可溯源。

（3）安装前置放大器的接线箱应选择在较小振动并便于检修的位置，在盒体底座垫10mm 左右橡皮后固定牢固。

（4）前置放大器安装于金属箱中（根据型号确定浮空安装要求），箱体应可靠接地。接口和接线应紧固，根据 DL/T 774《火力发电厂热工自动化系统检修运行维护规程》要求，输出信号电缆宜采用 0.5～1.0mm 的普通三芯屏蔽电缆，且其屏蔽层在调相机励端绝缘浮空；若采用四芯屏蔽电缆，备用芯应在机柜端接地。电缆屏蔽层在机架的接线端子旁靠近框架处破开，屏蔽线直接接在机架的 COM（公共地）或 Shield（屏蔽接地）端上。

（5）与其他系统连接时，TDM 系统和被连接系统应作为一个整体考虑并保证屏蔽层一点接地。

（6）机组进行控制柜检查、清扫、异常设备更换时，应确保 TSI 系统的可靠性。

（7）传感器、线路、振动传感器与机座的绝缘电阻测试，符合标称值要求。

（四）运行维护需注意的事项

为保证振动测量与监视系统的安全可靠运行，合理的逻辑和可靠的运行环境是基础，及时的检修和维护是保证。对 TSI 系统的部件、装置、电缆运行中出现的异常现象需要及时检查维护。

（1）运行中应避免挪动传感器延伸电缆，机组停机期间应紧固各振动测点的安装套筒。

（2）定期检查 TDM 系统历史曲线，若发现信号跳跃现象应及时检查传感器的各相应接头是否有松动或接触不良、电缆绝缘层是否有破损或接地、屏蔽层接地是否符合要求等，并保存异常现象曲线，注明相关参数后归档。

（3）定期检查各振动测点的间隙电压，结合当前状态与以前的记录进行对比分析，了解变化趋势。

（4）对模块重新下载组态前，应确认系统可以自动更新组态，否则应人工确认组态参数的版本正确。

（五）资料管理的注意事项

（1）振动测量仪表安装和检修记录、单体校验记录、系统试验记录，应至少可以溯源两个检修或校验周期。

（2）仪表或部件更换记录，故障和运行异常情况统计台账建档。

（3）TDM 系统相关图纸、说明书和专用调试仪器说明书应完整。

第七章

机务技术监督

第一节　机务技术监督概述

一、机务技术监督的定义

机务技术监督是调相机运行技术管理的一项具体内容。它指的是按照科学标准及管理方法对调相机本体、油系统、水系统、空冷系统及相关设备的健康状态、运行水平、检修质量等进行管控、监督、检查和调整。

机务技术监督过程不仅包含日常运维，还针对调相机设计制造、安装调试、检修及缺陷隐患治理过程，确保调相机各主辅设备在良好状态下正常运行，自动化控制准确，振动、温度、流量等参数稳定在允许的范围内，为换流站/变电站乃至电网安全稳定提供保障。同时，促使调相机主辅设备的全过程技术管理工作规范化，提升技术管理水平。

二、机务技术监督的任务

机务技术监督的任务：认真贯彻执行国家、电力行业及国家电网有限公司发布的各项标准、规程、规章制度以及反事故措施，建立健全机务技术监督网络，定期跟踪调相机主辅设备的运行情况，掌握调相机主辅设备的变化规律，分析关键参数的变化趋势，及时发现设备的隐患缺陷，加强技术监督的考核，落实问题整改，不断提高调相机设备的安全可靠性，具体工作任务主要包括：

（1）规范设备资料管理，包括调相机主辅设备的安装投运技术文件、检修技术文件、图纸档案、缺陷记录表及相关台账。

（2）履行监督考核打分制度，加强调相机主辅设备运行健康管理，指导优化运行策略，对调相机主辅设备的健康状态给予评价。

（3）参与调相机主辅设备故障、系统缺陷及事故的调查和原因分析，提出整改建议和反事故措施。

（4）督促监督问题整改，跟踪问题清单闭环落实情况。

三、机务技术监督的范围

从调相机系统来看，机务技术监督的范围有调相机定转子-轴承系统、润滑油系统、定转子冷却水系统、空气冷却系统、外冷水系统等，包括各类泵体、电机、管道、阀门、风机等设备，通过技术监督了解和分析各系统、设备的运行状况；从过程来看，涵盖了调相机设计制造、安装调试、运行检修、隐患治理等各个阶段，通过全过程技术监督，跟踪设备全周期运行状态变化规律；从监督手段来看，机务技术监督通过收集相关资料、运行参数，如轴瓦安装间隙、振动幅值、润滑油温等，对各种异常参数进行分析、评估，对重要的技术监督指标进行测定、核查，对潜在故障隐患实施专项监督，通过专业的仪器设备，如振动分析仪、红外仪、流量测试仪等开展专项问诊，提出整改处理意见。

四、机务技术监督的目的

机务技术监督的目的：认真贯彻执行"安全第一、预防为主"的方针，不断提高调相机主辅设备的健康水平和安全可靠性，预防、杜绝设备事故的发生，确保各系统平稳运行。

机务技术监督是促进调相机主辅设备安全稳定运行的重要手段之一。一方面，通过技术监督的常态化管理，把调相机主机及辅助设备的运行、检修、试验等相关操作行为都置于标准、规则的严格要求之下。另一方面，不断的监督检查能够提高全员的安全意识，进一步落实、明确员工的岗位职责，突出其在生产工作中的主人翁意识，提升员工对设备安全的关注程度。通过技术监督达到管理水平和技术水准双提升，包括：

（1）强化现场安装、调试、验收工作的组织管理，提高现场工作人员的责任意识，杜绝设备带缺陷投入运行的情况发生。

（2）细化各项工作的标准化流程，完善各系统的作业指导书，提升现场运行、检修工作的精细化程度，及时发现设备隐患，将设备缺陷消除在最初状态。

（3）落实监督管理制度及相关培训工作，提高运行、检修人员的技能水平及工作责任心。

五、机务技术监督的依据

机务技术监督必备的标准见表 7-1，随着标准的修订及更新，具体执行时应查询使用最新版本。

表 7-1   机务技术监督必备标准

序号	标准号	标准名称
1	国能发安全〔2023〕22 号	国家能源局关于《防止电力生产事故的二十五项重点要求（2023 版）》的通知

序号	标准号	标准名称
2	GB/T 3811	起重机设计规范
3	GB/T 6075.2	机械振动 在非旋转部件上测量和评价机器的振动 第2部分
4	GB/T 11348.2	机械振动 在旋转轴上测量评价机器的振动 第2部分
5	GB/T 14541	电厂用矿物涡轮机油维护管理导则
6	GB/T 20140	隐极同步发电机定子绕组端部动态特性和振动测量方法及评定
7	GB 26164.1	电业安全工作规程 第1部分：热力和机械
8	GB/T 37762	同步调相机组保护装置通用技术条件
9	JB/T 6228	汽轮发电机机绕组内部水系统检验方法及评定
10	JB/T 6229	隐极同步发电机转子气体内冷通风道检验方法及限值
11	DL/T 616	火力发电厂汽水管道与支吊架维修调整导则
12	DL/T 801	大型发电机内冷却水质及系统技术要求
13	DL/T 838	燃煤火力发电企业设备检修导则
14	DL/T 855	电力基本建设火电设备维护保管规程
15	DL/T 1051	电力技术监督导则
16	DL/T 1055	发电厂汽轮机技术监督导则
17	DL/T 2122	大型同步调相机调试技术规范
18	DL/T 2409	特高压直流换流站运行中调相机润滑油质量
19	DL/T 5054	火力发电厂汽水管道设计规范
20	DL 5190.3	电力建设施工技术规范 第3部分：汽轮发电机组
21	DL/T 5294	火力发电建设工程机组调试技术规范
22	DL/T 5295	火力发电建设工程机组调试质量验及评价规程
23	Q/GDW 12024	快速动态响应同步调相机组验收规范
24	Q/GDW 11588	快速动态响应同步调相机技术规范
25	Q/GDW 11936	快速动态响应同步调相机组运维规范
26	Q/GDW 11937	快速动态响应同步调相机组检修规范
27	Q/GDW 10799.7	国家电网有限公司电力安全工作规程 第7部分：调相机部分
28	国家电网设备〔2021〕416号	国家电网有限公司关于印发防止调相机事故措施及释义的通知

第二节 机务技术监督执行资料

一、机务技术监督必备的档案及记录

机务技术监督管理网络中应建立健全技术档案，具体包括图纸、说明书、技术资料、原始记录和试验报告等，必备的档案及记录见表7-2。

表 7-2   机务技术监督必备的档案及记录

序号	名　　称	说　　明
1	调相机主辅设备运行维护说明书	如调相机运行维护说明书，油水系统维护说明书、振动监测系统说明书等
2	系统图	包括外冷水、定子冷却水、转子冷却水系统图，本体润滑油系统图等
3	主辅设备运行记录	
4	材料及设备验收记录（报告）	
5	各系统调试报告及联锁单	
6	例行性试验及诊断性试验报告	如定子绕组端部动态特性试验报告、定子水流量试验报告等
7	设备检修记录或报告	
8	技改及隐患治理报告单	

二、机务技术监督报表及总结

机务技术监督检查项目完成情况统计表见表 7-3，主要设备缺陷情况统计表见表 7-4。

表 7-3   机务技术监督项目完成情况统计表

序号	设备名称	总件数	计划应检件数	已检项目		设备缺陷		缺陷整改	
				已检项目数量	完成率（%）	问题数量	占比（%）	项目数	整改率（%）
1	循环水泵								
2	定子冷却水泵								
3	转子冷却水泵								
4	交流润滑油泵								
5	直流润滑油泵								
6	交流顶轴油泵								
7	直流润滑油泵								
8	冷却塔风机								
9	排烟风机								
10	滑动轴承								
11	滚动轴承								
12	水-水（油）换热器								
13	水-空气换热器								
14	加热器								
15	水箱（池）								
16	油箱								

序号	设备名称	总件数	计划应检件数	已检项目		设备缺陷		缺陷整改	
				已检项目数量	完成率(%)	问题数量	占比(%)	项目数	整改率(%)
17	滤网								
18	管道								
19	阀门								

表 7-4　　　　　　　　　　主要设备缺陷情况统计表

序号	设备名称	缺陷情况	检查情况	缺陷原因分析	已消除日期	拟定消除日期及措施
1						
2						
3						
4						
5						
6						

专项检查及年度机务监督总结应包含以下内容：

（1）机务监督网人员变动情况。

（2）巡检、试验、检修工作中，现场主辅设备发现的机务问题，对设备、电网安全生产影响程度情况，消缺措施，验收及试验情况、结果。

（3）阶段及年度监督和缺陷情况统计表。

（4）巡检、试验、检修及状态评估工作中发现且未处理问题详细情况描述，拟处理措施等。

（5）机务监督工作中需解决的问题。

（6）下一阶段及下一年度重点工作计划。

三、机务技术监督考核评价

根据国家电网有限公司技术监督管理规定，制定调相机技术监督实施细则，监督内容应涵盖规划可研、工程设计、采购制造、运输安装、调试验收、运维检修、退役报废等全过程，认真检查国家电网有限公司有关技术标准和预防设备事故措施在各阶段的执行落实情况，分析评价调相机主辅设备健康状况、运行风险和安全水平。

第三节　机务技术监督重点内容

调相机机务技术监督应涵盖规划可研、工程设计、采购制造、运输安装、调试验收、运维检修、退役报废等全过程，现对调相机机务全过程技术监督中应重点关注的内容进行详细介绍。

一、防止调相机转子断裂及损坏事故

调相机转子主要由转轴、励磁绕组、端部绝缘支撑部件、阻尼系统、护环、中心环、滑环、风扇和盘车齿轮等组成，如图 7-1 所示。调相机正常运行时转子转速将达到 3000r/min，转子各部件将承受巨大的离心力，一旦发生故障，轻则引起调相机振动增大，严重时将导致机组跳机，甚至引发转子损坏等严重后果。

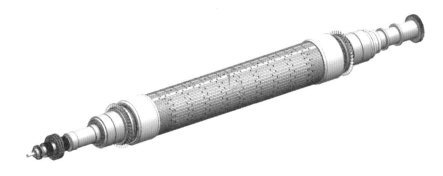

图 7-1 双水内冷调相机转子

（一）加强转子运行参数监测

调相机作为高速旋转机械，不可避免存在振动方面的问题，从转子出厂验收至调试运行，均需要对其振动的限值做出明确要求，以避免振动过大造成转子碰磨、裂纹损伤等。

（1）转子振动应符合标准。在调相机转子出厂前，应进行动平衡试验见证，验证轴振、瓦振是否分别满足 GB/T 11348.2《机械振动 在旋转轴上测量评价机器的振动 第 2 部分》、GB/T 6075.2《机械振动 在非旋转部件上测量和评价机器的振动 第 2 部分》标准要求。同时出厂试验报告应明确转子过临界及 3000r/min 时的振动幅值、转子实际临界转速、平衡块质量及位置。机组安装或大修后首次启动前，在盘车状态下对其动静部件的摩擦情况进行检查，首次冲转时，应在低转速（一般为500r/min）下再次进行动静部件的摩擦检查。启机、停机过程振动应平稳，振幅须满足 GB/T 11348.2《机械振动 在旋转轴上测量评价机器的振动 第 2 部分》、GB/T 6075.2《机械振动 在非旋转部件上测量和评价机器的振动 第 2 部分》标准要求，或严格按照制造商的标准执行，同时不应引起其他组部件的共振。

（2）振动监测保护系统功能应完善。振动保护装置必须正常投入，且振动监测系统应能实时获取机组轴振及瓦振，且需满足振动幅值、频谱、波形、历史趋势等参数的显示及存储，方便在调相机出现振动故障时查阅历史数据，分析故障原因。必须强调，振动保护须避免单点逻辑保护策略。

（3）信号测量准确。一方面，对于涡流传感器的安装，现场要确保转子浮动后间隙电压仍在线性区域内，即涡流传感器的间隙电压宜保持在−8～−12V，最低不小于−6V，以保证调相机轴振及转速信号的成功获取。同时加强对传感器安装、信号传输等可靠性检查，避免接头松动、屏蔽线失效等导致的信号干扰，致使测量失真的情况发生。

（4）运行人员应熟悉掌握调相机转子的相关技术参数。包括出厂设计的临界转速，以及机组正常启动过程中的转子临界转速及振动幅度，调相机盘车状态下的盘车电流和电流摆动值，以及相应的润滑油温和顶轴油压，正常停机过程的惰走曲线，顶轴油泵的开启转速等。这些参数的积累有助于跟踪对比调相机的设备状态，一旦某项参数严重偏离设计值或历史平均值，说明设备存在某方面故障或隐患，应第一时间提醒运行人员注意排查，将隐患扼杀在故障萌芽期。同时，在调相机运行期间，监测仪表必须完好、准确，并定期进行校验，尤其是振动、转速等涉及逻辑保护的参数仪表。

（5）加强升速过程中运行参数监视。调相机经 SFC 系统拖动至 3150r/min 过程中，应严密监视调相机转子轴振、瓦振、瓦温、润滑油回油温度等参数，当调相机振动过大时，机械能会传递到轴承座上，同时部分机械能将转化成热能使得油温上升，故现场这些参数的变化都存在互相关联。严格落实调相机并网的各项措施，必须在转速、频率、电压、相位满足同期要求后才能并入电网，防止由于调相机非同期并网造成的调相机扭转冲击，而造成的转子裂纹及损坏事故。

（6）故障跳机后应排除缺陷。当调相机启动过程中因振动异常而停机时，再次启动前必须先回到盘车状态，并经全面检查、认真分析、查明原因，在完全排除故障、符合启动条件后，方可再次启动，严禁盲目启动，避免事故扩大。当盘车电流异常偏大、转子摆动超标或盘车运行有异音时，应查明原因及时处理。当盘车无法盘动转子时，严禁用起重机等手段强行盘车。

【案例7-1】2019 年 12 月，某换流站 1 号调相机转速超过 3100r/min 时，机组励端及盘车端轴振、瓦振均迅速爬升，转速升至 3130r/min 左右时，所有转速信号报故障坏点，振动值最大达到 250μm 以上，如图 7-2 所示。瓦振也达到 7.89mm/s 的跳机值，机组跳机。现场根据振动的突发性现象及频率分量等数据参数进行判断，是由于高压顶轴油模块逆止门泄漏导致油膜不稳定，加之润滑油油温偏低，最终致使机组发生了强烈的油膜振荡，引发调相机跳机。

（二）调相机抽穿转子注意事项

在调相机大修时，需要将调相机转子从定子中抽出，抽、穿转子前应编写方案并经监理审核后实施，明确过程、步骤、人员资质及注意事项，抽穿转子过程中各方人员要严密监视，确保具体工艺流程严格按方案执行，避免抽穿转子操作不当对调相机定转子造成伤害。

（1）负荷校核。在调相机转子起吊前应进行负荷校核，确保起重装置、吊绳安全系数，转子水平状态等得到保证。首先行车负荷率应满足标准 GB/T 3811《起重机设计规范》要求，并根据调相机转子重量、厂房行车主钩起吊负荷、调相机转子起吊钢丝绳强度、转子重量等参数，计算吊带的安全系数是否满足要求，且行车及行车操作员应满足相关资质要求。

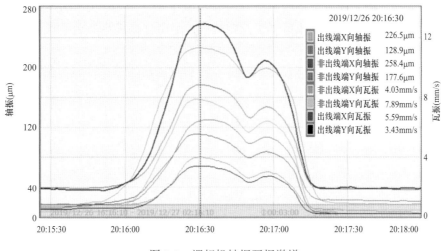

图 7-2　调相机轴振瓦振激增

（2）转子吊装。转子起吊时，护环、轴颈、风扇、集电环等不得作为着力点，应用软性材料缠裹钢丝绳或用柔性吊索吊装，避免损伤转子表面。吊索在转子上应绑扎牢固，吊索应缠绕转子并锁紧，并在转子表面垫以硬木板条或铝板。在抽穿转子过程中，起吊转子必须保持水平，严密监视定子和转子之间的间隙，移动中要防止转子两端晃动，避免转子擦伤定子铁心与线棒。转子的磕碰伤在发电机组检修中时有发生，严重时不仅造成转子表面的损伤，还有可能损坏定子，造成严重事故，所以抽穿转子过程务必小心谨慎。

（3）转子防护。轴承轴颈、进出水口、集电环和通风孔等处应采取防尘、防撞击措施，转子应密闭保护。对于双水内冷机组，务必将转子的进出水孔封堵严密，避免在抽穿转子过程中，残余在转子内部的冷却水流淌至调相机定子内腔中。穿转子前应认真检查并确认前轴承洼窝、出水支座洼窝等与定子同心，转子盘车齿轮所要通过的全部洼窝内径应大于外径，以保证转子能顺利通过。抽穿转子过程中，如需临时支撑转子以倒换吊索时，转子必须可靠支撑。调相机的穿转子工作，从开始起吊直至装好端盖的所有工作应连续完成，不得中止。

（4）转子放置。转子抽穿过程必须一气呵成，严禁将转子直接停放在定子铁心上。

抽出的转子应放在专用托架上，放置时应避免支架垫在护环、风扇、集电环等处，而应该垫在转子的轴颈处。抽穿转子过程中，以及转子放置时，都应当使转子的大齿处于垂直方向，且放置时要定期翻转180°，避免久置造成的转子弯曲，而在后续启动过程中引起振动增大。转子检修完毕、回穿定子膛后，要及时回装下轴承座及轴瓦，不允许转子长时间吊在吊具上。

【**案例 7-2**】以某换流站双水内冷机组抽穿转子为例，调相机转子重量为62t，用调相机厂房行车75t主钩起吊，计算负荷率为88%（小于90%），满足安全起吊的要求。根据吊带绳长及绑扎跨距计算出吊带与垂直方向的夹角为15°，如图7-3所示。利用该角度计算出在吊运过程中，单股吊带载荷小于额定载荷，吊带强度满足吊运要求。

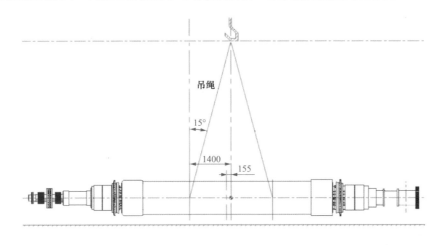

图 7-3　吊带长度及负荷核算

二、防止调相机轴承损坏事故

调相机作为高速旋转机械，轴承是一个重要组成部分，用来承受转子的重量和转子不平衡质量的离心力，并确定转子的径向、轴向位置，保证转子的旋转中心和定子中心保持一致。一旦轴承出现故障，将危及整个调相机的安全。

（一）避免运行时轴瓦缺陷造成机组损伤

转子-轴承系统需要有一定的稳定裕度以保证转子、轴承振动在合格范围内，其中涉及轴瓦的安装、油膜的稳定、转子的平衡状态等，过大的振动将造成轴瓦的疲劳损伤，严重时将损坏轴瓦甚至威胁整个调相机的安全。

（1）保证轴瓦安装规范及钨金面光滑。轴承的轴瓦球面与球面座的结合不仅要接触良好，还要保证良好的自位能力，其接触面在每平方厘米上有接触点的面积应占整个球面的75%以上且均匀分布，若发现球面与球面座接触不良时，应进行研磨处理。轴瓦钨金面应光滑、无损伤，轴瓦在翻瓦检修时应进行探伤，出现划痕时需要进行打磨修复，以确保转子在高速旋转时形成良好的油膜。轴承的检修应做好安装参数的记录，复装时尤其注意轴瓦顶部间隙、侧隙等参数要满足技术规范要求。

（2）避免轴瓦电腐蚀。在调相机长期运行过程中，可能会由于磁不对称、定转子气隙超差、剩磁、转子绕组匝间短路等问题，使得大轴存在一定量的轴电压，并经过转轴-轴承-基础台板等处形成一个回路，从而产生轴电流。轴电流引起的电弧加在轴承和轴表面之间，引起轴承上的钨金和轴表面的损伤。这种损伤常出现在轴承、密封圈、轴颈的表面，从而引起转子-轴承系统振动爬升。当这种痕迹大面积出现时，部件表面就失去了金属光泽，出现类似划痕的痕迹，俗称"电腐蚀"。不同于机械划痕，其转向处有棱角状划痕，呈"V"字或"之"字形。为防止电腐蚀的出现，应定期检查轴承绝缘符合技术规范要求，并采取控制定转子间隙、增加轴承对地绝缘、大轴增加接地电刷等措施。

【案例7-3】某发电厂3号汽轮机运行时，1号瓦轴振不稳定，常在由50μm至100μm间跳动，最大能突变到190μm以上，如图7-4所示。瓦振从2mm/s左右增长至6mm/s左右，期间发现大轴电压长期超过20V，大轴电流大于6A。在机组9月份检修时，翻瓦发现，瓦枕、支架均发生严重电腐蚀现象，同时机组长期振动偏大导致轴瓦碎裂，如图7-5、图7-6所示。

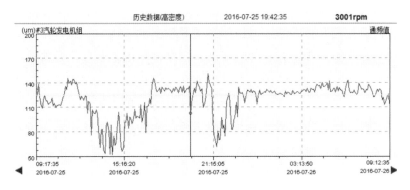

图7-4　某发电厂3号汽轮机组运行时轴振波动不稳定

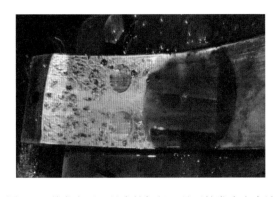

图7-5　某发电厂3号汽轮机组1号瓦枕发生电腐蚀　图7-6　某发电厂3号汽轮机组1号轴瓦碎裂

（二）预防润滑油断油烧瓦

润滑油系统在调相机盘车时，顶轴油须维持转子一定的顶起高度，并通过润滑油泵为盘车装置提供润滑油，减小盘车的启动力矩。机组正常运行时，润滑油在轴承中要形成稳定的油膜，消除轴瓦和轴径之间的摩擦，以维持转子的良好旋转，同时，通过润滑油冷却器带走轴瓦摩擦产生的热量。调相机运行过程中，一旦发生润滑油断油情况，转子与轴瓦之间将会产生干摩擦，导致轴瓦温度迅速升高而造成轴瓦烧毁的恶性事故。

（1）不得擅自退出润滑油联锁保护。调相机运行过程中严禁断油事故的发生，为此润滑油系统运行必须严格要求投入交流润滑油泵及直流油泵联锁保护，不得擅自退出联锁保护，严格执行联锁保护投退管理规定。在每次机组启动前应进行油泵自检试验，通过自检逻辑自动开启油压开关对应的试验电磁阀，当试验电磁阀开启后模拟油压低动作，以确认调相机润滑油系统各油泵（交、直流润滑油泵和顶轴油泵）自启动动作正常、联锁正确、供油稳定，以提高机组运行的安全可靠性。另外调相机在每次启机前、正常运行时和定期试验中，应进行润滑油压力低跳机开关（跳机"三取二"油压开关）动作试验，以确认润滑油压力低跳机主保护动作正确、可靠，并在试验中发现并消除润滑油压下降而保护不能正常动作的潜在故障。

（2）防止管道堵塞或泄漏。润滑油冷油器制造时，冷油器切换阀应有可靠的防止阀芯脱落的措施，避免阀芯脱落堵塞润滑油通道导致断油、烧瓦。运行中严禁操作各供油手动门。调相机运行时须确保各轴承润滑油、顶轴油进回油流畅，润滑油滤网差压高时应及时切换滤网并清洗，顶轴油模块及顶轴油泵出口逆止门应严密可靠，避免润滑油从此泄漏导致油膜不稳。机组运行中发生油系统泄漏时，应申请停机处理，避免处理不当造成大量跑油，导致烧瓦。润滑油系统内漏点检修完成后，视情况按有关标准要求进行耐压试验，合格后才能重新启动调相机。

（3）确保表计测量准确。例行检查中，需关心润滑油系统油位计、油压表、油温表及相关的信号装置，必须按要求装设齐全、指示正确，尤其压力开关等涉及逻辑保护的测点应定期进行校验。主油箱油位低跳机保护必须采用测量可靠、稳定性好的液位测量装置，且必须采取"三取二"的可靠方式，保护动作值应考虑机组跳闸后的惰走时间。

（4）进行蓄电池组负载能力须满足要求。润滑油系统应保证机组在正常运行和停机状态能够提供可靠稳定的润滑油，在全站失电等极端工况下，能够通过直流油泵保证调相机安全停机，避免断油烧瓦的事故，故直流润滑油泵的直流电源系统应有足够的容量，根据 DL/T 5210.6《电力建设施工质量验收规程　第 6 部分：调整试验》中 4.3.5 工程质量验收的要求：基建和大修后，应进行直流润滑油泵的蓄电池组负载能力试验，时间大于等于 90min。确保在站用电全停情况下，调相机能顺利惰走到零转速而不烧瓦。直流油泵是润滑油系统保证机组安全的最后一道措施，任何时刻必须确保足够的直流容量，否则将直接危及调相机安全，其各级保险应合理配置，防止故障时熔断器熔断使直流润滑油泵失去电源。

【案例 7-4】2016 年 1 月，某发电厂 1 号机组按计划进行停机检修，当转速降至 1000r/min 时发生短时断油，造成轴颈与轴瓦干摩擦，轴瓦多个温度测点出现突升（超过 130℃），基本判断该时段油膜已经破裂。对 1 号瓦翻瓦检查，出现严重的碾瓦现象，如图 7-7 所示。

图 7-7　轴承发生碾瓦

（5）润滑油应具备双重稳压措施。调相机在设计制造安装时，除了配备直流油泵时，

还应考虑配制双重稳压装置，以保证油泵在切换过程中的油压跌落在允许范围内，避免轴瓦损伤、轴径磨损，如配备润滑油蓄能器，如图 7-8 所示。对于加装了蓄能器的调相机，应进行性能试验验证其稳压作用，并在运行过程中注意监测皮囊压力在厂家规定范围内，如压力过高或过低需注意排气或补气。定期对老化后的蓄能器皮囊进行更换，避免其破裂后失效并影响机组安全。

（三）避免润滑油品质不佳损伤轴瓦

为了使被润滑的部件不被磨损，调相机对润滑油的品质有严格要求，其中主要包括：油的洁净度及物理和化学特性，恰当的储存和管理，以及相应的加油和取油方法。一旦油中含有杂质进入轴瓦与轴颈的间隙，将会刮伤轴瓦钨金面，引起油膜不稳，会导致调相机振动增大、轴瓦轴颈损伤等故障。所有调相机用

图 7-8　调相机润滑油系统蓄能器装置

润滑油应是满足标准的均质炼矿物油，不可含有砂砾、无机酸、碱皂液、沥青、柏油脂和树脂状杂质。

润滑油的正确保养对于避免轴承、轴颈的过度磨损至关重要。润滑油品质直接影响调相机的使用寿命，机组首次或检修后安装，应严格执行 DL/T 838《燃煤火力发电企业设备检修导则》进行油冲洗流程，充分过滤油系统中的杂质，油冲洗结束后，调相机轴瓦翻瓦检查干净、无杂质。同时，检测油品外观、色度、运动黏度、酸值、颗粒污染等级、水分、泡沫性及乳化性。油系统油质应按 GB/T 14541《电厂用矿物涡轮机油维护管理导则》、DL/T 2409《特高压直流换流站运行中调相机润滑油质量》等相关标准要求定期进行化验，建立书面台账监视润滑油品质，定期分析以确定油特性是否改变，如果确有改变，查明原因，并立即进行纠正。如果不能恢复，应立即停机检查，并更换新油，在油质不合格情况下严禁调相机启动。

【案例 7-5】2020 年 1 月，某换流站 2 号调相机在翻瓦检查过程中发现：盘车端轴瓦解体时发现转子轴颈（靠近盘车装置）侧处有明显凹槽，油囊位置有细小的金属碎屑，如图 7-9 所示。在轴瓦钨金面上，有明显异物嵌入的痕迹，后在轴承箱回油口处，发现明显金属碎屑，如图 7-10 所示。分析判断在调相机运行期间，有异物进入轴承并嵌入到轴瓦钨金内，异物与转子轴颈发生摩擦，而此时转子处于旋转状态，从而损伤轴瓦钨金面。

图 7-9　轴颈、轴瓦划痕

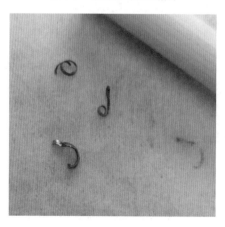

图 7-10　润滑油中含金属杂质

三、防止定转子冷却系统故障

目前国家电网有限公司大型调相机分为双水内冷机组和空冷机组两种，双水内冷机组是采用冷却水将定转子或定子线圈损耗产生的热量带出调相机，再用换热器将内冷水热量转移到外冷水系统；空冷机组则通过空气强制对流，将转子、定子线圈的热量通过空气-水换热器将热量转移到外冷水直至排入大气。

调相机正常运行时，定转子线圈的冷却必不可少。机组安装或长时间运行，部分线圈的冷却水或通风道可能会出现部分堵塞现象，造成调相机运行时其定转子线圈得不到及时冷却，从而造成调相机温度升高等异常现象，严重时引发机组跳机。同时，长时间缺乏保养维护或损伤，会导致双水内冷机组出现漏水事故，引发调相机事故停运。

（一）防止双水内冷机组漏水

双水内冷机组即转子绕组和定子绕组均采用水冷方式，以上海电气双水内冷调相机为例，转子冷却水由励端进水支座进入中心孔，然后通过绝缘引水管进入不锈钢拐脚流入转子线圈，冷却转子线圈后，再经出水拐脚进入绝缘出水管，流入出水箱，经过外部转子水系统，完成整个转子线圈水路循环，如图 7-11 所示。

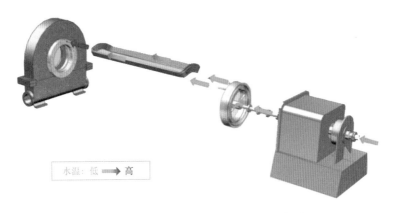

水温：低 ➡ 高

图 7-11　双水内冷调相机转子水路示意图

转子进回水支座一旦密封间隙过大、密封效果不佳，很容易造成进、出水支座漏水，严重时引发调相机事故停运，而定子冷却水一旦泄漏则会导致定子系统绝缘降低，威胁机组安全。

（1）进出水支座间隙调整应符合要求。在技术监督过程中，要注意转子进水支座与转子进水管之间的径向间隙安装要求，短管的端部径向晃度值宜小于 0.05mm，进水短管表面应光洁、无损伤，出现锈蚀情况要及时处理，如图 7-12 所示。进水支座盘根属于动静配合部件，适当排水属于正常现象，过低易磨损盘根，过高会增加水系统负担，漏水量应维持在每分钟 60 滴以上，且不宜超过 1L/min，超过后要对盘根进行调整，并定期更换盘根。对于转子回水支座除了同样要关注其安装间隙、密封材料、转子晃度等符合要求外，运行中还需要关注转子的振动、回水系统憋压等可能造成漏水的因素。

图 7-12　进水短管锈蚀

【案例 7-6】某换流站 2 号调相机安装完成后，在启动期间转子出水支座有明显漏水现象，后排查出转子水箱排气阀手柄位置错误导致阀门误关，从而引起转子回水管道憋压，处理后漏水现象明显改善。在 168 小时试运期间，再次发生漏水现象，如图 7-13 所示。重新调小浮动环与转轴间隙，直至漏水现象好转。但由于浮动环间隙偏小，运行一年后，对转轴持续磨损造成转子损伤。在调相机检修时，拆除出水支座水挡后发现水箱环出现磨损，如图 7-14 所示。

图 7-13　出水支座漏水

图 7-14　转轴磨损

（2）按规定进行定转子水压试验，同时对管路进行疏通检查，确保管路畅通。定转子水路应根据规定进行水压试验。试验过程中，须经过几次排放空气来达到规定的压力并保持稳定，消除水中气体，以防止气温变化引起压力波动，从而影响对水压检漏的判断。定、转子水压的试验要求应满足标准 JB/T 6228《汽轮发电机绕组内部水系统检验方法及评定》有关要求。

（3）认真做好调相机本体检漏报警装置的维护和定期检验工作，确保装置反应灵敏、动作可靠。检验时打开调相机至漏液检测装置的各个接口，向各个检漏开关注入除盐水，每个检漏计注入除盐水约1L左右，DCS应有"调相机漏液高"报警信号输入，主控室应有相应报警显示。检测完成后打开各个排污阀排出检漏计内的水，核查报警是否复位。

（二）防止定转子水路断水与堵塞

在双水内冷调相机中，定、转子线圈冷却水系统向定转子线圈提供一定压力的冷却水，将调相机定、转子线圈产生的热量带出调相机本体，同时依托多种仪表来监视冷却水的流量、压力、压差、液位、温度等参数，定转子冷却水系统若是出现断水或是堵塞，都将直接影响机组的安全。

（1）须设置断水保护功能。调相机运行过程中是不允许发生断水故障的，因此定转子冷却水系统上均须设置断水保护系统。定子冷却水和转子冷却水断水保护须采用"三取二"信号动作，年度检修时应对开关复核校验，合格后通过调整水流量使开关实际动作，记录断水保护开关动作值和复位值与实际流量进行比对确认在保护动作值范围内，试验完成后进行验收。定子水箱应进行气密试验并充有氮气，其压力维持在 $14\sim20kPa$，同时氮气瓶应配置压力监测功能，能根据水箱压力实时值自动启停补气或排气，当氮气瓶压力低时应及时更换氮气瓶。

（2）温度异常应查明原因。双水内冷调相机的内冷水质应按照 DL/T 801《大型发电机内冷却水质及系统技术要求》进行优化控制，长期不能达标的调相机宜对内冷水系统进行设备改造，避免造成管路堵塞，引起温度异常。以双水内冷调相机为例，定子线棒层间测温元件的温差达8℃或定子线棒引水管同层出水温差达8℃报警时，应检查定子三相电流是否平衡，定子绕组水路流量与压力是否异常。当定子线棒温差达14℃或定子引水管出水温差达12℃，或任一定子槽内层间测温元件温度超过90℃或出水温度超过85℃时，为避免发生重大事故应立即停机，进行反冲洗及有关检查处理。同样，根据 DL/T 2098《调相机运行规程》要求，当调相机定子绕组或铁心的温度、温升、温差与正常值有较大的偏差时，都应进行分析并查找原因。

（3）定期开展定子水流量试验。在新机交接、A类检修以及对其通流情况存在疑问时，应进行内冷水系统各分支水管水流量进行测量，以其偏差作为评定内冷水系统的通流性依据。按 DL/T 1522《发电机定子绕组内冷水系统水流量超声波测量方法及评定导则》要求："定子冷却水试验各部位引水管负偏差绝对值应小于平均值的10%"，对异常的定子线棒应该在该线棒的另一端进行复测，并结合历次测量数据、运行温度等，综合判断被测线棒的内冷水流通状况，以上海电气双水内冷调相机为例，定子冷却水从励端的总进水管通过绝缘引水管流入定子线圈，再从线圈另一端通过绝缘引水管流入总出水管，每根上层或下层线圈各自形成一个独立的水支路。如图 7-15 所示。当环形引水管流量值偏差较大时，应结合出线套管的水流量测量值进行综合判断。当现场不具备超声波流量试验时，应进行热水流试验法检验调相机定子内部水系统的有无发生严重的水流堵塞现象。

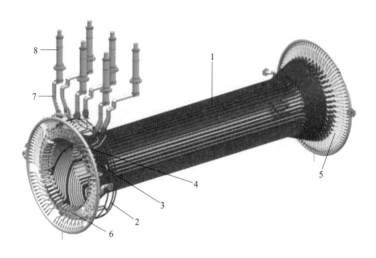

图 7-15　双水内冷调相机定子绕组结构及总进、出水管

1—定子线圈；2—并联环；3—锥环；4—总水管；5—绝缘引水管；6—绝缘盒；7—主引线；8—出线套管

（4）正反冲洗。当调相机温度异常或流量试验不合格时，应进行正反冲洗。定期对定子线棒进行反冲洗（线棒出水端安装节流孔板的发电机除外），反冲洗回路不锈钢滤网应达到 200 目（75 微米），并定期检查和清洗滤网。机组运行期间发电机水路发冲洗门应关闭严密并上锁。反冲洗时应按照相关标准要求进行，反冲洗的流量、流速应大于正常运行中的流量、流速（或按制造厂的规定），冲洗直到排水清澈、无可见杂质，进出水的 pH 值、电导率基本一致且达到要求时终止。

【案例 7-7】某发电厂 1 号发电机励端进口水压显示升高，就地压力表显示从 260kPa 升高到 320kPa，发电机进、出口定冷水的压差增大，从 220kPa 上升至 307kPa，水的 pH 值为 6.6，呈弱酸性。对定冷水系统进行热水流试验，显示部分引水管的流量明显偏低，判断定子冷却水出现堵塞现象，停机处理对定冷水系统进行化学清洗，得到的铜残渣经称重后为 1400g。

（三）确保空冷调相机的换热效果

对于采用空气冷却的调相机，不需要额外增加定、转子绕组冷却水两个辅助系统，而是采用定子绕组、转子绕组、铁心均为空气冷却的结构。针对空冷调相机，通风系统应严密不应有泄漏，确保空气换热效果。

（1）保持换热管束和风室风道的清洁。空冷机组换热管束的换热能力是保证机组冷却效果的关键设备，其换热能力与换热管束的洁净度有很大的关系，为防止腐蚀或脏污，每年应定期清理，及时清除冷却器内及冷却风室内的灰尘、油污；当管束翅片管上积聚大量污物时，污物必须从翅片上去除，设备周围也应保护清洁，否则将大大降低空冷器的换热性能，必要时可用蒸气和热水清洗散热面，随后用干燥空气吹干。同时，须确保冷却器密封及冷却器与基础间密封完整，及时更换破损或失效的密封垫。

风室内壁和混凝土风道内外壁应平整、光滑，无脱皮、无掉粉；风室地面应有排水坡度；冷、热风室之间，风室与外界之间应有隔离措施；风室的窥视孔和铁门应严密；混凝土风道不得妨碍定子就位；风道与定子排风口连接处尺寸应匹配，封闭良好；过滤网清洁、无堵塞、无锈蚀。风道在垂直方向上应有热膨胀补偿结构。

（2）防止空气冷却器的漏水、堵塞。空气冷却器的设计中采取有效的技术措施，防止空气冷却器的管道漏水，同时须配备漏水监测装置。冷却器安装设计结构运行中可将每组冷却器相互隔离，满足机组运行时更换或检修空气冷却器。冷却器投入后，必须根据其技术数据及技术要求保持额定的运行方式，运行中不允许受到高水压的冲击，不允许冷却水温的急剧变动，不允许超过冷却器的使用标准的腐蚀性化学物质及任何颗粒进入水回路中。每次检修之后，应根据相关标准或厂家说明书进行水压试验。当调相机长期停机而且不需要投入冷却器时（超过五昼夜），应将冷却器内部的水排出并吹干。

（3）保障冷却富余量和调节能力。冷却器的供水流量、压力应根据设计规定进行整定，运行中可根据调相机各部位温度和季节水温变化进行调整。一般建议冷却空气温度不超过45℃，调相机空气冷却器进水温度应按38℃设计，冷却水温升不大于7℃。供水总管、轴承和空气冷却器的管路均应装设控制阀门及测量、控制元件，并应采取防凝露措施，调整运行时调相机内空气相对湿度应不大于50%。另外，空冷机组的冷却器设计应保有一定的冷却裕度，一个冷却器因清理而停运时，调相机仍能带80%的额定负荷连续运行，此时调相机有效部分的温度不应超过允许温升。

（4）按要求进行转子通风试验。对于空冷调相机，在基建安装及大修过程中，应进行转子通风试验，根据标准JB/T 6229《隐极同步发电机转子气体内冷通风道检验方法及限值》，试验时每端端部通风道平均等效风速不低于10m/s，不允许存在等效风速低于6m/s的通风道，整个转子内，端部等效风速低于8m/s的通风道不允许超过10个，每端每槽不允许超过1个，对于单个通风道对应两个或多个出风孔按一个通风道考虑。

四、防止外冷水系统故障引发跳机

调相机在工作时，其转子、定子线圈及轴承将产生大量热量，无论是双水内冷机组还是空冷机组，通过水-水换热器或空气-水换热器将热量传输给外冷水系统，最终外冷水通过冷却塔与大气换热，将热量释放给大气。外冷水系统主要包括循环水泵、冷却塔、换热器等主要部件，一旦外冷水系统出现严重故障，使得调相机运行产生的热量无法被冷却水带走，将引起调相机本体线圈温度上升，导致调相机跳机。

（1）加强循环水泵的运行维护。外冷水循环水泵启动前密封腔内应充满介质，严禁缺水运行。系统加水初次启动前，应注意排气，并保证泵运行过程中入口压力满足泵的汽蚀余量。水泵启动后，及时观察水泵运行电流、流量、压力，使水泵在允许的流量范围内运行。监测电机电源的三相电流，三相电流相差应小于10%。外冷水泵运行时要实时监测泵组的振动及瓦温数据，当其超过标准值时应分析判断原因，必要时停泵检修。如泵长期处于停运状态，尽量将泵体内介质排空，做好保养工作。泵体机械密封属于易损件，密封圈不得有杂质，表面应光滑、平整。在选型合理、正确使用情况下，机械密封的使用寿命一般不小于1年，应根据设备运行状态，对机械密封进行定期更换。

（2）保持开式冷却水塔的清洁。冷却塔安装或检修后启动，应仔细清理所有杂物，比如进风格栅上的树叶、垃圾，回水池，外冷水泵入口前池内的沉积物等，对循环水泵入口滤网进行冲洗，如图7-16所示。另外对水质的要求请参见本书第八章化学技术监督。检查冷却塔风机的减速箱和电机轴承，及时更换润滑油，检查联轴器的连接情况。冷却塔检修时应彻底清洗，每日巡检时要检查外冷水泵入口滤网的清洁度，清除容易清理的污垢或漂浮物。防止堵塞外冷水泵入口滤网，污染冷却塔内部喷淋头和填料，导致外冷水循环流量降低。

图7-16 填料冲洗示意图

（3）确保冷却器的换热效果。调相机定、转子冷却器一般采用管式换热器，润滑油冷却器一般采用板式换热器，换热器内部流通孔径都较小，污物淤积和结垢后内部通道截面变小甚至堵塞，造成换热器换热效率降低，从而影响外冷水的循环流量，因此换热器应在调相机检修期间进行清洗，除掉污物，以保证换热器的高效换热。内冷水的管式换热器应采用双联布置，发现换热器效率降低后应进行及时切换。外冷水泵入口前，采用了一次滤网进行处理。但处理后的水质中仍存在着一些体积较小的杂物，如小颗粒状的悬浮物、泥沙等。当杂物在外冷水系统中聚集到一定程度而不清除时，将导致通流面积减少，最终导致堵塞，严重时造成停机，尤其对安全运行构成极大威胁，所以应在外冷水出口母管后设置电动滤水器。电动滤水器宜采用反冲洗结构方式，当电动滤网反洗时排污阀也会随着打开而排放污物，如图7-17所示。外冷水系统正常运行时，运维人员应关注电动滤水器差压是否在正常范围，有无进出水差压高报警情况，定时启动是否正常，排污阀动作无卡涩现象，年度检修期间应进行检查清理。

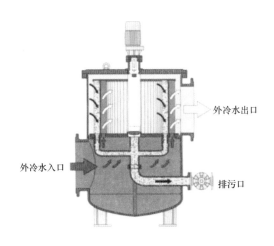

图 7-17　电动滤水器示意图

第四节　调相机常见振动故障及处理

一、转子质量不平衡故障分析与处理

（一）原因与机理

理想的平衡状态是转子各断面惯性主轴与转动轴线相重合，但由于种种因素，在实际中调相机转子不可能存在这种理想的平衡状态，不平衡离心力和力矩必然存在，并作用在转子及支撑系统上，引起不平衡振动。而引起转子不平衡的原因很多，如加工制造过程中的机械误差，以及装配变形；大修过程中，更换转动部件（线圈、槽楔），拆卸和回装、护环出现的偏差、热弯曲、转子结构不对称等。可以说，动平衡贯穿调相机制造、安装和运行的不同阶段，通常情况下，任何转子都存在一定程度的质量不平衡。所以，质量不平衡是引起旋转机械，包括调相机转子振动大的常见原因之一。

（二）特征与诊断

调相机转子质量不平衡的最关键特征是：稳定的工频振动在整个信号中占主要成分，具体表现如下：

（1）振动量以工频分量（也称基频、1X 分量）为主，幅值上工频振幅在 30μm 以上，相对于通频振幅的比例大于 80%。

（2）振动的波型类似正弦波形，振动幅值和相位较稳定，在历次启停机、升降速过程中振动幅值、相位一致，且与负荷、励磁电流等的变化无关。由于受现场很多因素干扰，绝对的稳定是不存在的，振幅变化范围在其平均值的 ±10% 之内，相位的变化范围在其平均值±10°之内，就可以认为是稳定。

（三）处理对策

可采用现场动平衡的方法进行处理。动平衡试验是通过在转子适当位置上加重的方式，调整转子质心位置，使转子不平衡允许量减小到能够满足机组安全稳定运行为止。动平衡的方法包括影响系数法、谐分量法、图解法、矢量运算等。下面以影响系数法来说明动平衡加重过程。

不平衡与它产生的振动有着确定的关系，影响系数法根据线性振动理论，以试加质量引起的振动变化求得影响系数，并最终计算出校正质量，具体分为 3 步：

（1）试加重。根据不平衡量产生的原始振动 A_0，在转子上相应位置上选择试加质量 T，再次启动至 3000r/min，得到试加质量之后的振动 A_1。试加质量的选择需要专业技术人员根据机组的振动情况及以往处理经验选取，力求取得振动较为明显的变化，同时不至于过大而导致机组无法再次启动。经验丰富的技术人员，可能会在第一次试加过程中，就将振动降至理想水平。

（2）影响系数。根据试加质量引起的振动变化，可以计算出影响系数为

$$\bar{\alpha}=\frac{\bar{A_1}-\bar{A_0}}{\bar{T}}$$

（3）校正质量。理想情况下，通过试加准确的校正质量 W，能够将转子上的不平衡量完全平衡，将振动降为 0，于是有下面的平衡方程

$$\vec{\alpha}\vec{W}+\vec{A_0}=0$$

解方程得到校正质量为

$$\vec{W}=-\frac{\vec{A_0}}{\vec{\alpha}}$$

在设计制造时，调相机在其转子相应位置预留平衡槽或平衡孔，便是为了对不平衡质量进行校正，如图 7-18 所示。

二、转子动静碰磨故障分析与处理

（一）原因与机理

调相机的动静碰磨是指转子在旋转过程中，回水挡板等静止部件的间隙消失，发生接触、碰撞的现象。动静碰磨是旋转机械在启动和运行中较为常见的故障之一，碰磨将使转子产生非常复

图 7-18　调相机转子平衡槽及平衡块

杂的振动，是转子系统发生失稳的一个重要原因，轻者引起机组振动爬升，严重时可能造成转子永久性弯曲、损坏。机组动静碰磨的原因通常有：

（1）动静间隙不足。将动静间隙设计过小，这与设计、安装、检修人员的经验有关，对于调相机而言，可能发生动静摩擦的部位主要有轴瓦、调相机端盖、回水挡板、进水支座等。

（2）转轴振动过大。大振动下转轴的振幅达到动静间隙值，即可能与静止部件发生碰磨。

（3）转子偏斜。由于安装偏斜等原因使得轴颈处于极端位置，使得调相机在运转过程中动静间隙不满足要求，导致碰磨；非转动部件的不对中或翘曲也会导致碰磨。

（二）特征与诊断

调相机可能发生动静碰磨故障的工况包括定速、升速、并网带无功负荷等过程，调相机投产或大修后启动试转，动静间隙有个磨合期，易发生动静碰磨的故障。对故障的判断主要依靠定转速下振幅、相位的变化：

（1）固定转速下，振幅随时间增大或减小，以一倍频为主，相位一般表现为连续增大。

（2）振幅、相位出现变化的时刻应当滞后于运行工况的变化。

（3）非严重碰磨不会出现倍频分量增大的现象；严重碰磨时，低频和倍频分量都有较明显的反映。

（4）受摩擦力冲击效应影响，振动波形和轴心轨迹上将会出现毛刺、削波等畸变。

（5）热变形。摩擦热冲击使得转子局部受热，发生弯曲，工频振动增大。

（6）转轴信号可以提供丰富的碰磨信息，现场诊断应尽量采用涡流传感器。启动过程中在低俗阶段可以采用现场"听诊"手段，判断碰磨程度和位置。

（三）处理对策

（1）长时间定转速运行。将调相机停机至盘车状态或保持在某一转速下，数小时或数十小时，在密切监视振动（包括振幅和相位）波动、严格控制振动不发散的前提下，将接触部位磨平，扩大动静间隙。

（2）调整动静部件的间隙。通过标高调整、改变动静间隙和轴颈的中心位置，增大动静部件的间隙量。但需兼顾常规检修规范，注意影响运行的其他相关因素。

（3）改善平衡状况。通过精细动平衡减小转子基础振动，对消除摩擦是有利的。

三、转子热弯曲故障分析与处理

（一）原因与机理

调相机在运行过程中，转子通过励磁电流后会产生热量，使得转子出现温升现象。

一般来说，转子温度的均匀增加只会引起长度的增加，而不会使转子产生弯曲，之所以产生热弯曲，是因为转子截面存在某种不均匀的对称因素，包括温度不对称、应力不对称等。主要原因包括：

（1）转子锻件材质不均。因材质特性存在各向异性，当转子电流增大，转子锻件受热会产生不均匀的轴向和径向膨胀，从而引起转子弯曲。这类问题通常是由锻件生产和热处理过程的缺陷引起的，随着制造水平的提高，这类问题已很少见。

（2）匝间短路。调相机运行时，转子线圈的绝缘会受到材料老化、运行温度、机械磨损及运行故障的影响。当匝间绝缘层损坏时，就会发生短路。匝间短路是调相机转子产生热弯曲最常见的原因，其严重程度取决于匝间短路的分布和数量的多少，靠近转子磁极附近线圈的匝间短路影响最大。当调相机两个极面上发生短路的匝数相差很大时，两极线圈中产生的热量不同，出现温差，将使转子线圈和转子本体的热膨胀出现不对称现象，造成转子弯曲。

（3）冷却系统故障。调相机正常工作时，通过冷却介质的循环带走转子铁心和线圈中产生的热量。如果调相机转子冷却通道（空冷调相机的通风孔或双水内冷机组的通水孔）局部受到杂质的侵入和堵塞，阻断了正常的冷却作用，则冷却正常和异常部分会使转子产生不均匀的径向温度分布，从而导致转子弯曲。

（4）转子线圈膨胀受阻。调相机励磁电流通过转子绕组并使转子线圈被加热，线圈受热后向两端膨胀，如果这种膨胀不受约束，并不会产生异常。然而由于旋转过程中线圈产生巨大的离心力，使其紧贴在槽楔和护环的内壁，在结合面出现很大的摩擦力。这种摩擦力可能导致线圈膨胀受阻，而线圈的反作用力会使转子产生弯曲。

（5）槽楔装配紧力不均匀。转子槽楔不均匀的紧力会在槽楔上产生内聚力，从而造成转子不均匀的轴向力分布，导致转子弯曲。这种情况常出现在槽楔改造或更换部分转子槽楔时。

（二）特征与诊断

（1）转子热弯曲是与转子温度有关的一种弯曲变形。调相机转子的温度取决于转子的发热量 Q，而发热量又取决于转子电流

$$Q \propto I^2 R$$

式中　I——转子电流；

　　　R——电阻。

因此，在诊断调相机转子热弯曲时，首先观察 1X 振动与转子电流的关系，但这种变化具有一定的延时性，因为转子热量的积聚需要一段时间，振动的变化往往滞后于励磁电流的变化。

（2）冷却系统局部堵塞导致的热弯曲。振动变化量与转子电流有较好的对应关系，

冷却介质的温度越低，振动越大，反之则振动越小。实际操作时可改变冷却水或冷却空气的温度来观察振动的变化。

（3）线圈膨胀受阻导致的热弯曲。在前期线圈受到约束时，振动会随电流增大，当膨胀力积累到一定程度，线圈会冲破约束力使应力释放，振动会降低，而且这种振动降低是突变的，所以该种情况振动的大小与转子的电流不是完全对应的。

（4）匝间短路既可以破环转子温度分布的对称性，又可以影响线圈的膨胀，同时匝间短路会改变转子的电气参数，可能引起励磁电流增大、励磁电压降低、功率因数升高、定子电压降低、定子电流升高、轴电压和轴电流增大等，可以通过电气试验手段，如重复脉冲法（RSO）、转子交流阻抗及功率测量等来诊断。

（三）处理对策

（1）正反冲洗。水冷转子的水路堵塞，通常用正、反冲洗就可以消除。正冲洗是将高压水由进水支座接入，由出水支座排除，反冲洗是将高压水由出水支座接入，由进水支座排除。对于空冷机组采用压缩空气正反吹扫，直至疏通。

（2）通过动平衡手段，以校正质量来平衡转子热弯曲量。

（3）对于匝间短路故障或转子严重堵塞、卡涩无法在线解决的，需对调相机转子进行解体检查处理。

四、结构共振故障分析与处理

（一）原因机理

调相机部件的固有频率和其转子的工频或者倍频接近，导致调相机壳体的大振动，即结构共振，威胁调相机安全稳定运行。若调相机定子底部载荷分布不均或脱空，则会导致调相机壳体振动放大且不稳定。调相机在新建或大修时，宜进行调相机底部载荷试验，使调相机四角承载分布合理，以保证机组振动为优良。

调相机壳体振动可简化为有阻尼的单自由度振动模型，若激振力频率为 Ω，调相机定子-基础系统的无阻尼共振频率、有阻尼共振频率、阻尼系数、刚度分别为 ω_n、ω_d、ζ、K_d，令 $\lambda = \Omega \omega_n$，调相机转子的等效偏心 ε，其幅频特性见下式

$$A(\lambda) = \frac{1}{K_d} \frac{\varepsilon \lambda^2}{\sqrt{(1-\lambda^2)^2 + (2\zeta\lambda)^2}}$$

调相机运行过程中，若定子壳体载荷分配不均、脱空或基础不均匀沉降，则引发调相机定子局部刚度 K_d 降低，甚至调相机定子壳体或端盖的共振频率接近 50Hz，即 λ 接近 1，引起结构共振现象。若定子壳体的共振频率和工作转速的频率或倍频大小相当，也会诱发较大的壳体结构共振。另外，因热弯曲、不平衡等导致的等效偏心 ε 增大，调

相机转子轴振、机壳振及端盖也会出现振动增大现象。

（二）特征与诊断

壳体结构共振的判断，主要观察壳体等共振结构的振动大小与转子振动的区别，因为通常情况下，瓦振（或壳振）完全是由于转子作用在其上的力产生的强迫振动，所以正常情况下，瓦振或壳体振动应该明显小于轴振。如果运行中，瓦振或壳体振动出现过高的振动峰值，甚至瓦振大于轴振，则可以判断支撑结构系统或壳体在这个转速下发生了共振。除此之外，对共振的诊断还可以关注以下几点：

（1）目前制造的调相机临界转速对 3000r/min 都有足够的避开率，如果接近 3000r/min 时，轴承座或其他结构件振动急剧上升，则存在结构共振的可能性很大。

（2）结构物在三个方向的固有频率不一致，某一方向发生共振，其他方向不一定共振，表现为振动幅值差距较大。

（3）如果结构的阻尼比较小，则共振转速区间小，振动随转速的变化率大，有时几十转的转速变化，振动就有明显的不同。

（4）通过对结构件的固有频率测试，明确其共振频率，判断其是否与某一转速重合。

（三）处理对策

（1）增加刚度。实际上出现结构共振问题，往往是定子或结构件地脚存在安装缺陷，如局部脱空或接触不良等，因此就有必要先考虑对定子地脚螺栓紧力进行调整，或者整个定子的载荷进行重新调整分配，以提高调相机定子或轴承座的支撑刚度。

（2）改变参振质量。现场可尝试在定子上施加重物（如沙袋等），一方面，通过增加质量来改变结构的固有频率，以缓解结构共振；另一方面，沙袋可增加整个系统的阻尼，有助于振动的降低。

（3）减小激振力。通过精细动平衡降低调相机转子的激振力，将振动减小至很低水平，即便发生共振，其共振幅度也会大大下降。

五、轴承自激振动故障分析与处理

调相机转子支撑在滑动轴承上，转子转动时轴颈与轴瓦之间形成一层很薄的油膜，这层油膜避免了轴颈与轴瓦的直接接触。润滑油带走轴承中摩擦产生的热量，保证轴承及转子的工作正常。运行过程中，可能会因为轴瓦划痕缺陷、手工修刮瓦面或油囊不规范等造成油膜不稳，引发转子-轴承系统自激振动。

（一）原因机理

当转子以角速度 ω 转动时，在油膜力的作用下轴颈中心 O_1 会发生偏移。这时下方的油膜最薄，相反的方向油膜最厚。顺着转子转动的油膜厚度逐渐减小的截面称为油楔，其产生油膜压力将转子顶起。随着转速升高，偏位角 θ 逐渐增大，油楔的位置随之变化，油膜力 F 的大小和方向都发生变化，与载荷 P 不再平衡，它们的合力 ΔF 在 OO_1 的切线方向并与转子涡动方向一致，属于失稳力。失稳力有使轴颈偏离原来平衡位置 O_1 的趋势，如果油膜中的阻尼够大，则受扰动的轴颈会回到原来的平衡位置，如果 ΔF 超过阻尼力，自激振动将会发生，如图 7-19 所示。

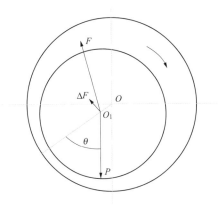

图 7-19 失稳力的产生

当转子的一阶临界转速高于工作转速的 1/2 时，振动的频率是转速的 1/2，称为半速涡动；当一阶临界低于工作转速的 1/2，振动的频率等于一阶临界转速，称为油膜振荡。

（二）特征诊断

轴承自激振动的典型趋势特征是：

（1）振动的突发性。无论是半速涡动还是油膜振荡，振动都具有突发性，振动变化前无明显的征兆，一旦发生，几秒内就能达到很高的振幅。

（2）与负荷无关。轴承的自激振动取决于轴承的各项参数，与机组的负荷没有关系。

（3）低频分量为主。振动的频率成分一般为转速的一半或等于转子的一阶临界转速。

（三）处理对策

轴承自激振动发生的主要原因是转子-轴承系统的稳定裕度偏低所致，故立足于提升轴承稳定裕度是消除油膜振荡有效手段。

（1）提高油温。运行人员可以通过提高油温使油的黏度降低，从而增加轴颈在轴承中的偏心率，有利于系统稳定。例如 46 号透平油的建议工作温度为 45～50℃，提高油温应当关注轴瓦的温升，避免轴瓦温度上升过高过快，影响轴瓦自身的安全性，同时长时间油温高会加速润滑油的老化。

（2）增加轴承比压。增加比压是增加轴瓦单位工作面上所承受的载荷，需要专业人员指导下利用检修机会进行，一是通过调整轴承的标高，增加其承载力，达到增加比压的效果，另外可通过减小轴瓦钨金工作面面积来增加比压，即适当车去轴瓦两侧的钨金，或在轴瓦下瓦的承载部分开一沟槽。提高比压也会导致轴承温度升高，在实施过程中要综合考虑各方面因素。

（3）消除轴瓦缺陷。油膜振荡的发生还与轴瓦的自身缺陷有关。轴承的油膜厚度仅 0.1mm 左右，故其对轴瓦和轴颈的型线和光洁度要求非常高。如轴承损坏、供油异常，不能形成稳定的油膜，将大大降低系统的稳定性，易诱发自激振动。

（4）更换稳定性更高的轴承。目前大型机组采用的轴承主要有三种类型：圆筒瓦、椭圆瓦和可倾瓦，按照一般的研究结论，可倾瓦的稳定性最好、椭圆瓦次之、圆筒瓦最低。工程实践中，通过调整轴承间隙有时也会取得较好的治理效果。

第八章

化 学 技 术 监 督

第一节 化学技术监督概述

一、化学技术监督的定义

化学技术监督是保障调相机安全运行的重要措施，也是科学管理设备的一项基础性工作。调相机的化学技术监督依托于具体设备，但区别于机务监督，化学技术监督更多的关注调相机建设、生产过程中的水、油等介质的质量、性能与指标，并对监视、测量、试验、检查、调整、评价和相关分析进行管理。

调相机自动化水平较高，正常运行过程中有各种辅助自动监控装置来对运行状态进行控制，但是机组的安全性还是取决于运维人员高度的责任心和能动性。

二、化学技术监督的任务

化学技术监督是一整套的设备管理体系，各相关部门、人员应密切配合，确保监督质量，及时发现设备隐患，防止事故发生。其具体任务主要有以下几点：

（1）制定化学技术监督制度的实施细则及建立、健全各项规章制度与管理制度，明确职责与分工，做到监督到位，层层把关，把设备事故隐患消除在萌芽状态。

（2）在调相机设计阶段，应在站内配备与化学技术监督要求相适应的便携式表计。

（3）机组的运行状态和检修检查结果是检验与评价监督质量的主要依据，而这些参数与机组运行时监督指标是否严控、介质质量是否达标有重大关系，因此不可以放松任何一个环节的监督工作。

（4）对于国家电网有限公司调度管辖范围内变电站或换流站等系统的 100Mvar 及以上的同步调相机，化学技术监督总体要求是一致的，但由于各站运行环境不同，设备状况及运行条件也有所差异。因此就必须紧密结合站点的实际情况，研究并制定适用于本站的化学技术监督方法与措施，不断提高化学技术监督的质量与水平。

三、化学技术监督的范围

调相机化学技术监督应覆盖整个机组的全寿命周期。从水源选择、水处理系统设计、设备和材料的选型、安装和调试，直至设备运行、检修和停用过程中对冷却介质（包括油、水）的变化进行详细跟踪，并对仪表运行状态进行监管。

四、化学技术监督的目的

化学技术监督的目的：防止设备因腐蚀、结垢引起损坏或降低效率，从而给运行安全和经济带来压力。

然而，短时间的监督指标超标并不会影响调相机的正常运行，这就导致化学技术监督容易被人忽视，最终造成大面积腐蚀、结垢。因此，要达到化学技术监督目的，在调相机监督管理体系中，完善化学技术监督管理制度，确保各设备全寿命周期中化学技术监督工作可以正常开展。

五、化学技术监督的依据

（一）一般原则

调相机化学技术监督工作应以安全和质量为中心，以标准为依据，以有效的测试和管理为手段，落实相关责任，动态开展工作，对调相机水、油及耗材质量进行全过程监督，防止各类事故的发生。

同时，化学技术监督应广泛结合化学工程应用中的新技术和新工艺，对大修或者技改过程中出现的新的设备，及时提出监督策略，完善监督体系，确保整体监督水平始终处于技术领先状态。

（二）化学技术监督依据的标准

化学技术监督必备的标准见表8-1，应查询、使用最新版本。

表 8-1　　　　　　　　　　化学技术监督必备标准

序号	标准号	标准名称
1	国能发安全〔2023〕22 号	国家能源局关于印发《防止电力生产事故的二十五项重点要求（2023版）》的通知
2	GB/T 6682	分析实验室用水规格和试验方法
3	GB/T 6904	工业循环冷却水及锅护用水中 pH 的测定
4	GB/T 7596	电厂运行中矿物涡轮机油质量
5	GB/T 7597	电力用油（变压器油、汽轮机油）取样方法
6	GB 11120	涡轮机油
7	GB/T 12145	火力发电机组及蒸汽动力设备水汽质量
8	GB/T 12157	工业循环冷却水和锅炉用水中溶解氧的测定
9	GB/T 14541	电厂用矿物涡轮机油维护管理导则

序号	标准号	标准名称
10	GB/T 50050	工业循环冷却水处理设计规范
11	DL/T 246	化学监督导则
12	DL/T 519	火力发电厂水处理用离子交换树脂验收标准
13	DL/T 561	火力发电厂水汽化学监督导则
14	DL/T 596	电力设备预防性试验规程
15	DL/T 677	发电厂在线化学仪表检验规程
16	DL/T 722	变压器油中溶解气体分析和判断导则
17	DL/T 771	发电厂水处理用离子交换树脂选用导则
18	DL/T 801	大型发电机内冷却水质及系统技术要求
19	DL/T 806	火力发电厂循环冷却水用阻垢缓蚀剂
20	DL/T 855	电力基本建设火电设备维护保管规程
21	DL/T 889	电力基本建设热力设备化学技术监督导则
22	DL/T 913	发电厂水质分析仪器质量验收导则
23	DL/T 951	火电厂反渗透水处理装置验收导则
24	DL/T 952	火力发电厂超滤水处理装置验收导则
25	DL/T 956	火力发电厂停（备）用热力设备防锈蚀导则
26	DL/T 1039	发电机内冷水处理导则
27	DL/T 1115	火力发电厂机组大修化学检查导则
28	DL/T 1116	循环冷却水用杀菌剂性能评价
29	DL/T 1260	火力发电厂电除盐水处理装置验收导则
30	DL/T 1716	高压直流输电换流阀冷却水运行管理导则
31	DL/T 2028	发电厂水处理用膜设备化学清洗导则
32	DL/T 2078.3	调相机检修导则 第3部分：辅机系统
33	DL/T 2122	大型同步调相机调试技术规范
34	DL/T 2409	特高压直流换流站运行中调相机润滑油质量
35	JB/T 4058	汽轮机清洁度标准
36	Q/GDW 10799.7	国家电网有限公司电力安全工作规程 第7部分：调相机部分
37	Q/GDW 11588	快速动态响应同步调相机技术规范
38	Q/GDW 11936	快速动态响应同步调相机组运维规范
39	Q/GDW 12024.4	快速动态响应同步调相机组验收规范 第4部分：内冷水系统
40	Q/GDW 12024.5	快速动态响应同步调相机组验收规范 第5部分：外冷水系统
41	Q/GDW 12024.6	快速动态响应同步调相机组验收规范 第6部分：除盐水系统
42	Q/GDW 12024.7	快速动态响应同步调相机组验收规范 第7部分：润滑油系统
43	国家电网设备〔2021〕416号	国家电网有限公司防止调相机事故措施及释义

第二节　化学技术监督执行资料

一、化学技术监督必备资料

化学技术监督必备的档案及记录见表 8-2。

表 8-2　　　　　　　　　　化学技术监督必备的档案及记录

编号	名　称	说　明
1	油品质量管理制度	包括新油和运行油
2	化学药品（及危险品）管理制度	—
3	大宗材料及大宗药品的验收、保管制度	包括树脂等耗材
4	化学仪器仪表管理制度	包括电极和二次表头
5	各系统图	包括水系统和油系统
6	厂家提供的化学设备说明书	特别需要留存膜元件使用维护说明书
7	原始记录和试验报告	包括基建期和运行期报告

二、化学技术监督报表及总结

化学技术监督项目完成情况统计表见表 8-3，受监部件缺陷情况统计表见表 8-4。

表 8-3　　　　　　　　　　化学技术监督项目完成情况统计表

序号	介质名称	检测项目	计划应检次数	已检设备		检出设备缺陷		消除缺陷	
				次数	占应试次数（%）	次数	占应试次数（%）	次数	占应试次数（%）
1	内冷水补充水	电导率							
		硬度							
		补水量							
2	定子冷却水	电导率							
		pH 值							
		溶解氧							
		含铜量							
3	转子冷却水	电导率							
		pH 值							
		含铜量							
4	外冷水	pH 值							
		浊度							

序号	介质名称	检测项目	计划应检次数	已检设备		检出设备缺陷		消除缺陷	
				次数	占应试次数（%）	次数	占应试次数（%）	次数	占应试次数（%）
4	外冷水	硬度/钙离子							
		化学耗氧量							
		氯离子							
		浓缩倍数							
		电导率							
5	除盐水	超滤出力							
		一级反渗透入口 SDI							
		二级反渗透产水电导率							
		EDI 产水电导率							
		EDI 产水量							
6	药剂	缓蚀阻垢剂相关参数							
		氧化型杀菌剂相关参数							
		非氧化型杀菌剂相关参数							
		酸碱药品相关参数							
7	水处理介质	离子交换树脂							
		过滤介质							
8	润滑油油质	外观							
		色度							
		运动黏度							
		闪点（开口）							
		酸值							
		液相锈蚀							
		破乳化度							
		水分							
		颗粒度							
		泡沫特性							
		旋转氧弹							
	合计								

表 8-4   受监部件缺陷情况统计表

序号	介质名称	缺陷情况	检查情况	缺陷分析	已消除日期	拟消除日期及措施
1						
2						
3						
4						
5						

除了常规的报表，在内冷水系统、外冷水系统回路、超滤、反渗透等膜元件进行化学清洗时，还需编写化学清洗报告。化学清洗监督报告应包含内容：

（1）设备名称及其基本参数。

（2）清洗方式及小型试验情况。

（3）具体的清洗方案及清洗系统图。

（4）清洗过程的化学技术监督数据。

（5）清洗效果评价等。

（6）清洗废液处理情况。

与此同时，设备检修完毕后，应在相关检修报告中编制化学监督相关内容，具体包括：设备名称及其基本参数；检修类别及检修停机、启动时间；设备化学清洗情况、方法、介质及效果评价等；除盐水系统、内冷水系统、外冷水系统、润滑油系统检查情况；润滑油和变压器油质量检验情况；启动水质情况；存在问题及对策等。具体内容可参考 DL/T 1115《火力发电厂机组大修化学检查导则》，在此不再赘述。

三、化学技术监督考核评价

根据国家电网有限公司技术监督管理规定，制定调相机监督实施细则，监督内容应涵盖规划可研、工程设计、采购制造、运输安装、调试验收、运维检修、退役报废等全过程，认真检查国家电网有限公司有关技术标准和预防设备事故措施在各阶段的执行落实情况，分析评价调相机油、水介质、在线仪表的运行状况、风险和安全水平。

第三节　化学技术监督重点内容

调相机化学技术监督应涵盖规划可研、工程设计、采购制造、运输安装、调试验收、运维检修、退役报废等全过程，现对调相机化学全过程技术监督中应重点关注的内容进行详细介绍。

一、预防外冷水换热性能降低

外冷水为机组内部冷却介质（水、空气、润滑油）提供外部冷却，通过相变蒸发，将机组内部热量带入大气环境中，达到降温的效果。显然，防止换热恶化是外冷水系统技术监督的关键，而影响这一问题的主要有结垢、腐蚀和微生物滋生等因素，如图 8-1 所示。

（一）防止水冷设备结垢堵塞

冷却水中钙镁离子、悬浮物和黏泥等会在换热设备表面沉积结垢，影响换热效率，从而影响调相机的安全经济稳定运行。外冷水设备结垢类型主要包括水垢、淤泥、腐蚀产物和生物沉积物等，根据其硬度可分为硬垢和软垢。硬垢形成的主要原因：循环水的浓缩作用使水中的碳酸盐硬度增加，冷却水温度上升又降低了钙镁碳酸盐的溶解度，促使水垢从水中析出。软垢形成的主要原因：水质控制不当、补充水浊度太高、带入冷却水中的细砂杂物较多、杀菌灭藻不及时、腐蚀严重等。

图 8-1　结垢、腐蚀和微生物滋生

为了减少调相机外冷水各设备结垢，现场应做好如下工作：

（1）阻垢处理。通过添加阻垢剂，有效除去垢和阻止水垢的形成。如果循环水系统的水源比较稳定，则可控制补充水的氯离子浓度和碱度，避免循环水系统产生杂质，从而达到阻垢的目的。

（2）酸＋阻垢剂联合处理。当单纯的阻垢剂不足以减缓结垢速度时，应考虑增加酸，以降低循环水中的碱度。由于绝大多数碳酸盐水解呈碱性，通过降低补充水的碱度，相当于增加了碳酸盐的溶解度，降低了浓度，减少了碳酸盐结晶，有效地避免了碳酸盐结晶产生结垢。

（3）原水控制。原水的 pH 值、硬度、碱度、氯离子等水质不稳定，而原水的性质是产生结垢的主要原因之一，因此，可以通过控制原水的水质指标，减少结垢的产生。

例如，如果原水中含有磷，会影响当前市场上大部分阻垢剂的阻垢效果；水中的细菌、氨氮含量较高时会大幅度降低 pH 值，造成水循环时发生异常。因此，在日常工作中应对冷却水的 pH 值、氨氮含量进行重点监测，保证循环水系统的正常。

（4）水质监督。调相机外冷水预防结垢过程，建议参考 GB/T 12145《火力发电机组及蒸汽动力设备水汽质量》和 GB/T 50050《工业循环冷却水处理设计规范》进行控制，具体指标值见表 8-5。

表 8-5　　　　　　　　　　　　　　调相机外冷水质量指标值

系统类型	项目	质量指标
闭式系统	pH 值（25℃）	≥9.5
	电导率（25℃，μS/cm）	≤30
开式系统	pH 值（25℃）	6.8～9.5
	浊度（NTU）	≤10
	总铁（mg/L）	≤2.0
	硬度（以 $CaCO_3$ 计，mg/L）	≤200
	COD（mg/L）	≤150
	氯离子（mg/L）	≤200
	浓缩倍数	3.0～5.0

（5）外冷水系统设备设计时，还应考虑匹配相关的阻垢设施，确保结垢严重时，现场具备条件在线消除垢层。

（二）应做好水冷设备的腐蚀防护

冷却水中的杂质离子也会对外冷水系统的设备造成腐蚀，从而影响调相机的安全经济稳定运行。具体来说，腐蚀的因素分为化学因素、物理因素、微生物因素。化学因素有 pH 值、腐蚀性离子、络合剂、硬度；物理因素有温度、流速、悬浮物；微生物因素则主要是因为水循环使用，充足的氧气环境下产生的细菌。

不锈钢等材质的腐蚀速度和管内黏泥的黏附速率呈正相关，因此在进行防结垢处理时，必须同时具有防腐功效。实验发现，在外冷水系统加入硫酸盐，让碱度无限接近于0，此时水呈中性，pH 值在 7 左右，这是最理想的防腐蚀状态。但是，考虑到防腐应保持冷却水的弱碱性以及经济性，现场应首先加酸使碱度接近可维持的极限值，此时再添加阻垢剂，以便充分发挥其阻垢效能。

除使用化学手段进行防腐蚀处理，还需要加强水质的选择。不锈钢材质属于钝化性金属，由于氯离子易于产生点蚀导致材料损坏，因此，在设备运行中就要做好补充水的水质分析，掌控氯离子含量，以便预判可能发生的腐蚀。

（三）预防微生物滋生

外冷水运行条件比较特殊，温度常年在 15～40℃、有丰富的营养物质、溶解氧饱和且阳光充足，特别适宜微生物的生长繁殖，如图 8-2 所示。微生物及其分泌的黏液易于与其他杂质混在一起形成黏性物质，成为黏泥。黏泥黏附于冷却水系统管道、阀门中，降低传热效率、阻塞水道和腐蚀设备，影响调相机的安全经济稳定运行。

图8-2 冷却塔内部藻类滋生

【**案例 8-1**】某换流站机组检修时，发现冷却塔底部存在大量微生物，严重情况下，这些微生物连同附着物进入润滑油换热器内部，将造成调相机润滑油温出现异常上升。

外冷水中常见的微生物包括细菌、藻类、真菌类和原生动物。微生物滋生与水源、水温、季节、杀菌剂等因素有关，水源生物多和杀菌灭藻不及时是微生物滋生的主要原因。由于冷却水循环系统中的微生物种类比较复杂，对冷却水进行杀菌处理时，需要进行多方位考虑，考虑水的硬度、杀菌成本等因素，通过合理的措施，提高杀菌效果，降低杀菌成本。

当前杀菌的主要方式是投加杀菌剂。常见的杀菌剂有氧化型和非氧化型两种，每种杀菌剂均有不同特点，技术监督人员首先应对每种氧化剂进行了解，根据现场情况合理选择，以避免混用效果降低的情况发生。

氧化型杀菌剂一般都含有氯，可以对细菌以及真菌进行破坏，杀菌成本比较低，使用方便，供应比较简单，是一种使用非常广泛的杀菌剂，但是其腐蚀性很强，不能持久性杀菌，需要配合非氧化型杀菌剂使用。二氧化氯也是一种杀菌剂，二氧化氯可以破坏微生物的细胞壁，杀菌效果很强，少量的二氧化氯可以快速、有效地杀死细菌，但是，受限于运输，只能现场制作，所以成本较高。

非氧化型杀菌剂一般有氯酚和季胺盐。常用的冷却水杀菌剂是三氯酚以及五氯酚，在杀菌的效果上也是最好的，通常是在冷却塔中进行喷洒，增强循环水系统的细菌抵抗力。季胺盐是一种有机盐，杀菌透性效果比较好，杀菌能力比较突出，但是，容易和水中的阴离子发生反应失去杀菌性，因此，要和其他类型的杀菌剂配合使用。

此外，对杀菌剂的技术监督还应做好如下几点：

（1）药剂入库前应对外冷水药剂进行检测验收，确保质量符合国家和行业有关标准要求。

（2）药剂应贮存在避光、通风、防潮、防腐的贮存间内，具有强氧化性药剂应单独存放。

（3）药剂中属于危险化学品的，贮存必须按危险化学品管理。

（4）杀菌剂使用时，宜采用氧化型杀菌剂和非氧化型杀菌剂交替投加的方式进行。

（5）定期对外冷水质量进行检测，对外冷水藻类滋生情况进行检查。当发现外冷水质量不符合要求或藻类滋生时，应及时采取相应处理措施，如重新开展循环水动态模拟试验、改变投加药剂量、加强排污等。

二、避免除盐水水质恶化及断水

调相机除盐水系统主要为机组提供内冷水，因此预防除盐水断水或者水质恶化是该系统技术监督的重点。

根据水源水质，除盐水系统多设计为"叠片过滤器＋超滤＋一级反渗透＋二级反渗透＋电除盐（EDI）"。

为防止除盐水系统因设备故障导致断水，过滤器、超滤、活性炭过滤器、EDI 等装置应考虑双重化设计或综合考虑各储水箱的容量。当除盐水系统设备故障时，应排查出现故障的装置，再根据不同的故障症状及时进行处理。

（一）防止过滤器故障

调相机除盐水系统使用的过滤器一般为叠式过滤器，如图 8-3 所示，正常工作时，叠片通过弹簧和进水压力压紧，压差越大，压紧力越强，从而保证了自锁性高效过滤。

该装置的监督主要为滤料的监督，包括以下两个方面：

（1）化学稳定性：在过滤过程中是否发生滤盘的溶解现象。

（2）机械强度：滤盘在使用中遭受物理冲击时，有可能发生磨损、破裂，改变外形大小的现象。

当过滤器经过长时间使用或者使用原水洁净度差，致使过滤效果下降严重时，为了恢复过滤能力，需要将滤层进行反冲洗、正洗工作后再使用。在进行反冲洗时，应重点控制反冲洗强度，避免强度过大造成对滤料的破坏。

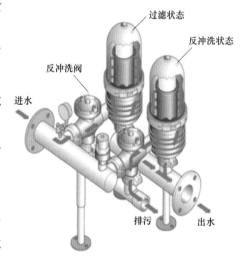

图 8-3 典型叠式过滤器原理图

（二）防止超滤装置故障

超滤以压力差为驱动力，使用超滤膜从入水中分离悬浮物、大分子、细菌等杂质，

222

对水中有机物有部分的去除率，通常可以超滤膜孔径大小来表示其性能。

超滤装置有板框式、管式、卷式和中空纤维式等多种组件形式，在调相机除盐水系统中，主流超滤以中空纤维式超滤装置为主，如图8-4所示。这种膜具有很好的分离（过滤）能力、亲水性、强的抗污能力，超滤膜可通过定期反洗和化学清洗的方式来维护。由于超滤的出水水质稳定、优质，反渗透前的预处理可用超滤方式。

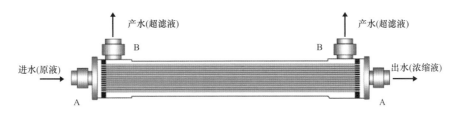

图8-4　中空纤维式超滤系统图

为避免超滤装置故障，技术监督过程中应做好如下工作：

（1）跨膜压差过高或上升过快时，可以判定超滤膜发生了污染，考虑提高反洗频率、冲洗流量或冲洗时间，无效时可考虑进行化学清洗。

（2）产水水质变差时，可能是膜破损、密封件泄露或进水水质变差，应考虑对膜组进行完整性测试，修补或更换膜组件或检查进水水质。

（3）产水流量减小时，可能是组件发生了污染或进水压力减小，考虑清洗膜组件或恢复进水压力。

（三）防止反渗透膜元件故障

反渗透膜材料具有透水率大、脱盐率高、机械强度大、耐酸碱、原料充足、成本低的优点，调相机反渗透组件如图8-5所示。为保障反渗透装置的安全稳定运行，通常需要在原水进入反渗透装置前，将其预先处理，使反渗透装置的进水质量达标，这种为反渗透装置处理合格水源的处理工艺叫做反渗透预处理或者前处理。主要的处理工艺及监督关键点如下：

图8-5　调相机反渗透组件实物图

1. 预处理工艺

当水源为市政自来水时，预处理工艺主要为叠滤和超滤；而当水源为地表水或者地下水时，预处理单元主要工序有：混凝、澄清、过滤、吸附、消毒、脱氯、软化、加酸、加阻垢剂、微孔过滤、超滤。在进行反渗透系统监督前，应充分了解预处理采用的工艺，以便预判进水水质特性。

2. 去除悬浮物

这里涉及 SDI（淤塞指数）和浊度这两个水质参数的控制，浊度的测量方法是光学方法，可测量稍大些的悬浮固体，如果颗粒微小到不能使用光学方法进行测量时，可使用过滤法进行测量。而 SDI 则一般通过测量过滤 500ml 水所需的时间 T_i（s），15min 后再次滤得 500ml 水所需的时间 T_f（s），对二者进行计算可得，如图 8-6 所示。

3. 防止结垢

使反渗透装置膜结垢的物质是溶解度较小的盐类和胶体等，如 $CaCO_3$、$CaSO_4$、$BaSO_4$、$SrSO_4$、CaF_2 和铁硅化合物等。对于特定的水质和系统，这些物质是否结垢，视浓水中其浓度积是否超过了该条件下的溶度积。如果超过而没有采取任何防垢措施，则有可能结垢。

防止反渗透膜结垢的方法主要有：加酸降低水中碳酸根和碳酸氢跟浓度；加阻垢剂控制 $CaCO_3$、$CaSO_4$、$BaSO_4$、$SrSO_4$ 等垢的生成；去除钙、镁等离子；降低水的回收率，避免浓缩倍数过大。

4. 杀菌处理

水中存在的有机物是微生物滋生的营养物质。含有有机物和微生物的水进入反渗透装置后，会在膜表面发生浓缩，造成反渗透膜的生物污染。这种污染会造成膜两端压差增高、膜元件变形、膜的水通量下降，微生物还会破坏反渗透膜。

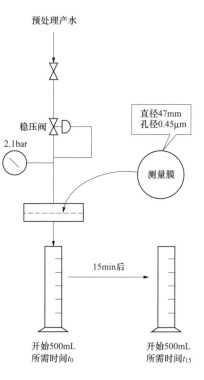

图 8-6　SDI 测试

5. 防止硅垢

大多数天然水中含有 1～50mg/L 的溶解性硅酸化合物（以 SiO_2 的形式表示），当硅酸化合物在反渗透装置中浓缩至过饱和状态时，就会聚合成不溶性胶态硅酸沉积在膜表面。为了避免硅酸化合物的沉积，一般要求浓水中 SiO_2 的浓度小于其所在条件下的溶解度。浓水中 SiO_2 的浓度近似等于进水中 SiO_2 浓度与浓缩倍数的积。增加水的回收率，浓缩倍数随之增加，因而浓水中 SiO_2 的浓度增加。在一定的温度和 pH 值下，SiO_2 的溶解度基本为定值，所以为了保证浓水中 SiO_2 不沉积，允许的回收率与进水 SiO_2 的浓度必将存在一定的关系。

6. 调整水温

反渗透膜适宜的工作温度为 5～40℃的水温，在允许使用温度范围内，水温每增加 1℃，水的透过速度将增加约 2%～3%；膜材料不同，允许使用的温度范围不同，醋酸纤维素膜最高使用温度为 40℃，芳香聚酰胺膜和复合膜的最高使用温度为 45℃。运行中，若水温过高，应及时采取降温措施，反之需要及时加入升温措施。

7. 调整 pH 值

在实际使用中，为防止碳酸钙沉积的发生，往往要在水中加入酸。而反渗透膜必须在允许的酸碱范围内使用，否则可能造成永久性损坏。因此，在进行加酸处理时，应考虑不同类型膜的 pH 值耐受范围。

8. 除铁除锰

Fe、Mn、Cu 等过渡金属有时会成为氧化反应的催化剂，由于它们能加快反渗透膜的氧化和分解，必须除去这些物质。对于地表水，经过加氯、澄清、过滤后，水中铁、锰含量一般是合格的；对于地下水，特别是富含铁锰的地下水，应采取除去铁、锰的措施。

9. 除去有机物

有机物的危害有：滋生微生物、污染反渗透膜、破坏反渗透膜。当有机物浓缩到一定程度后，可以溶解有机膜材料，有机物污染可引起反渗透装置脱盐率和产水量下降。对于胶态有机物，可用混凝、石灰等方法除去，其去除率可达到 40%，后期再采用膜过滤来除去其他胶太有机物；而对于溶解性有机物，则可综合选择如下方法：

（1）氧化法，向水中投放氧化剂，将有机物氧化，转变成无机物。

（2）吸附法，活性炭对分子量在 500～3000 的有机物去除效果较好，因此可增设活性炭过滤器来除去有机物。

（3）生化法，使用膜生物反应器去除有机物。

此外，为了避免反渗透系统运行中出现故障，对日常运行提出监督策略，见表 8-6。

表 8-6　　　　　　　　　　　　　　反渗透装置监督对策

序号	现象			直接原因	间接原因	对策
	产水流量	产水电导率	压差			
1	下降	持平	增加	生物污染	原水被污染；预处理污染	检查预处理系统，调整工况
2	下降	持平	持平	有机污垢	给水中含油	清洗膜元件；调整预处理过程
3	下降	增加	增加	水垢	超过了无机盐的溶解度；回收率太高；给水水质改变	垢的鉴别及清洗；降低回收率；加强对水垢的控制
4	下降	增加	增加	胶体污染	原水被污染；预处理不够	清洗膜元件；检查预处理过程，调整工况；加入特效阻垢剂
5	增加	增加	持平	膜氧化	给水中存在游离氧、臭氧等	解剖分析；更换膜元件
6	增加	增加	持平	膜泄漏	渗透液背压；给水中存在金属氧化剂或其他颗粒杂质使膜表面磨损	更换损坏的膜元件；改善预处理；更换保安过滤器滤芯

序号	现象			直接原因	间接原因	对策
	产水流量	产水电导率	压差			
7	增加	增加	持平	O 型圈泄漏	安装不当、老化或受损、水锤造成膜元件移动	检查具体位置；更换 O 型圈
8	增加	增加	持平	渗透水管损坏	启停操作不当；水垢或污垢产生的剪切应力或渗透液背压	检测具体位置更换膜元件
9	下降	下降	持平	膜压紧	水锤；高温、高给水压	调整运行工况；更换膜元件

（四）及时处理 EDI 装置故障

EDI 处理是以直流电流为动力，利用离子交换膜的选择透过性，将水中的溶质分离出来的一种膜分离法，如图 8-7 所示。其技术核心是以离子交换树脂作为离子迁移的载体，以阳膜和阴膜作为鉴别阳离子和阴离子通过的开关，在直流电场的作用力下实现对盐、水的分离。

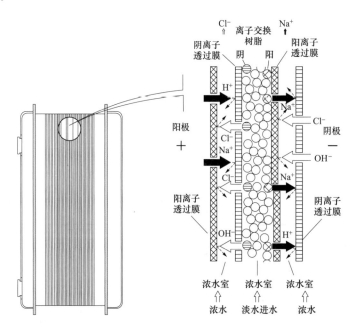

图 8-7　EDI 基本原理图

离子交换膜的主要性能指标见表 8-7。

表 8-7　　　　　　　　　　　　　　离子交换膜的主要性能指标

性能分类	意义	具体性能指标	符号
交换性能	膜质量的基本指标	交换容量	A_R
		含水量	W

性能分类	意义	具体性能指标	符号
机械性能	膜的尺寸稳定性与机械强度	厚度	
		线性溶胀率	t_m
		爆破强度	E_W
		抗拉强度	B_S
		耐折强度	—
		平整度	—
传质性能	控制 EDI 的脱盐效果、电耗、产水质量等指标的因素	离子迁移数	$\bar{t}$
		水的电渗系数	β
		水的浓差渗透系数	K_W
		盐的扩散系数	K_S
		液体的压渗系数	L_P
电学性能	影响 EDI 能耗的性能指标	面电阻或面电阻率	R_S
化学稳定性	膜对介质、温度、化学药剂以及存放条件的适应性	耐酸性	—
		耐碱性	—
		耐氧化性	—
		耐温性	—

离子的电迁移速率与电位梯度、离子价数成正比。因此，提高 EDI 的工作电压，可以增强除盐效率，但这样也增加了水的电离速度。

EDI 装置常见故障主要表现在产水电导率上升、产水流量下降、没有浓水或浓水流量偏低、模块逸出太多气体、产水 pH 值过高或过低、模块电流过大。为了避免 EDI 装置发生上述故障，造成除盐水系统无法制水，日常工作中应采取相应的监督措施进行应对，详见表 8-8。

表 8-8   **EDI 装置故障与对策**

序号	现象	可能原因	对策
1	产水电阻率低	1）电源：①电极端没电；②电压设定过低或过高；③一个或多个电极接头发生松动；④电极的极性接反。 2）水流量：①流过模块的水流量低于最小值；②流过模块的水流量高于最大值。 3）进水：不符合进水规范要求。 4）模块：堵塞或结垢。 5）模块扭矩：扭矩过小	1）打开电源、查电极电压；确保电极连接正常；确保电极极性正确。 2）重新调节浓水、极水和进水压力。 3）检查 RO 产水品质，尤其是 TDS、Cl_2、CO_2 等。 4）按照要求清洗模块。 5）重新调整扭矩

序号	现象	可能原因	对策
2	产水流量低	1）淡水室：污堵。 2）进水压力：太低。 3）温度：太低	1）检查进水中的有机污染物浓度。 2）是否有前置过滤器防止杂质进入 EDI。 3）增加进水流速。按要求清洗模块。 4）注意进水温度时水的黏度
3	没有浓水或浓水流量偏低	1）相关的阀没有设置好。 2）浓水室结垢	1）调节阀门增加流量。 2）检查 RO 产水中的 TDS、硬度、CO_2、pH 值，按照要求清洗组件
4	模块逸出太多气体	电压设定太高	降低电压
5	产水的 pH 值过高或过低	电压设定太高	降低电压
6	模块电流过大	1）电导率：进水电导率过高。 2）没有水流过模块	1）检查 RO 产水的 TDS。 2）确保有水流过组件，否则模块会被损坏

（五）其他技术监督关注点

为防止除盐水断水事故，除了对每个装置运行情况进行监督外，还应对整个除盐水处理系统进行监管，主要包括：

图 8-8 某站一级反渗透浓水管道流量计处有微生物滋生

（1）设备运维监督。定期检查和校正设备的运行压力及压差、运行流量、产水水质等参数；定期对进出水余氯、反渗透进水 SDI、反渗透脱盐率、回收率进行测算，要求满足设备运行要求，避免发生微生物滋生情况，如图 8-8 所示；当设备停运时，应根据停运时间采取合适的停运保养方式；当判断设备需要进行化学清洗时，需制定化学清洗方案，及时进行化学清洗；建立健全设备缺陷管理档案，对重大缺陷隐患需及时进行处理。

（2）在线化学仪表监督。具体可参见本节第四部分。

（3）药剂质量监督。调相机除盐水系统投加药剂一般包括阻垢剂、还原剂、杀菌剂和碱液，药剂入库前应对外冷水药剂进行检测验收，药剂质量应符合国家和行业有关标准要求。药剂应贮存在避光、通风、防潮、防腐的贮存间内，药剂中属于危险化学品的贮存必须按危险化学品管理。

（4）运行水温。特别是低温地区应将电加热装置工作情况纳入到监督体系中。这是由于除盐水超滤、反渗透装置设计出力是进水温度在 25℃下的出力，装置入口压力不变的情况下进水温度每下降 1℃产水流量约降低 3%。冬季温度较低时可能导致超滤反渗透出力不足。

【案例 8-2】 沿海地区某发电厂化学除盐水系统，冬季反渗透出力约为夏季出力的 60%左右。这是由于冬季气温过低，水的粘度受温度的影响，当气温变低时，水温也会降低，反渗透膜的产水量也会有明显下降。

三、避免内冷水水质恶化

（一）内冷水水质恶化的危害

定、转子线圈由通水的空心铜导管和实心扁铜导线组成。如果冷却水不够纯净，则将腐蚀溶出空心铜导线上的铜离子，削弱机组绝缘性能。同时，铜与水中溶解氧发生反应，产生了铜的氧化物沉积，传热效率下降，并使导线内部易发生堵塞。特别是当水中溶解了较多的氧和二氧化碳后，在偏酸性环境中，铜的溶出大大加速，威胁机组的安全运行。

同时，当内冷水水质恶化时，管道内亦将出现沉积物或者发生结垢，造成系统热交换效率下降、能耗增加和设备损耗加快，随着沉积物成分的变化，当沉积物厚度达到 1mm，热交换效率将下降 50%。

另外，沉积物也是内冷管道腐蚀的主要因素，因此沉积物的出现通常伴随着腐蚀的发生。当沉积物出现时，管壁热传导效率下降，导热壁处金属温度升高，造成靠近管壁处的溶质浓度增大，而沉积物阻碍此处溶质的浓度扩散。随着腐蚀的演化，管道壁厚会不断减小，最终会发生蚀穿事故；而管壁厚度减小到一定程度后，有可能使管道薄弱处发生应力龟裂。

采用耐蚀性能不低于 S30408 不锈钢材质的水泵、管道和阀门可以避免腐蚀，但结垢方面，为保证进入定子线圈的冷却水处于低电导率值，在定子水系统运行时，要从冷却水路中分路一部分冷却水，使其流经处理单元，净化水质。

目前，最常使用的水处理介质是离子交换树脂，离子交换原理如图 8-9 所示，而离子交换器必须根据离子交换树脂的运行参数来设计，需要全面考虑树脂的物理和化学参数，比如树脂的压缩性和物理强度，抗周期性渗透的能力和运行温度极限。为防止树脂发生物理性破坏，尤其需要注意控制流速和压力。

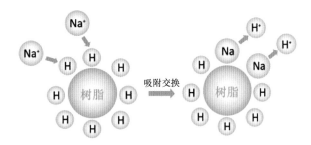

图 8-9　离子交换原理示意图

无论如何，在离子交换器正常使用过程中，总有污染物进入设备，降低离子交换树脂的交换能力，树脂在复杂的物理、化学环境下，必然会发生损伤、损坏，树脂的品质好坏、运行方式、技术人员的专业素养共同决定了离子交换器的使用效率。因此，在处理方式的选择、设计、操作各阶段有关人员，都应该了解离子交换树脂的重要作用，确保离子交换器运行状况满足设计预期。

（二）保障离子交换树脂性储存环境

离子交换树脂的正确使用与维护是离子交换水处理能获得良好效果并延长树脂使用寿命的关键，在离子交换树脂的贮存、新树脂使用前的预处理、离子交换树脂的氧化降解与防止、离子树脂的报废判定方面加强管理有利于正确高效地使用离子交换树脂。

贮存方面，应避免树脂直接接触铁容器、氧化剂和油脂类物质，以防树脂被污染或氧化降解，从而造成树脂劣化。

对于新树脂，一般均为湿润状态，以保持其处于水饱和环境，若出现树脂失水的情况，应先用 10%NaCl 溶液浸泡，再逐渐稀释，以免树脂因浓度差而破裂。

树脂的贮存温度必须严格控制，温度过高容易引起树脂脱水变质、交换基团分解和滋生微生物。5～40℃是树脂贮存的适宜温度。树脂贮存于零下温度时，会造成树脂网孔中水分冰冻，体积膨胀，进而破裂；若环境温度在 5℃以下，且温度有继续降低的趋势时，可将树脂浸泡仕饱和食盐水中，以避免水分冰冻。

（三）做好调相机内冷水水质监测

对水质及时监测，是对抗水质恶化的重要抓手。内冷水水质指标建议参考 GB/T 12145《火力发电机组及蒸汽动力设备水汽质量》进行监测。在运行期间，技术监督人员应定期分析其变化趋势，发现异常及时查找原因，分析该类异常对机组运行可能带来的负面影响程度（必要时应采取专家论证的方式进行），综合网侧运行状态，给出合理的运行建议。除了常规的水质监督外，以下诸点亦会间接影响内冷水水质，也需要引起关注：

（1）关注水箱氮气稳压系统工作状况和内冷水加碱装置的运行状况，避免因水箱压力低导致碱液吸入的情况发生。

（2）确保内冷水备用水泵处在热备用状态，防止切换时因备用水泵故障造成定子水回路断水，严防水箱水位偏低或水量严重波动导致断水故障。

（3）内部水回路充水时应彻底排气，防止产生环形引线的"气堵"现象。

（4）停机期间，内冷水管路必须采用除盐水进行正、反冲洗，保证水路系统冲洗合格，更换或清洗滤网后，冷却水才能进入调相机定、转子线圈内。

【案例 8-3】某发电厂发生内冷水流量偏流现象，经对线棒取样剖开分析，发现线棒壁附近附着大量的硫酸钙和硫酸镁等物质。由于运行时，内冷水水质指标良好，分析认为这些垢来源于基建阶段未按要求采用除盐水进行水压试验所致。

（5）危险化学品应在具有"危险化学品经营许可证"的厂家购买，不得购买无厂家标志、无生产日期、无安全说明书和安全标签的"三无"危险化学品。

（6）绕组线棒在制造、安装、检修过程中，若放置时间较长，应将线棒内的水放净并及时吹干，防止空心导线内表面产生氧化腐蚀。有条件时可进行充氮保护。

如前所述，内冷水系统水质恶化后会直接带来换热问题，从而引发机组跳机。因此当水质监督无法对系统情况进行合理判断时，线棒层间的温度数据也可以为技术监督人员提供相应的参考。

从目前的水内冷调相机设计来看，当定子线棒层间测温元件的温差达 8K 或定子线棒引水管同层出水温差达 8K 时会有报警，此时需要查明报警原因，判定是测点误报还是内冷水系统出现问题，必要时降低负荷或停机。当温度持续升高，定子线棒层间温差达 14K，或定子引水管出水温差达 12K，或任一定子槽内层间测温元件温度超过 90℃，或出水温度超过 85℃时，应立即降低负荷，在确认测温元件无误后应立即停机，进行反冲洗及有关检查处理。经反冲洗无明显效果时，应依据相关标准综合分析内冷水系统结垢的可能性，并委托专业机构进行化学清洗。

四、预防化学仪表故障

化学技术监督中，除了需要对介质和设备运行情况进行监管外，化学仪表也是技术监督的重点。最大程度地实现在线仪表监督及水处理在线监控技术，可以及时地为生产过程中故障的及早发现、水质运行工况的调整及故障的追踪分析提供科学依据，避免报表数据、事件处理受人为因素的影响，增强监测数据的可靠性和工况调节的及时有效性。故必须大力实施在线仪表监督，更好地为机组的安全经济运行服务。

（一）调相机化学仪表配置

调相机化学仪表配置要在满足测试要求的同时，具有在原理上的可相互验证性，从多角度确保测量结果的准确可靠。内冷水系统宜配置的化学仪表见表 8-9，除盐水系统宜配置的化学仪表见表 8-10。

表 8-9　　　　　　　　　　调相机水系统应配置的化学仪表

仪表名称	安装位置
定子冷却水电导率表	定子线圈进、出口
定子冷却水 pH 表	定子线圈进、出口
定子冷却水溶氧量表	定子线圈进、出口
转子冷却水电导率表	转子线圈进、出口
转子冷却水 pH 表	转子线圈进、出口

表 8-10 除盐水系统应配置的化学仪表

仪表名称	安装位置
在线浊度计	超滤进水口
SDI 表	超滤出水口或者反渗透进水口
电导率表	各级反渗透、EDI 装置的进出水口、除盐水泵出水口母管
pH 表	二级反渗透装置、EDI 装置的进水口，清洗系统废水池
ORP 表	一级反渗透装置进水口
在线余氯表	一级反渗透装置进水口

（二）避免化学仪表日常运行中数据不准

在线仪表能否正常运行并提供准确的数据，不仅与仪表本身质量、使用及维护情况有关，而且还与取样点的位置以及取样装置设计的合理性密切相关。

在调相机系统中，对取样装置与使用有如下要求：

（1）取样探头与取样管道中流速应保持一致。当取样管道一定，探头上的孔径也随之确定。因而在实际运行中，要控制流量恒定，从而保证探头上的流速与管道中实际流速相一致。

（2）对取样管的要求。取样管应采用优质不锈钢，如 S30408 等。取样管内径保持一致，管道的弯头、三通、接头等零件均应采用承接式，然后进行焊接，以保持内径一致又没有留下间隙，从而防止样品中沉积物的积聚而影响测试结果的精密度。

（3）启动前与运行中对取样管的冲洗要求。设备启动时，仪表的取样管要反复冲洗。当设备启动后，反复开启取样阀门和排污阀门，变流量冲洗管道。在正常运行期间，应定期冲洗或出现取样有些异常时，也宜冲洗一次。

（4）运行中不能仅依靠在线仪表，应与常规取样分析加以对照。在线仪表具有连续实时提供监测结果的优势，但在线仪表监测结果的准确度通常要低于实验室中按标准法的测定。因而在实际运行中，既要使用在线仪表，实施连续监测，以了解处理过程中某一瞬间值及变化趋势，也要采用实验室的定时取样法进行监测，及时校对在线仪表监测结果的可靠性。所以，调相机广泛采用了在线仪表后，不能忽视或取消实验室的监督分析。

五、预防油质异常

（一）调相机油系统的阶段性技术监督要求

调相机润滑系统的验收可分为：可研初设审查、关键点见证、出厂验收、到货验收、隐蔽工程验收、中间验收、交接试验验收、竣工（预）验收、启动验收、资料及文件验收十个阶段的工作内容。调相机用润滑油的性能和品质如何，直接关系到调相机运行中的经济性和安全性，对调相机用润滑油的技术监督依据、项目、质量指标等内容要做到有法可依、有据可查。监督试验主要内容及要求有：

（1）取样方法。取得样品必须依照取样标准操作，并在调相机油系统的指定位置取样。取样位置、取样数量、取样容量、取样环境等信息必须详细记录，用于检测的油样必须具有代表性，样品的检测结果才具有有效性。

（2）检测项目。检测项目分为常规检测项目和非常规检测项目。常规检测项目就是按照规定，定期进行的检测项目，例如：水分、颗粒度这类对机组运行状态异常敏感，又便于快速定量的检测项目。常规检测项目也可以通过在线仪表实时、远程监控，在线仪表的检测项目的确立和监测的位置需要仔细研究，确保针对性和有效性。

非常规检测项目一般是指新油油质判断，投运前的油质检查，调相机的异常处理、故障诊断所进行的检测项目，现场应根据具体情况灵活开展。

所有检测项目应当重点指标突出，凡是涉及调相机安全经济运行的各种理化指标，必须进行检测，直至验证质量合格。

（3）检测依据。为保证检测结果的可靠性，必须先确定适当的检测方法，通常采用国家标准、电力行业标准或者企业标准中规定的检测方法。对于某项检测，如果标准中存在几种不同的试验方法，需要根据试验性质与目的加以选用。例如：对于泡沫特性的检测方法，标准中对新油和运行油的规定是不同的；或者液相锈蚀的检测，标准中也存在两种不同的检测方法。

（4）检测用水的要求。试验用水应当选用适当的纯度，一般直接接触试验油样时使用二级水，但是液相锈蚀试验明确要求使用三级水。各级试验用水应当符合 GB/T 6682《分析实验室用水规格和试验方法》的要求。

（5）检测试剂的要求。试验试剂通常使用分析纯，对于需要自行配置的试剂多用化学纯进行配制，并具有使用期限。

（6）质量判定规则。通常按照国家标准或者行业标准对检测项目进行质量判定，如果没有明确的判定规则，可由技术监督检测单位或者上一级检测机构提出检测方案，并依据检测项目的检测结论综合判定。

（二）加强润滑油的验收和检测

1. 新油入厂验收

调相机用润滑油的技术监督工作包括了运行监督和维护，具体涉及新油入厂验收、新油注入设备后验收、运行监督检测、油质异常原因判断及处理。

新油验收检测对保证调相机用油质量十分关键，可以为后续的调相机用润滑油技术监督工作提供重要参照和依据。

由于先进的基础油添加剂的广泛应用，新油验收依照 GB 11120《涡轮机油》标准进行质量监督，或者通过取样检测来确定到货的油品与调相机招标文件规范是否一致。

另外需要注意的是，库存油也应该纳入新油的验收范围内，须通过相应的理化检测来确定技术指标，且技术指标不应低于将用油。库存油应严格做好油的入库、储存和发放三个环节的管理工作。

在新油验收工作开始后，正式注入设备前，对所有油品只能例行取样工作，要有防止油品受污染而改变原有理化特性的防范措施。

2. 新油注入设备后验收

（1）冲洗准备工作。注油前需保证调相机主机的油流管路、润滑油系统设备及设备的状态良好，以确保油系统设备尤其是具有套装式油管道内部的清洁，对不洁部件应进行彻底清理，油系统清洁度的标准参照 JB/T 4058《汽轮机清洁度标准》执行。这些监督涉及调相机的监造、运输和组装，这里不多叙述。应当指出的是，在设备验收时如果制造厂有书面规定不允许解体者外，一般应解体检查其组装的清洁程度。

（2）润滑系统的冲洗。调相机在投运前必须进行润滑油系统的冲洗，经过三个阶段的油冲洗，并将油系统全部设备和管道冲洗达到合格的清洁度，冲洗油要保证与运行油和调相机部件具有良好的相容性，不能对运行油的泡沫性、抗乳化性、液相锈蚀性能造成负面影响，不能损害注油管线、润滑系统。在大流量冲洗过程中，应按一定时间间隔从系统取油样进行油的清洁度分析，直到系统冲洗油的清洁度达到 NAS 6 级，大于 5～10μm 的机械杂质去除率要达到 98%以上。对于油系统内某些装置，系统在出厂前已进行组装、清洁和密封的则不参与冲洗，冲洗前应将其隔离或旁路，直到其他系统部分达到清洁为止。

3. 调相机注油后投运前的油质检测

润滑油系统的冲洗完成后，对主油箱进行润滑油的取样检测工作，油质检测质量标准参考 GB/T 7596《电厂运行中矿物涡轮机油质量》中的要求。如果新油和冲洗过滤后的样品之间存在较大的质量差异，应分析调查原因并消除。此次分析结果应作为以后的试验数据的比较基准。需要特别注意的时，此时对调相机润滑油的含水量不得大于 50mg/L，油颗粒度依然为 SAE 6 级，大于 5～10μm 的机械杂质去除率要达到 98%以上，油质外状为透明，酸值小于等于 0.1mgKOH/g，否则必须处理。

4. 投运后的润滑油质监督

（1）调相机正式投运 24h 后，应检测油品的外观、色度、颗粒污染等级、水分、泡沫性、抗乳化性；应及时对这些检测项目的指标进行分析，找出这些检测指标与冲洗后的油品检测指标之间的变化，如果变化较大则需要查明原因进行处理。

（2）机组每次检修时应该对本机润滑油进行取样检测，主要检测运动黏度、酸值、颗粒污染等级、水分、泡沫性、抗乳化性。

（3）运行人员每天应该记录油品的外观、油压、油温、油箱油位，定期记录润滑油系统及过滤装置的压差变化情况。

（4）按照 GB/T 7596《电厂运行中矿物涡轮机油质量》的要求，在调相机正常运行周期内，必须保证外观、色度、运动黏度、酸值、闪点、颗粒污染等级、泡沫特性、空气释放值、水分、抗乳化性、液相锈蚀、旋转氧弹、抗氧剂含量共 13 项检测项目指标合格。

正常运行的调相机一般不需要特别的维护，但要详细记录设备的运行状态数据，对于润滑油要定期进行全面检测。同时，由于每台调相机的使用环境和设备状况不能一概而论，润滑油的技术监督项目应该结合实际情况来灵活规划检测周期，加强特定的检测项目的技术监督，能够及早发现危害润滑油使用性能和寿命的破坏因素，更是有利于保持润滑油系统的健康状态的方法，对保证调相机运行的安全性和稳定性具有十分积极的作用。

5. 补油

润滑油在使用过程中存在运行寿命的自然消耗，这种消耗也可以称为劣化。当汽轮机油补油率高于运行油的降解率，那么运行油的质量可以长期保持在合格状态；如果补油率较低，运行油的质量则主要依靠新油的原始质量来保证。由于我国对于汽轮机的运行监督已有十分丰富的实践经验，因此对汽机的补油有一套完善的规定，目前对于调相机的补油工作需要在运行中注意观测，积累补油率数据，在严格执行电厂用矿物涡轮机油质量标准的同时，可以适当参考汽机补油经验。

应当注意，新油与运行油的部分特性有所不同，因此在补油前应当进行全面的油质检测，确定补加油的牌号、新旧油的质量指标、新旧油的添加剂种类数量以及按照补加后新旧油在系统中的占比进行的混合油的相关检测。检测不全或者新旧油混合比例不正确，都有可能导致补油后出现运行油质量下降，劣化加速。如果条件允许，补油用油首选新油，而不是质量合格的运行油，这主要是从运行油的剩余使用寿命和添加剂类型和消耗量的方面来考虑，如果不得不使用时，应满足下列条件才能混用：

应对运行油、补充油和混合油进行质量全分析，试验结果合格，混合油样的质量应不低于未混合油中质量最差的一种油。

应对运行油、补充油和混合油进行开口杯老化试验，混合油样无油泥析出或混合油样的油泥不多于运行油的油泥，酸值不高于未混合油中质量最差的一种油。

混合油试验的各油样混合比例应与实际比例相同，如果无法确定混合比例，在试验时采用 1:1 的比例进行混油。

（三）油质异常原因判断及处理

可参照 GB/T 14541《电厂用矿物涡轮机油维护管理导则》中表 4 的规定。

第四节　其他水处理技术及仪表校验

随着大型调相机的陆续投运，水系统的一些设计问题也逐渐暴露出来，给机组运行带来隐患。为此，诸多机构致力于将发电企业甚至其他行业的相关技术应用到调相机系统中，由此增加的工艺过程监督也需要给予足够的重视。另外，由于化学仪表是化学技术监督的"眼睛"，其准确性如何必须依靠校验才能获取，所以化学技术监督人员也应对校验方法有一定了解。

一、其他水处理工艺

（一）循环冷却水电化学处理

当调相机外冷水系统采用开式冷却塔结构时，塔体周边水面仅采用格栅盖板覆盖，水池处于未封闭状态，长期运行过程中，漂浮物容易进入冷却塔水池造成污染，同时水池长期受到阳光直射，将导致微生物及藻类滋生。

为满足外冷水系统缓蚀、阻垢、杀菌的要求，可设置电化学水质处理装置来实现外冷水免加药，提升冷却水水质，维持冷却塔冷却能力。

电化学水质处理方式的工艺图如图 8-10 所示。

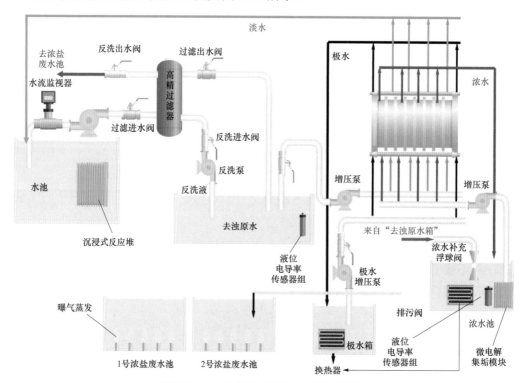

图 8-10　电化学水质处理方式的工艺图

设备从循环泵处取水，经高精过滤器滤后净水进净水箱，电渗析取净水电解淡水回冷却水池，浓水则循环浓缩后，排污至废水池，用曝气方式脱水，固废定期清除。

1. 杀菌灭藻的工作原理

水流经过装置后，水中细菌和藻类的生态环境器发生变化，生存条件丧失而死亡。具体表现在三个方面：改变电场强度，破坏生物的生存物理场，从而影响了细菌以及藻类的生理代谢，导致其死亡；外加电场破坏了细胞膜上的离子通道，改变了调节细胞功能的内控电流，从而影响细菌的生命，含菌液体流过强电场，致使瞬间变化电流通过液体，在导电通路上的细胞被高速运动的电子冲击致死；电场处理水过程中，溶解氧得到活化，产生溶解氧（O^{2-}）、羟基自由基（•OH）、过氧化氢（HO）以及单线态氧（^1O）等活性氧，造成有机体衰老等一系列的有害作用。杀菌物质的杀菌能力比较如图 8-11 所示，装置出水在持续抑菌能力曲线如图 8-12 所示。

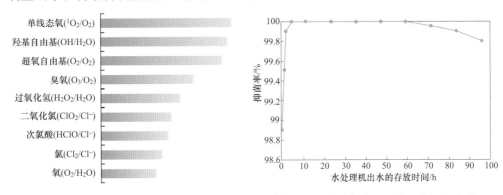

图 8-11　杀菌物质的杀菌能力比较　　　图 8-12　装置出水在持续抑菌能力曲线

2. 防止结垢的原理

水经过装置后，水分子聚合度降低，结构发生变形，产生一系列物理化学性质的微小弹性变化，因而增加了水的水合能力和溶垢能力。水中所含盐类离子如 Ca^{2+}、Mg^{2+} 受到电场引力作用，排列发生变化，难于趋向器壁积聚，从而防止水垢生成。特定的能场改变 $CaCO_3$ 结晶过程，抑制方解石产生，提供产生文石结晶的能量，如图 8-13 所示。水中悬浮粒子及胶体经处理后其表面 Zeta 电位发生变化，脱稳絮凝而趋于沉淀析出，沉淀被水流冲走或排污去除，使水得到净化。

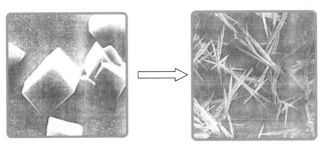

图 8-13　易成垢的方解石晶型和不易结垢的文石晶型

处理后水中产生的活性氧参杂结晶过程，加速胶体脱稳。对于已结垢的系统，活性氧将破坏结垢分子间的电子结合力，改变其晶体结构，使坚硬的老垢变为疏松软垢，使积垢逐渐剥落，乃至成碎片、碎屑脱落，达到除垢的目的。

3. 防腐蚀的工作原理

处理后水中的活性氧在新管壁上生成氧化被膜，起到保护层的作用。水中的活性氧使微生物腐蚀、沉积腐蚀被抑制，处理前后如图 8-14 所示。

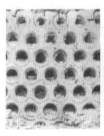

图 8-14　处理前后对比照片

4. 电渗析的工作原理

电渗析使用的半渗透膜是一种离子交换膜。这种离子交换膜按离子的电荷性质可分为阳离子交换膜（阳膜）和阴离子交换膜（阴膜）两种。在电解质水溶液中，阳膜允许阳离子透过而排斥阻挡阴离子，阴膜允许阴离子透过而排斥阻挡阳离子，这就是离子交换膜的选择透过性。在电渗析过程中，离子交换膜不像离子交换树脂那样与水溶液中的某种离子发生交换，而只是对不同电性的离子起到选择性透过作用，即离子交换膜不需再生。电渗析工艺的电极和膜组成的隔室称为极室，其中发生的电化学反应与普通的电极反应相同。阳极室内发生氧化反应，阳极水呈酸性，阳极本身容易被腐蚀。阴极室内发生还原反应，阴极水呈碱性，阴极上容易结垢。

5. 电化学处理装置优化要求

本装置投产后，无需投加药品，并且基本无污水排放，电极板结垢问题可以通过转换极板极性来消除，因此整个装置维护工作量较小，但是除了循环水常规水质监测外，现场需密切关注耗材的使用期限，见表 8-11。

表 8-11　　　　　　　　　设 备 耗 材 列 表

产品名称	规格型号	单位	数量	材质	损坏原因	更换周期
离子交换膜	400×1600	对	250	高分子材料	污染失效	1～2 年
极膜	400×1600	张	2	高分子材料	污染失效	1～2 年
PP 隔板	400×1600	张	502	高分子材料	压差变形	3 年
密封垫圈	400×1600	张	2	橡胶	老化	3 年
电极板	400×1600	张	2	PVC	老化	3～5 年

另外，值得注意的是，本装置使用过程中将产生固体废弃物，生产量约为 5kg/d，其成分主要为碳酸钙、硫酸钙、碳酸镁、硫酸镁等，常规换流站（或变电站）不具备固废处理资质，所以本设备安装调试前，应确定固废处理单位，以避免产生环保问题。

（二）定子冷却水富氧运行

双水内冷调相机定子冷却水系统运行方式一般为贫氧运行，其主要通过减少系统漏气及降低排水来实现。然而，从多个站点的运行数据来看，这些措施并不能满足标准中溶解氧小于 30μg/L 的要求，即定子冷却水无法达到贫氧运行工况。氮气密封只起到稳压的作用，而没有起到隔绝空气的效果，偏离了设计初衷。

为避免发生贫氧状态下的线棒腐蚀，提出采用富氧工况运行。即：将内冷水内部压力与大气相通，减少系统"负压"现象的存在，化学仪表水路取样采用长期开启电磁阀的方式，实现对 pH 值、溶解氧连续监测，水箱与大气直接相连（只隔离 CO_2），也可减少对 pH 值及电导率的影响，定子冷却水量的损失靠除盐水的补入进行补充。

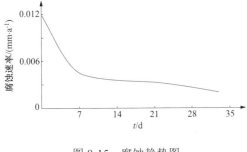

图 8-15　腐蚀趋势图

该方法曾在燃煤发电厂进行了试验验证，腐蚀趋势如图 8-15 所示。

试验初期铜电极表面光亮，腐蚀速率较高，为 0.012mm/a。随着运行时间的延长，铜电极腐蚀速率逐渐降低。经过近一个月的碱性富氧工况运行，铜腐蚀速率降低为 0.002mm/a，且仍有降低的趋势。

因此，针对调相机定子内冷水运行工况，可以进行如下的富氧改造：

（1）在定子水箱上端排气阀加装有效隔离空气中 CO_2 的呼吸装置，以便减少 CO_2 对内冷水 pH 值的影响。

（2）定子冷却水系统在线 pH 表和溶解氧表水样取样阀设置为常开状态，实现对水质的实时在线监测。

根据腐蚀机理，富氧运行工况下，内冷水 pH 值和溶解氧含量是重点关注的运行指标。鉴于在线 pH 表和溶解氧表水样取样阀设置为了常开状态，以实现对水质的实时在线监测，水质指标应严格控制 pH 值在 8.0～9.0、电导率在 0.4～2.0μS/cm。

为确保在线化学仪表的准确性，站内必须定期开展在线化学仪表检验与维护，委托有资质的单位依据 DL/T 677《发电厂在线化学仪表检验》定期开展仪表的比对、检验与校准工作。

而对于运维人员，则应首先关注呼吸装置中 CO_2 吸附剂使用情况，及时更换，降低内冷水中 CO_2 含量；另外，由于铜离子含量是指示铜线棒腐蚀的最佳指标，因此应定期检测定子冷却水中的铜离子含量，确保在 20μg/L 以下。

二、化学仪表校验方法概述

（一）常用仪表的性能特征

（1）电导率表。电解质溶液的电导率是指置于面积为 1cm 的两个平行电极间，且两电极间距 1cm 时电解质的电导。

电导率是用于水系统中监测水纯度的一个最重要参数，它是水中电解质含量的一个灵敏的指示值，它可采用在线仪表连续可靠地跟踪该值的变化，且投资费用不大。应该指出的是，电导率不是水中杂质浓度的含量，因而必要时还需要用专门的监测方法来确定电导率值所表示的杂质种类。

（2）pH 表。pH 表是实验室中常用仪器。pH 值的测定是以玻璃电极作指示电极、甘汞电极作参比电极，以 pH 值标准缓冲溶液定位来测定水样的 pH 值。

（3）溶氧表。溶解氧是品质的一个重要指标，是水处理中应用较多的一种在线仪表。主要用以监测各种水体的溶氧含量，这对监督设备是否渗漏、热力设备是否腐蚀都有重要意义。

一般实验室测定水中溶解氧按 GB/T 12157《工业循环冷却水和锅炉用水中溶解氧的测定》进行，即在 pH 值为 9 的介质中，靛蓝二磺酸钠被多孔银粒和锌粒组成的原电池电解，形成还原型黄色物质，当与水中溶解氧相遇又被氧化成氧化型蓝色物质，其色泽深浅与水中溶氧含量有关，故可以用比色法测定水中溶氧含量。

一般调相机配备的主要化学仪表为以上三类。其他诸如 ORP 表、在线 SDI 表等调教较为复杂，大多由专业机构完成，因此并不在本书中赘述。

根据近些年调相机的运行经验，在线仪表不在于求全求多，而是要以其作用与效果作为评价的主要依据。另一方面，在线仪表首先要用于关键部位，控制关键指标。普遍认为应用最多，作用最大的为电导率表（包括氢交换电导率表），其次为 pH 表。有效的利用表计运行状态来梳理调相机健康水平，是运维人员必备技能，只有这样，才能对事故隐患防患于未然，保证调相机的安全经济运行。

（二）常用仪表的校验方法概述

1. 在线电导率表校验影响因素

在线电导率表由电导率变送器（二次仪表）和电导率传感器组成，如图 8-16 所示。电导率传感器包括电导电极、温度测量传感器或者补偿器，并将安装在一个流动、密封的流通池中。

（1）温度补偿的影响。温度会直接影响溶液中电解质的电离度、溶解度、离子迁移速率等，从而影响溶液的电导率，并且温度对溶液中各种离子的影响程度是不一样的，表现在电导率测量时，各种离子的温度系数也是互不相同的。因此，溶液的电导率温度系数并不是一个常数，而是随离子种类、温度范围以及离子浓度的不同而变化的。电导率随温度变化而变化，为了统一，国际上公认 25℃作为测量电导率的基准温度。当水温偏离 25℃时，就要进行温度补偿，补偿到 25℃的电导率。

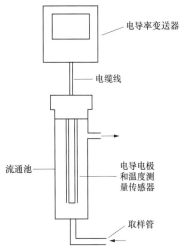

图 8-16　在线电导率表结构示意图

（2）电极常数的影响。电导率电极在出厂时，厂家会对电极常数进行标定，因此每支电导率电极都会标识电极常数，在使用时，必须设置电导率变送器上的电极常数值与电极本身的电极常数标识值一致。目前，很多仪表维护人员没有对在线电导率表电极常数进行正确设置，使电导率变送器设置的电极常数与电导率电极标识的电极常数不一致，产生测量误差。因此，在日常维护过程中，应检查电导率变送器上电极常数的设置值，使设置值和电导电极的标识值一致。

（3）二次仪表误差。溶液电导率测量的基本原理是测量溶液电阻，为了消除极化电阻、微分电容和分布电容的影响，一些仪表采用了相敏检波法、双脉冲法、动态脉冲法和交流频率法等方法减少电导率测量中的极化效应、电容效应的影响。为了检验在线电导率表消除极化效应、电容效应的影响，二次仪表引用误差，应采用下述的方法进行检验：

1）对于测量电导率值大于 0.30μS/cm 的电导率表，采用标准交流电阻箱作为电导率标准输入信号进行检验。用精度优于 0.1 级的标准交流电阻箱和标准直流电阻箱，分别模拟溶液等效电阻 R_8 和温度电阻 R_t，作为检验的模拟信号。调节模拟温度电阻 R_8，使仪表显示的温度为 25℃。将被检仪表的电导池常数设为 1（或 0.1），等效电路如图 8-17（a）所示。

2）对于测量电导率值不大于 0.30μS/cm 的电导率表，应根据使用说明，采用合适的模拟电路作为电导率标准输入信号进行检验。等效电路如图 8-17（b）所示。

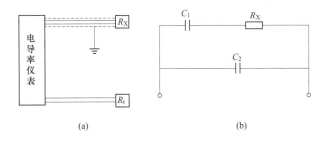

（a）　　　　　　　　　　　　（b）

图 8-17　电导率表等效电路图

（a）电导率值大于 0.30μS/cm；（b）电导率值小于 0.30μS/cm

（4）水中气体的影响。如果水样中含有溶解的气体，应保持足够高的取样流速，以免气体在流通池中析出和积累，造成电导率测量值偏低，取样管不严密，水样在管道内流动形成负压，将空气吸入取样管中，形成气泡，造成电导率测量值不稳定，为了避免此类问题，应保证取样系统严密性。

（5）温度测量误差。温度测量是在线电导表进行准确温度补偿、准确测量电导率的基础，一旦温度测量不准确，将会造成很大的测量误差，为了检验在线电导率表是否存在温度测量误差，可以通过以下方法进行检验和校准：将被检电导率表的电导电极和温度测量传感器与标准温度计放入同一水溶液中，待被检表读数稳定后，同时读取被检表温度示值和标准温度计示值。如果温度示值误差超过±0.2℃，调整被检电导率表，使仪表显示温度与标准温度计测量值一致。

（6）其他干扰。pH传感器中的参比电极会渗出少量离子，影响纯水的电导率，因而不能将电导传感器安装在pH传感器的下游。应采用专用取样管线，或者将电导传感器安装在pH传感器的上游。

过长的电极电缆线，会导致导线分布电容增加，建议不要使用过长的电极电缆线。

2．在线pH表校验注意事项

调相机水系统测量pH值的水样电导率一般低于100μS/cm，pH值为3～11。测量此类低电导率水样的在线pH表一般由测量传感器（包括pH玻璃电极与参比电极、温度传感器及流通池）、取样管路系统及变送器（二次仪表）构成，如图8-18所示。

在线pH表的测量电极一般是带温度传感器的复合电极或是将pH玻璃电极与参比电极（带温度传感器）放置在流通池中进行在线连续测量。这要求pH玻璃电极内阻小，适合低电导率水的连续测量；参比电极则无需补充电解液，保证内充液扩散，并能防止由于扩散造成电极内充电解液严重稀释。

校验方面，在线pH表分为检查性校准和准确性校准。

（1）检查性校准。检查性校准适用于新购在线pH表的初次使用，或者更换电极后的首次使用。由于pH测量传感器受流动电位、液接电位、温度补偿等在线因素和纯水因索的影响，检查性校准后的

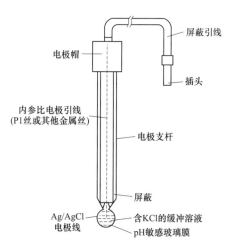

图8-18　在线pH表结构示意图

在线pH表，并不能保证测量低电导率水样pH值的准确性。

（2）准确性校准。准确性校准的目的是保证在线pH仪表测量准确。准确性校准时，在线pH仪表处于正常监测状态，所有可能使仪表测量出现误差的因素都存在。因此，准确性校准合格的在线pH仪表，一定时间内，pH值测量误差小于±0.05（符合DL/T 677

《发电厂在线化学仪表检验规程》标准规定）。

对于连续运行的在线 pH 表，应每月进行一次准确性校准；如果发现在线 pH 表测量异常，应立即进行准确性校准。新购置的在线 pH 表，或者更换电极的在线 pH 表，在完成检查性校准后，应立即进行准确性校准。

3. 在线溶解氧表校验注意事项

（1）校准前的准备。温度补偿：由于氧的溶解度的温度系数高，所以必须确保温度测量精度达到 ±1℃。有些仪器在安装后需要对温度补偿电路进行校验。以补偿导线电阻零点调整：将探头浸入亚硫酸钠溶液中几小时后，读数应在 0～4μg/L，将仪器调零。

（2）空气校准。空气校准使用空气，在一定大气压及温度下，空气中的氧浓度为一定值，以此校准溶解氧表。在空气校准时，应根据当地的大气压进行压力修正，以确保得到准确的氧分压。

对于扩散型传感器，进行空气校准时必须使电极表面膜无水，以免水滴影响氧的扩散速来，但必须将探头置于湿度大于 98% 的空气中，以免膜干燥受损；待仪器读数稳定后进行校正调节。

对于平衡型传感器，进行空气标定时，可以将探头置于湿度大于 98% 的空气中（以免膜干燥受损）5min 以上；也可以把电极放入装满水的容器中，向水中鼓气 15min 以上，使水中溶解氧浓度达到饱和，待仪器读数稳定后进行校正调节。

目前，许多在线溶氧表采用空气校准的方法进行校准，该方法有使用简单的特点。但是应注意的是空气校准时对应水中的饱和溶解氧浓度为 8000μg/L 左右，当实际使用时溶解氧浓度一般为 30μg/L 以下，相差 2～3 个数量级，空气校准后并不一定能保证低浓度测量的准确性。

【案例 8-4】某发电厂对 2 号机组凝结水溶解氧表进行校正时发现，在空气校准时，传感器的响应斜率为 10～11nA/（μg/LO$_2$），但是当测量低浓度溶解氧的水样时，传感器的响应斜率降低到约为 1nA/（μg/LO$_2$），测量结果误差很大，因此，在空气中校准后并不一定能够保证测量低浓度氧的准确性。

（3）电解校准。电解校准溶解氧表是保证测量低浓度溶解氧准确性的最有效的校准方法之一，也是常用的仪表校准方法之一。但实际应用情况却是许多采用电解校准的溶解氧表测量准确性较差，甚至出现测量误差很大的情况。分析其原因主要是校准过程中水样的溶解氧基底浓度较大并且波动太大，还有电解池电解效率发生变化。

电解校准的原理是在传感器前串接一个电解池，电解校准时给电解池施加一定的电解电流，电解池相应地以某一确定的速度电解出氧气，此时，控制流过电解池的水样流速一定，则由电解池产生的氧使进入测量传感器的水样溶解氧浓度增加一个确定的值。此时如果溶氧表的测量值增量与应该增加的值不符，仪器内置程序自动计算，进行校准。

但是，如果由于传感器前管路系统有漏气或基底溶解氧浓度波动较大，造成水样溶解氧浓度较高并且波动较大，此时电解校正，电解氧增量与水样溶解氧变化叠加，仪器内置程序自动计算进行校准，将给出错误的校准结果，有时甚至出现负值。

另外，电解池使用一段时间后，电解效率会发生降低。例如，设定 $10\mu g/L$ 氧增量，但是由于电解效率降低而实际产生 $8\mu g/L$ 氧增量，校准时在线溶解氧表将实际的 $8\mu g/L$ 校准成 $10\mu g/L$，导致校准值后的测量值比真实值偏高。由于电解法校准在线溶解氧表存在上述问题，所以很多国际标准并不推荐采用该方法。

（4）采用标准溶解氧表过程校准。从上面的分析看出，在线溶解氧表采用空气校准法，不一定能保证低浓度测量时的准确性；采用电解校准法受水样基底波动或是电解效率变化影响，也不一定能够保证实际在线测量时准确。为了彻底解决上述问题，对在线溶解氧表进行空气校准的前提下，应采用标准溶解氧表测量值为标准值，对在线溶解氧表进行过程校准，即让标准溶解氧表和在线溶解氧表同时测量同一水样，待测量值均稳定后，根据标准溶解氧表测量的标准值对在线溶解氧表进行过程校准。

为了确保过程校准准确，标准溶解氧表必须采用低浓度溶解氧标准水样进行整机引用误差检验，并合格。

（5）其他注意事项：

1）温度补偿。仪表的读数是经过温度补偿的。补偿一般有如下几个方面：氧在水中的溶解度、电化学电池输出、必要时补偿氧通过膜的扩散速率。在进行空气校准时，必须将仪器温度补偿中的氧在水中的溶解度部分取消，使之仅对氧分压响应。

2）当仪器外部与接地装置连接时，仪器的电输出信号必须与传感器测量回路和大地隔绝，以避免大地回路问题。

3）对于扩散型传感器，必须根据制造厂的推荐进行清洗，清洗周期取决于水样情况和测量准确度。平衡型传感器不必进行清洗，除非膜表面污染太严重，增加了响应时间或者有微生物繁殖。

4）取样材料不能使用铜，原因是铜能氧化并消耗氧；也不能使用塑料或橡胶，原因是这些材料有透气性。

5）应保持连续稳定的流速，以保持取样管线与水样之间的平衡。

6）测量程序：仪器安装好后，如果管路可能存在杂物，应先通过排污系统排放，以免杂物在探头或流通池沉积。对于连续取样测量，流速应调至 $200mL/min$。

第九章

环境保护技术监督

第一节 环境保护技术监督概述

一、环境保护技术监督的定义

环境保护技术监督是运用科学技术手段及管理方法，依据国家法律、标准，对调相机所涉及的环境保护问题进行监察和督促，以质量为中心，标准为依据，检验和计量为手段，来规范污染物的排放，监控调相机的运行状态，确保调相机运行的环境保护安全。

二、环境保护技术监督的任务

环境保护技术监督应积极贯彻国家有关环境保护法规，依据相关标准建立健全环境保护技术监督的规章制度，利用先进的检测手段和管理方法保证技术监督工作的顺利开展，必要时加强对技术监督工作的考核，通过分析问题、提出整改建议、监督执行过程来提升环境保护技术监督工作的质效。

环境保护技术监督的具体任务如下：

（1）组织编制技术监督计划，明确技术监督工作中的职责范围，确定考核目标。

（2）按照计划对包括雨水、废水、废油、废电池、噪声等环境保护因素进行技术监督，同时做好技术监督痕迹化管理，整理分析工作材料，建立技术监督专档。

（3）分析研究技术监督工作中的不足和问题，总结经验对策。

（4）技术监督工作以技术报告的形式进行总结和上报，发现问题及时发布通告。

（5）如有必要，则应对技术监督工作中发现的整改问题进行跟踪监督，检查整改落实情况，制定整改落实情况报告，保证技术监督工作形成的闭环管理。

三、环境保护技术监督的范围

调相机属于转动机械设备，运行时本体以及分系统机械设备均会带来各种机械噪声。调相机长期运行中也会产生废油、废水、废电池等。受设备所处的地理位置和运行方式限制，环境保护技术监督工作应依托换流站/变电站现有环境保护基础，着力加强对于自身环境影响因子的识别和控制，从而减少环境危害因素的产生。具体的监督范围应包括调相机全寿命周期的噪声、废水、废油、固体废物等的排放过程以及水土保持。

四、环境保护技术监督的目的

环境保护技术监督工作目的是及时监督并反馈调相机全过程中对国家、行业及国家电网有限公司有关环境保护技术标准的执行情况，预防设备环境保护事故的发生，避免可能存在的环境保护风险。

五、环境保护技术监督的依据

（一）一般原则

根据国家、行业及国家电网有限公司相应标准、规定及反事故措施等要求，调相机环境保护技术监督工作应以安全和质量为中心，以标准为依据，以有效的测试和管理为手段，结合新技术、新设备、新工艺应用情况，动态开展工作，防止各类事故的发生。

（二）环境保护技术监督依据的标准

环境保护技术监督必备的标准如表 9-1 所示，应查询、使用最新版本。

表 9-1　　　　　　　　环境保护技术监督必备法律法规和标准规范

序号	标准号	标准名称
1	—	中华人民共和国环境保护法
2	—	中华人民共和国水污染防治法
3	—	中华人民共和国水土保持法
4	—	中华人民共和国噪声污染防治法
5	—	中华人民共和国固体废物污染环境防治法
6	—	中华人民共和国环境影响评价法
7	中华人民共和国环境保护部令第 44 号	建设项目环境影响评价分类管理名录
8	国家卫生健康委令〔2021〕第 5 号	工作场所职业卫生管理规定
9	中华人民共和国住房和城乡建设部令第 21 号	城镇污水排入排水管网许可管理办法
10	国家安监总局〔2012〕第 48 号令	职业病危害项目申报办法
11	国能发安全〔2023〕22 号	国家能源局关于印发《防止电力生产事故的二十五项重点要求（2023 版）》的通知
12	GB/T 2888	风机和罗茨鼓风机噪声测量方法
13	GB 3096	声环境质量标准
14	GB 3838	地表水环境质量标准

序号	标准号	标准名称
15	GB/T 7441	汽轮机及被驱动机械发出的空间噪声的测量
16	GB 8978	污水综合排放标准
17	GB 18597	危险废物贮存污染控制标准
18	GB 12348	工业企业厂界环境噪声排放标准
19	GB/T 29529	泵的噪声测量与评价方法
20	GB/T 31962	污水排入城镇下水道水质标准
21	GB 50433	生产建设项目水土保持技术标准
22	DL/T 799	电力行业劳动环境监测技术规范
23	DL/T 1050	电力环境保护技术监督导则
24	DL/T 1518	变电站噪声控制技术导则
25	SL 640	输变电项目水土保持技术规范
26	HJ 519	废铅蓄电池处理污染控制技术规范
27	Q/GDW 10799.7	国家电网有限公司电力安全工作规程 第7部分：调相机部分
28	国家电网企管〔2019〕557号	《国家电网有限公司电网废弃物环境无害化处置监督管理办法》
29	科环〔2013〕85号	《变电站（换流站）噪声防治技术指导意见》
30	国网（科3）643—2019号	《国家电网有限公司电网建设项目水土保持管理办法》
31	国家电网设备〔2021〕416号	国家电网有限公司关于印发防止调相机事故措施及释义的通知
32	—	国家电网有限公司全过程技术监督精益化实施细则（修订版）

第二节 环境保护技术监督执行资料

一、环境保护技术监督必备的档案

环境保护技术监督的档案及记录宜参考表 9-2。

表 9-2 环境保护技术监督必备的档案及记录

序号	名称	说明
1	工程可研文件	工程可行性研究报告及批复文件、水土保持方案及批复文件、环境影响评价报告及批复文件等电子文档
2	项目初设文件	初步设计环境保护专篇（专章）、站区室外上下水道总平面布置图，环境保护设施（生活污水、事故排油、雨水排水）安装图（竣工图）等电子文档
3	施工过程资料	施工环境管理方案、环境污染事件现场应急处置方案、施工过程中的环境保护设施隐蔽工程、监理工作日志监理通知单、旁站记录、管道通球试验、池体充水试验等电子文档

序号	名称	说明
4	竣工存档资料	工程环境保护设施竣工图纸、环境保护施工总结报告及施工监理环境保护专篇完整齐全、生活污水、事故排油、雨水排水管道走向图、保设施调试验收试验合格报告
5	运行期间资料	环境保护设施运行管理制度（运行检修规程）、环境保护试验资料、设备台账、运行维护记录等
6	人员资质	电力行业专业技术监督（环境保护）岗位培训合格证
7	其他资料	废物回收处理或循环利用记录，数量，交接登记、危险废物回收单位的相关协议，废物转移运输的危险废物转移联单

二、环境保护技术监督报表

环境保护技术监督报表宜与换流站/变电站合并，由运维单位人员编写、填报，专责工程师审核，站长或副站长批准。报表和报告应按月、年为统计期，在规定时间内上报上级主管部门和技术监督单位。环境保护技术监督技术应监督的具体项目见表 9-3，缺陷情况统计表见表 9-4。

表 9-3 环境保护监督项目完成情况统计表

序号	设备名称	检测项目	计划应检件数	已检设备		检出设备缺陷		消除缺陷	
				件数	占应试件数（%）	件数	占应试件数（%）	件数	占应试件数（%）
1	废水处理系统	废水池液位							
		废水出水水质							
		运行情况							
2	固体废物处置	蓄电池处置							
		废旧电缆处置							
		废油处置							
3	噪声情况	噪声检测							
4	事故排油设备	运行情况检查							
5	雨水排放设备	运行情况检查							
	合计								

表 9-4 环境保护专业缺陷情况统计表

序号	设备名称	缺陷情况	检查情况	缺陷分析	已消除日期	拟消除日期及措施
1						
2						
3						
4						
5						

除了常规的报表，在设备进行环境保护测试时，检测报告，具体内容可如本章第四节。

三、环境保护技术监督考核评价

根据国家电网有限公司技术监督管理规定，制定调相机技术监督实施细则，监督内容应涵盖规划可研、工程设计、采购制造、运输安装、调试验收、运维检修、退役报废等全过程，认真检查国家电网有限公司有关技术标准和预防设备事故措施在各阶段的执行落实情况，分析评价调相机环境保护实施状况。

第三节　环境保护技术监督重点内容

调相机环境保护技术监督应涵盖规划可研、工程设计、设备制造、设备安装、设备调试、竣工验收、运维检修、退役报废等全过程，现对调相机环境保护全过程技术监督中应重点关注的内容进行详细介绍。

一、防止废水超标外排

（一）地面水环境质量监督依据和相关要求

废水排放标准是污染物排放主体所要求的各项水质指标应达到的最低限值。为了保障人类生活、生产使用后的污水进入水体前的水质安全，必须对排入水体的污染物种类和数量进行严格控制，排放口应按环境保护要求设置在线监测仪表，并按规定进行检定，见表 9-5。

表 9-5　　　　　　　　外排废水所必要进行的监督（包括但不限于）

周期	监督项目和限值				监督依据
每季度	序号	项目	限值		GB 3838《地面水环境质量标准》
	1	pH 值	6～9		
	2	COD（mg/L）	I 类	≤15	
			II 类	≤15	
			III 类	≤20	
			IV 类	≤30	
			V 类	≤40	
	3	BOD$_5$（mg/L）	I 类	≤3	
			II 类	≤3	
			III 类	≤4	

周期	监督项目和限值				监督依据
每季度	3	BOD₅（mg/L）	IV 类	≤6	GB 3838《地面水环境质量标准》
			V 类	≤10	
	4	石油类（mg/L）	I 类	≤0.05	
			II 类	≤0.05	
			III 类	≤0.05	
			IV 类	≤0.5	
			V 类	≤1.0	

废水排放同时应满足 GB 8978《污水综合排放标准》和地方标准的规定；废水直接排入城市管网的站点应进行排水量监测，其他项目可根据污染权重选做。

（二）防止废水超标外排的技术措施

（1）生活污水处理装置应设置在线监测设备，监控其运行状态。正常运行过程中，应建立环境保护设施运行管理制度（运行检修规程）、设备台账、运行维护记录等制度、台账。运维人员应根据工作计划要求，定期进行环境保护设施维护、试验及轮换工作，发现问题及时处理。

（2）生产废水为循环水系统的排水，应与换流站/变电站的生产废水一同处理后，根据当地环保要求排放。换流站/变电站建设地理位置远离中心城区，如果缺乏市政污水管网的支持，废水外排前必须经过处理，如增加一体化污水处理设备，使其达到相应的环境保护要求，一体化污水处理设备如图 9-1 所示。

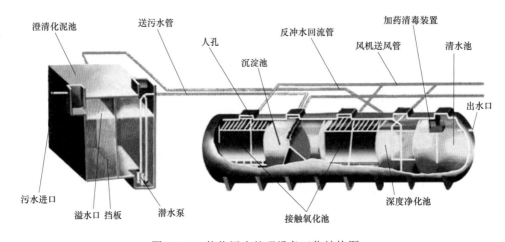

图 9-1 一体化污水处理设备工作结构图

（3）站内不宜使用单一废水收集装置将不同污染程度的废水进行混合，宜设置调相机专用的废水集中收集装置，使外排废水分类明确以便重复使用，同时减小废水处理难度。

（4）有条件的站点也可以设置疏导管道，必要时将调相机冷却系统的外排废水导入换流站/变电站主体工程污水处理系统，避免调相机外排废水未经处理排放，如图9-2所示。

图 9-2　换流站/变电站公共污排水通道

而对于混入雨水的排放系统，宜定期对水质进行取样检测，确保外排水符合当地的环保要求。

（5）调相机投运前应针对除盐水、内冷水等可能产生废水的系统进行严格的环境保护专项验收，确保其运行中不发生渗漏和其他环境保护事故。

图 9-3　设备调试和验收

（6）冷却系统运行中，应保持内、外冷水按照既定设计稳定运行，使用在线监测等手段实时监控循环水质，在保证水质合格的前提下，延长补水间隔从而降低耗水量，并减少废水外排。

（7）应通过调整机组运行工况来减少化学药品的使用量，从而减少有害物质向外界环境的扩散。

（8）宜设置专用的药品储藏间或与换流站/变电站共用储藏间，用于存放 15～30 天的常用药剂。药品储藏间设计时除考虑药剂消耗量外，库容大小还与工厂所在地的运输条件有关。如地处偏僻、交通不便的一些工厂，药剂仓库又远离车站或码头，药剂经由火车、轮船、汽车等多次转运才能人库，如果库容量过小,不但运输成本增加，而且偶有交通运输不畅，还会发生供药中断，对水系统生产运行极为不利。贮存量还应考虑药剂市场的供应情况。

二、防止废油的超标外排

调相机废油是有毒有害物质，直接弃之不管或者处理不当都将给环境带来巨大的危害。同样，机组的含油废水也应经过严格的处理，将含油量降低至标准限值，从而满足对环境的友好。

（一）调相机废油的来源

废油包括劣化的液体质废油和半固体的油泥，它们形态不同，但都应作为废油归类。

调相机润滑油一般使用含有添加剂的矿物质润滑油，其参数指标在调相机正常运行过程中会逐渐劣化。当润滑油的主要参数指标发生大幅度下降，通过过滤、补油、增加添加剂等手段亦不能满足机组对油质要求时，需要对润滑油进行整体更换，此时将产生大量废油。

在调相机正常运行期间，辅机用油可能会早于本体用油提前劣化，也会产生废油。

与此同时，非正常情况下的润滑油泄漏，将导致润滑油向环境中扩散（如图 9-4 所示），形成废油，如果没有事先准备环境保护应急预案，这些废油长期暴露在环境中，将对环境和人体健康造成持久伤害。

另外，调相机检修时所使用的有机溶剂类工具，在进行如油箱、本体等部位的清洁后，混有润滑油的污浊液体也可是废油的一种表现形式。

图 9-4　漏油导致的地面油渍浸润

（二）限制废油的渗漏

调相机润滑系统设备点多，连接管路长、阀门多、接头多，渗漏点多，渗漏的风险较大。润滑油的渗漏事件发生进程如果较慢，则不易被发现，清理工作需要花费较多的人力、物力和时间，如果没有停机条件，处理起来则比较复杂。在调相机投运后，应当投入一定数量的专用废油桶作为收漏容器。

废油桶应该使用钢制，这种油桶在石油行业应用广泛，是一种标准的危险货物包装运输容器，可分为两类共四种型式，见表9-6，每种类型壁厚见表9-7。

表9-6   钢 制 油 桶 分 类

类别	型式
闭口钢桶	小开口钢桶
	中开口钢桶
全开口钢桶	直开口钢桶
	开口缩颈钢桶

表9-7   钢 制 油 桶 厚 度 分 类   厚度单位：mm

公称容量（L）	重型桶	中型桶	次中型桶		轻型桶
			桶身	桶顶/底	
208	1.5	1.2	1.0	1.2	0.8~1.0
200					
100	1.2	1.0	0.8	1.0	0.6~0.8
80					
63	1.0	0.8	—	—	0.5~0.6
50			0.6	0.8	
45	0.8	0.6	—	—	
35	0.6	0.5	—	—	0.3~0.4

钢制油桶在移动中应避免撞、摔、滚，不宜长期存放于潮湿、腐蚀和露天环境中；存有废油的钢桶尽量避免堆叠码放；钢制油桶应在保质期内使用。

当油桶发生泄漏或者腐蚀老化后，应作为危废，指定有资质的危废处理单位对油桶进行回收处理，严禁随意丢弃。油桶仓储的码放示例如图9-5所示。

图9-5　油桶仓储的码放示例

（三）做好事故排油系统投产前监督

1. 事故排油系统工作原理

事故油池是变压器故障或火灾时储存排油的主要构筑物。事故发生时，变压器油由主变的排油阀门进入其下方的事故油坑，再通过油坑下方的排油管道进入事故油池。其工艺系统图如图9-6所示。

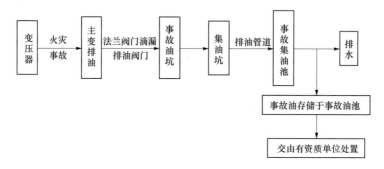

图 9-6　事故排油系统图

换流站/变电站设计时已考虑事故油池，但由于调相机区域距离站内事故油池较远，一般工程建设时会同步建设调相机区域事故排油系统。

事故排油系统内部结构图如图9-7所示。

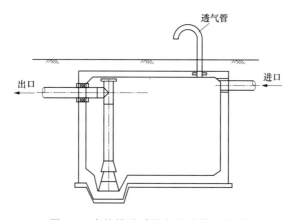

图 9-7　事故排油系统内部结构示意图

事故排油系统主要由排油管道、排水管道、通气管、入孔、油池等组成。在排油过程中，主要利用油的比重比水轻和油水不相容的性质，当油水混合物从进口进入油池，由于水的比重大于油且油不溶于水，通过在油池中静置，油上浮到水的上方，当液面高于出口位置时，油会首先从出口排出，从而实现油水分离。

2. 事故排油系统技术监督要点

通过以上分析可知，事故排油系统的容量、进出口标高和预充水位是关系到事故油池油水分离功能的重要参数。而这些参数在事故排油系统设计、建造过程中均已确定，显然对事故排油系统的技术监督更应该着眼于投产前的设计和建造过程。具体应应涉及如下几个方面：

（1）单池油与水分离路径不宜过短，否则油水在流动中容易造成掺和，在未完全分离的情况下油会随水流出池外而污染环境。

（2）进液口和排液口高差不宜过小，以避免进油管内油压力过小，阻碍事故时的排油速度。

（3）油池顶部应设计有排空装置，避免气体聚集，存在爆炸隐患。

（4）事故排油系统应具备有效的防渗措施。

（5）事故油池容量设计应充分考虑雨季对事故排油系统的影响。在无降雨条件下发生事故时，事故油池能够有效储存故障或火灾发生后排入的事故油；而当事故发生在暴雨季时，要充分考虑雨季对事故排油系统的影响，避免暴雨时占用事故油储存空间造成泄漏风险。

除此之外，在站内常规运行过程中，运维人员应动态调整巡视周期，及时检查油池中是否有雨水积存，防止当事故发生时，事故油池不能很好起到排油作用。

三、做好其他退役物资的管理

（一）废铅蓄电池

废铅蓄电池属危险废物，拆除前应进行外观检查，破损或漏液电池的电解液应从电池中倒出并单独收集管理，收集容器应具有防腐功能，并张贴"腐蚀性物质"的标准标志。收集容器进行转移、运输和贮存时必须做好个人防护，工作现场应配备必要的应急水源，时刻遵守国家消防、危险品的安全规定。

拆除后的废铅蓄电池应直立放置，采取措施防止发生爆炸，其包装物（容器）或本体应按规范粘贴危险废弃物标签。收集作业区域应设置作业界限标志和警示牌，进行内部转运时，应遵守国家有关危险废物运输规定，防止运输过程中有毒有害物质泄漏造成污染。

（二）废锂离子电池（如有）

锂离子电池报废后，应保护其化学成分的稳定性，不应使其暴露在周边环境中，以免造成潜在的环境污染。通常情况下，锂离子电池存在的环境危害因子见表9-8。

表 9-8　　　　　　　锂离子电池中化学成分及潜在环境污染因素

类别	常用材料	潜在环境污染
正极材料	$LiCoO_2$、$LiMn_2O_4$、$LiNiO_2$	重金属、Co、Ni、Mn 为强致癌物，有毒物质、改变环境pH 值

类别	常用材料	潜在环境污染
负极材料	$LiPF_6$、$LiBF_4$、$LiAsF_6$	改变环境 pH 值、氟污染
电解质溶液	EC、PC、DC	难降解、有毒性，燃烧后产生温室气体
隔膜材料	PP、PE	难降解
粘合剂类	PVDF、VDF、EPD	氟污染、难降解

由于锂离子电池的种类繁多，不同种类的锂离子电池化学成分各异，所含环境危害因素也不同，无法一概而论。因此，废旧锂离子电池的回收工作重在通过规范化的管理，将锂离子电池的经济效益最大化，同时规避由于电池报废带来的次生环境污染风险。

废锂离子电池在收集前应进行充分放电，进行外观检视，破损、漏液或膨胀的电池应单独收集。禁止露天存放，暂存场所应相对独立，不得直接堆放在地面上，应放在专门的电池架或者与地面有一定距离的具有绝缘功能的承重板上，并保持一定的通风散热间距。

（三）废滤料

废滤料一般为水处理设备上更换下来的废旧物品，包括超滤，反渗透和保安过滤器滤芯、离子交换膜以及离子交换树脂等。这些物资通常是不能直接丢弃的，工业上通常的处理方法主要包括回收利用、再生利用和安全处理。而对于调相机站来说，一般不具备处理该类物资的能力。因此，站内在计划对水处理滤料更换时，应首先确定废旧滤料的处理单位，由专业公司完成处理。为了便于操作，站内亦可通过签订补充条款的方式，与新滤料提供商签订废水处理滤料的处理补充协议，疏导环保责任，避免给站内带来环保风险。

（四）配套设施

配套设施符合 GB 18597《危险废物贮存污染控制标准》相关要求的危险废物贮存设施，并分类收集。委托有危废处理资质的单位转运和处理。按照规定填报转移联单。

第四节　噪声检测及水土保持监测

对于调相机来说，建设和运行过程中可能进行的检测试验主要有噪声测试和水土保持监控，因此本节重点对这两个方面的技术监督进行论述。

一、噪声检测

（一）噪声来源

调相机的噪声主要是调相机本体运转时产生的噪声以及附属设备的机械噪声，如：

冷却塔的噪声、循环水泵的噪声、冷却风机的噪声。

（1）调相机房

调相机房区域噪声来源于调相机本体振动、液体管路流体噪声、泵、通风装置、辅助设备等，其厂房低频噪声为主要噪声来源，厂房内噪声声级高，可通过墙体、门窗、房顶、地面等部位辐射，并在厂房内一些位置驻波，增强噪声向外辐射能量。

（2）冷却塔

外冷水系统噪声来源于冷却塔的淋水噪声、水泵噪声、输水管道流体噪声、阀门在流体压变环境下的振动噪声，其中最直观的噪声是冷却塔的淋水噪声。

淋水噪声产生于淋水冲击冷却塔结构面和底部时发出的声能，这种噪声的频谱呈宽频特征，与水滴大小和溅落速度关系密切，给定大小的水滴，其溅落速度每增加一倍时，声级增加 13 到 17dB；另外，水滴中的气泡体积发生不规律的脉动，其频谱一般在 500 至 10000Hz 之间，也可使人耳感觉出尖锐的声音。

（3）电泵和风机

电泵包括水泵和油泵，其噪声主要来自泵本身和管道的谐振、流体运动和撞击等。风机噪声主要由电机本身和空气动力噪声为主，空气动力噪声来源于高速气流、不稳定气流、气流与叶片或阻碍物体之间互相作用。当气流通过各个空气通道的各个部件时就会产生噪声。

（二）检测方法

调相机厂房内部各处声级波动较大，检测时可分成若干区域进行测量，如图 9-8 所示。测试点位的安排包括设备噪声强度测试、控制室噪声强度测试、界区位置噪声强度测试。具体应遵循如下原则。

设备噪声检测　　　　　　　　　　　厂界噪声检测

图 9-8　噪声现场检测

（1）每次测量前、后必须在测量现场进行声学校准，其前后校准的偏差不得大于

0.5dB，否则测量结果无效。测量时宜加防风罩。

（2）测量应在被测声源正常工作时间进行，在测点示意图上标注出声源的位置。

（3）测量点位设在距任一反射面至少 0.5m 以上、距地面 1.2m 高度处，在受噪声影响方向的窗户开启状态下测量。

（4）检测数据原始记录见表 9-9～表 9-11。

表 9-9   调相机噪声测试记录表   测试值单位：dB（A）

测点位置：

编号	第一次	第二次	第三次
1			
2			
3			

测点位置：

编号	第一次	第二次	第三次
1			
2			
3			

检测标准：
（1）GB/T 7441《汽轮机及被驱动机械发出的空间噪声的测量》；
（2）GB/T 29529《泵的噪声测量与评价方法》；
（3）GB/T 2888《风机和罗茨鼓风机噪声测量方法》

表 9-10   环境噪声测试记录表

序号	测点名称	测试时间（s）	测试值（dB（A））			备注
			第 1 次	第 2 次	第 3 次	
1						
2						
3						

检测标准：
（1）GB 12348《工业企业厂界环境噪声排放标准》；
（2）GB 3096《声环境质量标准》

表 9-11   噪声监测数据记录表

序号	测点位置	测量值 dB	标准值 dB	是否超标	昼/夜
1	厂界噪声东 1 或 2 等			是	昼
2	厂界噪声南 2 或 3 等			否	夜
3	厂界噪声西 1 或 3 等				

检测标准：
（1）GB 12348《工业企业厂界环境噪声排放标准》；
（2）GB 3096《声环境质量标准》

（三）噪声治理

通过对噪声源的检测，对调相机相应声学计算和模拟分析，可确定各区域内设备噪声湮灭所需的降噪量和降噪手段。具体降噪手段可分为阻隔和吸收，通过在声传播途径上布置声波阻隔、声波吸收的装置来反射声波，并使声波发生投射或绕行。这样可减小噪声能量至标准限值以下；或者改变噪声声波的传播方向，分散噪声检测位置的声能，使噪声达标。

（四）防止发生噪声的职业危害

针对噪声对运维人员可能带来的职业健康危害，应从如下几个方面进行防护：

（1）加强防护设施的维修、保养、管理，杜绝防护设施异常运行，减少设备磨损及管件松动等异常情况下造成的噪声危害。

（2）加强个人防护用品的管理，从申购、购买、验收到发放等进行层层把关，督促正确使用巡检工作进行中的防护用品，杜绝在巡检高噪声设备场所不佩戴护耳器的现象，减少高噪声设备场所的逗留时间。

（3）在高噪声设备场所显著位置张贴"噪声有害""戴护耳器""注意通风"等警示标识、噪声的职业危害告知卡。

（4）加强职业卫生知识宣传与教育，增强职工的职业卫生防护意识。

（5）认真做好接触职业病危害因素作业人员的上岗前，在岗期间和离岗时的职业健康检查。建立职工健康监护档案。

（6）按照《工作场所职业卫生管理规定》（中华人民共和国国家卫生健康委员会令第5号）的规定，委托有资质的职业卫生服务机构，对站内进行职业病危害控制效果评价。

（7）按照国家安监总局〔2012〕第48号令《职业病危害项目申报办法》进行职业病危害申报，申报后每11个月需进行年度更新。

（8）站内应制定《职业病危害防治责任制度》等12项职业卫生管理制度和岗位职业卫生操作规程。

二、水土保持监测

调相机工程属于大型工程建设，施工过程中必然存在施工扰动活动，包括电站区域设施土建、道路设施的构筑、材料运输移动、铁塔基础施工、导电线的展放等。以上建设活动确定造成的水土流失，必须考虑开展水土保持监测工作，可自行或者委托当地相关单位实施水土保持监测工作。

水土保持监测工作不限于单一手段和方法，它的关注点是对调相机建设项目过程的前、中、后实施全过程的动态监测，为调相机工程的水土保持设施竣工验收和科学评价水土保持防治效果提供依据。调相机的建设不同于一般输变电设施的建设，因此需要采取有针对性的水土保持监测手段和方法。

（1）监测内容。调相机工程的水土保持监测内容与输变电工程项目水土保持监测大致相同，在具体编制监测实施方案和实施水土保持监测时，应根据所在站点的地形、地质特质、施工扰动类型等，细化监测内容和重大变更。

（2）监测方法和频次。根据不同监测内容，选择相应的监测方法，避免随意性、无效性的监测方法。调相机建设工程可参考电站扩建工程的相关经验，选择高效系统的监测手段，首先保证足够的传统地面观测点、固定监测点，在此前提下可使用遥感调查、无人机航测、3D 建模等方法，以提升监测工作效率，并将监测工作尽量数字化留痕，将传统监测方式与先进的监测方式有机结合，确保监测工作的有效性和可延续性。

项目在整个建设期内（包括施工准备期）必须全程实施水土保持监测，对正在实施的水土保持措施建设情况，至少保持每十天监测记录一次；对已经确定发生的水土流失灾害事件要在事件发生后一周内完成检测；对扰动的表面积、水土保持工程措施的挡拦效果至少每月监测一次，遇到特殊天气情况（暴雨、大风等）应及时加强监测；对主体工程建设进度、水土流失影响因子、水土保持植物措施的生长情况应每三个月监测并记录一次，特殊天气情况下要加强监测。

（3）监测重点。应结合调相机土建施工周期，增加重点水土流失影响因子的监测频次，使监测数据实时与动态扰动的情况相反应，结合工程实际编制合理的监测方案，并落实取土场、弃土场使用情况及安全要求，扰动土地及植被压占情况，水土保持措施（含临时防护措施）实施状况（进度、质量、数量）和水土保持责任制见表 9-12 所示。

表 9-12   监 测 重 点

项目类型	点型项目	线型项目
项目设施	施工生产生活区	大型开挖面
	主体工程施工区	土石料临时转运场
	大型开挖面	取土（料）场
	取土（料）场	弃渣场、临时堆渣场
	弃渣场、临时堆渣场	施工道路
	施工道路	集中排水区周边
	集中排水区周边	

（4）重点监测与全面监测相统一。在施工过程中除了对重点区域设置合理定位的监测点外，还应对类似的重点区域的水土流失因子实施监测，并定期开展全面巡查监测，及时发现存在有人为水土流失隐患或危害，并立即反馈至业主或施工单位，及时补足治理措施或修正施工工艺，消除水土流失隐患，避免人为水土流失危害发生。

第十章

金属技术监督

第一节 金属技术监督概述

一、金属技术监督的定义

调相机金属技术监督是通过对调相机设备及部件的检测和评价，确保设备及部件的材质性能、结构强度、防腐性能等满足规范要求，防止其在运行中发生过热、腐蚀、形变、泄露、断裂等引发的设备事故，提高设备的运行可靠性，延长设备的使用寿命。

随着超高压、特高压电网的建成和投运，调相机技术监督引起了人们的广泛重视。近些年，国内一批 300Mvar 容量的调相机相继建设投用，调相机容量的提升带来了系统复杂程度大幅提升，相比原有的小型调相机，现有的机组增加了润滑系统、冷却系统、启停保护系统、热工测控系统等。由于缺乏成体系的大型调相机金属技术监督体系和标准，当前的调相机金属技术监督主要参考常规发电厂金属技术监督标准条款执行，即以DL/T 438《火力发电厂金属技术监督规程》为骨干标准，从选材、设计、制造、基建、安装、运行、检验、维修改造等全寿命周期来对调相机金属技术监督进行规范。但纵观国家电网有限公司内的调相机技术监督情况，100Mvar 及以上容量大型调相机相关金属技术监督标准仍停留在作业指导书、作业方案、企业规范的层面上，且未能形成行业标准体系，大部分金属监督相关标准对参与各方的约束起不到有效作用。给调相机的安装、运行、检修等环节带来了非常不利的局面。标准体系的缺失，不能有效地约束参与各方的技术行为，是调相机建设中产生大量遗留缺陷的客观原因。

二、金属技术监督的任务

金属技术监督任务如下：

（1）开展受监范围内各调相机部件在工程设计、设备采购、设备验收、设备安装、运维检修等全过程中的金属试验检测及监督工作。

（2）对受监范围内设备部件的失效进行调查和原因分析，提出处理对策。

（3）按照相应的技术标准，采用无损检测技术对设备的缺陷及其发展进行检测和评判，并提出相应的技术措施。

（4）组织开展金属技术监督培训考核。

（5）建立健全金属技术监督档案，并进行电子文档管理。

三、金属技术监督的范围

调相机金属技术监督的范围包括调相机本体重要金属部件、辅助系统及调相机相关电气设备的金属材料质量监督及相关焊接工艺监督。金属技术监督的范围具体包括：

（1）调相机本体重要金属部件，包括转子大轴、护环、风冷叶片、轴瓦等部件。

（2）调相机辅助系统，包括调相机冷却系统管道、润滑油系统管道、消防管道及相关冷却器、冷油器和储油箱。

（3）调相机厂房外升压变压器、高压开关、冷却塔不锈钢钢结构等其他设备。

四、金属技术监督的目的

金属技术监督目的是采用先进的诊断技术，做好受监部件在设计、制造、安装和运维中的材料质量、焊缝质量、安全评估等工作。掌握受监部件的性能、缺陷及应力状况，提前采取切实可行的预防措施，保证受监部件的安全运行。金属材料的监督要求，焊接质量的监督要求以及金属技术监督管理要求、评价与考核标准，是调相机金属技术监督工作的基础，也是建立金属技术监督体系的依据。

目前在《国家电网有限公司防止调相机事故措施及释义》等公司调相机相关文件中并未将金属技术监督作为单独的专业类别，而是将调相机相关金属材料的技术要求分布在其他监督类别中。但是随着国家电网有限公司调度管辖范围内变电站或换流站等系统的 100Mvar 及以上的同步调相机投运数量地不断增加，调相机出现了一些新问题、新特征，给安全运行造成了严重影响。故在大型调相机的设计、安装、运维等阶段，急需将调相机金属技术监督作为单独的专业类别进行管控，并在全网调相机扎实开展金属技术监督工作。

五、金属技术监督的规范性引用文件

根据国家、行业及国家电网有限公司相应标准、规定及反事故措施等要求，调相机金属技术监督工作应以安全和质量为中心，以标准为依据，以有效的测试和管理为手段，结合新技术、新设备、新工艺应用情况，动态开展工作，对调相机各类金属部件进行全过程监督，以确保受监部件在良好状态下运行，防止事故的发生。

下列文件对于本监督规程的应用是必不可少的。调相机金属技术监督必备的标准见表 10-1，应查询、使用最新版本。

表 10-1　　　　　　　　　　金属技术监督必备标准

序号	标准号	标准名称
1	国能发安全〔2023〕22 号	国家能源局关于印发《防止电力生产事故的二十五项重点要求（2023版）》的通知
2	GB/T 1173	铸造铝合金
3	GB/T 1220	不锈钢棒
4	GB/T 3098.1	紧固件机械性能　螺栓、螺钉和螺柱
5	GB/T 3098.2	紧固件机械性能　螺母
6	GB/T 3190	变形铝及铝合金化学成分
7	GB/T 8349	金属封闭母线
8	GB/T 11344	无损检测　超声测厚
9	GB/T 16921	金属覆盖层　覆盖层厚度测量 X 射线光谱法
10	GB/T 19866	焊接工艺规程及评定的一般原则
11	GB/T 20801.1	压力管道规范　工业管道　第 1 部分：总则
12	GB/T 20801.5	压力管道规范　工业管道　第 5 部分：检验与试验
13	GB/T 20878	不锈钢和耐热钢　牌号及化学成分
14	GB 50169	电气装置安装工程接地装置施工与规范验收
15	GB 50184	工业金属管道工程施工质量验收规范
16	JB/T 3223	焊接材料质量管理规程
17	TSG Z 6002	特种设备焊接操作人员考核细则
18	DL/T 438	火力发电厂金属技术监督规程
19	DL/T 543	电厂用水处理设备验收导则
20	DL/T 991	电力设备金属光谱分析技术导则
21	DL/T 1423	在役发电机护环超声波检测技术导则
22	DL/T 1424	电网金属技术监督规程
23	DL/T 5072	火力发电厂保温油漆设计规程
24	JB/T 1581	汽轮机、发电机转子和主轴锻件超声波探伤方法
25	JB/T 7030	汽轮发电机 Mn18Cr18N 无磁性护环锻件　技术条件
26	JB/T 8708	300MW～600MW 汽轮发电机无中心孔转子锻件　技术条件
27	JB/T 10326	在役发电机护环超声波检验技术标准
28	JB/T 11028	汽轮发电机集电环锻件　技术条件
29	NB/T 47013.2	承压设备无损检测　第 2 部分：射线检测
30	NB/T 47013.4	承压设备无损检测　第 4 部分：磁粉检测
31	NB/T 47013.5	承压设备无损检测　第 5 部分：渗透检测

序号	标准号	标准名称
32	Q/GDW 11588	快速动态响应同步调相机技术规范
33	Q/GDW 11717	电网设备金属技术监督导则
34	Q/GDW 11937	快速动态响应同步调相机组检修规范
35	国家电网设备〔2021〕416号	国家电网有限公司防止调相机事故措施及释义
36	国家电网设备〔2018〕979号	国家电网有限公司十八项电网重大反事故措施（修订版）及编制说明
37	国家电网有限公司设备技术〔2021〕115号	国网设备部关于印发《2022年电网设备电气性能、金属及土建专项技术监督工作方案》的通知

第二节　金属技术监督执行资料

一、金属技术监督必备的档案及记录

调相机金属技术监督必备的档案及记录见表10-2。

表10-2　　　　　　　　　金属技术监督必备的档案及记录

编号	名　　　称	说明
（1）	原始技术资料档案	
a	设备及部件的设计、制造、安装的原始资料	
b	重要部件的留样档案	
c	质量抽检报告、设计校核报告、出厂验收报告、竣工验收报告等档案	
（2）	在役金属技术监督档案	
a	设备及部件的状态检测与评价报告	
b	设备及部件缺陷检查、处理及改造记录	
c	防腐涂装、焊接、液压压接技术方案及检测记录	
d	失效分析报告	
（3）	管理档案	
a	技术监督组织机构和职责分工文件	
b	技术监督规程、程序、实施细则	
c	技术监督计划、总结等档案	
d	特种作业人员技术管理档案	
	仪器设备档案	

二、金属技术监督报表及总结

金属技术监督项目完成情况统计表见表10-3，受监部件缺陷情况统计表见表10-4。

表 10-3　　　　　　　　　　金属技术监督项目完成情况统计表

序号	设备名称	检测项目	计划应检件数	已检设备		检出设备缺陷		消除缺陷	
				件数	占应检件数（%）	件数	占已检件数（%）	件数	占检出缺陷件数（%）
1	转子大轴								
2	转子轴颈								
3	轴瓦								
4	风扇叶片								
5	通风冷却塔								
6	转子护环								
7	外冷水管道								
8	内冷水管道								
9	油管道								
10	支吊架								
11	定子								
	合计								

表 10-4　　　　　　　　　　受监部件缺陷情况统计表

序号	设备名称	缺陷情况	检查情况	缺陷分析	消缺措施	拟消缺日期
1						
2						
3						
4						
5						

三、金属技术监督考核评价

根据国家电网有限公司技术监督管理规定，制定调相机技术监督实施细则，监督内容应涵盖规划可研、工程设计、采购制造、现场安装、调试验收、运维检修、退役报废等全过程，认真检查国家电网有限公司有关技术标准和预防设备事故措施在各阶段的执行落实情况，分析评价调相机设备健康状况、风险和安全水平。

第三节　金属技术监督重点内容

调相机金属技术监督应涵盖规划可研、工程设计、设备采购、设备制造、设备验收、设备安装、设备调试、竣工验收、运维检修、退役报废等全过程，现对调相机金属全过程技术监督中应重点关注的内容进行详细介绍。

一、材料监督管理

在调相机相关设备设计、制造及验收阶段，所有受监设备（部件）的材料选用或设计应按国家、行业及国家电网有限公司的企业标准执行。金属材料、焊接材料的材质、性能，应符合国家标准和行业标准。受监设备（部件）的材料、备品配件应经质量验收合格，应有合格证或质量保证书，应标明钢号、化学成分、机械性能、金相组织、热处理工艺、无损检测报告等，数据不全应补检。对受监设备（部件）的材料质量有怀疑时，应按有关标准进行抽样复核。个别指标不满足相应标准的规定时，应按相关标准扩大抽样检验比例。受监设备（部件）的各类金属材料、焊接材料、备品配件等，应根据存放地区的自然情况、气候条件、周围环境和存放时间的长短，建立严格的保管制度。做好保管工作，防止变形、变质、腐蚀、损伤。不锈钢应单独存放，严禁与碳钢混放或接触，Cr-Ni 奥氏体钢管应避免存放于含有 Cl⁻ 等卤素离子的环境中。

（一）调相机本体

调相机本体结构包括转子、定子、基座、轴承、空气冷却器等装置。调相机本体监督参考 DL/T 438《火力发电厂金属技术监督规程》中发电机部件监督的内容和《防止电力生产事故的二十五项重点要求（2023 版）》第 10 章：防止发电机及调相机损坏事故的重点要求。

（1）调相机转子锻件满足 JB/T 8708《300MW～600MW 汽轮发电机无中心孔转子锻件　技术条件》要求，材料应满足 DL/T 715《火力发电厂金属材料选用导则》的要求，监督时应查阅质量证明书，质量证明书应包括但不限于以下内容：①锻件图号、材料牌号；②采用的标准号和锻件强度级别号；③熔炼炉号、锻件卡号；④力学性能试验结果；⑤无损检测结果，包括缺陷分布图。转子在运输、存放及大修期间应避免受潮和腐蚀。

（2）转子护环锻件满足 JB/T 7030《汽轮发电机 Mn18Cr18N 无磁性护环锻件　技术条件》要求，为整体合金锻钢，以增强耐腐蚀能力。监督时，应查阅质量证明书，质量证明书应包括但不限于以下内容：①力学性能检验结果；②晶粒度级别；③残余应力检验结果；④应力腐蚀试验结果；⑤无损检测结果，包括缺陷分布图。

（3）转子集电环材质满足 JB/T 11028《汽轮发电机集电环锻件　技术条件》标准要求，应为整体合金锻钢，其硬度大于等于 280HBW，耐磨性好。监督时，应查阅质量证明书，质量证明书应包括但不限于以下内容：①材料牌号；②化学成分分析结果；③力学性能检验结果；④无损检测结果；⑤锻件交货热处理状态。

（4）100Mvar 及以上调相机的转子出水拐角应采用高强度不锈钢材质，以防止转子线圈拐角断裂漏水。

（5）空气冷却器采用铜质穿片式独立水室结构，水室内部应采用防腐防脱落措施，在保证冷却效率的前提下具备足够的机械强度。

（二）主机附属设备

主机附属设备包括在线监测系统、封闭母线、出口高压设备等。本章主要对封闭母线在设备选型、结构、材质、性能等方面做出规范要求。封闭母线应选用全连式、自然冷却离相封闭母线，应配备防潮湿、防凝露装置，应满足 GB/T 8349《金属封闭母线》的规定。

（1）封闭母线主回路、各分支回路导体材质选用 1060 铝，中性点选铜材质。封闭母线主回路、各分支回路及中性点外壳材质均选用 1060 铝。

（2）封闭母线的外壳可采用多点接地方式，外壳短路板处应设可靠接地点。接地导体采用铜材，导体截面不应小于 240mm^2。

（3）封闭母线与设备间的连接，为便于拆卸，应采用螺栓连接，螺栓连接的导体接触面应镀银，镀层厚度为 12～20μm。当导体额定电流不大于 3000A 时，可采用普通的碳素钢紧固件；当导体额定电流大于 3000A，应采用非磁性材料。

（4）当铝和铜等不同金属连接时，接触面应适当处理并采用铜铝过渡连接，以有效防止腐蚀并保证良好的电气接触。

（三）内冷水系统

以国家电网有限公司调度管辖范围内的 300Mvar 级双水内冷同步调相机为例，内冷水系统分为定子内冷水系统及转子内冷水系统。定子内冷水系统是一个采用水箱充氮隔氧方式运行的内冷水密闭式循环系统。采用冷却水通过定子线圈空心导线，将定子线圈损耗产生的热量带出调相机。转子内冷水系统是一个非密闭的内冷水循环系统，内冷水通过转子线圈空心导线，将转子线圈产生的热量带出调相机，用水冷却器带走内冷水从转子线圈吸取的热量。

（1）内冷水系统所有不锈钢材料应采用 304 奥氏体不锈钢，不锈钢须经固溶处理，处于奥氏体光亮状态，避免不锈钢材料生锈造成堵塞。304 奥氏体不锈钢化学成分为：碳，≤0.08%；硅，≤1.00%；锰，≤2.00%；磷，≤0.045%；硫，≤0.030%；镍，8.00%～11.00%；铬，18.00%～20.00%。

（2）内冷水系统管道、法兰和所有的结合面防渗漏垫片，不得使用石棉纸板及抗老化性能差、易被水流冲或影响水质的密封材料，应采用聚四氟乙烯垫片。

（3）定、转子水泵壳体和叶轮、转轴应采用不锈钢材质，泵组底板材质为铸铁。水泵的轴封采用机械密封结构，不应出现漏水现象。

（4）定、转子水冷却器应用 304 奥氏体不锈钢，并采用胀管加氩弧焊结构。

（5）定、转子水箱应为 304 奥氏体不锈钢材质。

（6）定、转子内冷水系统所用过滤器壳体均应为 304 奥氏体不锈钢材质。

（7）所有连接管道和阀门应为 304 奥氏体不锈钢材质。

（8）转子出水支座两侧水挡主体以及外齿环采用铸件，铸件化学成分及力学性能应符合 GB/T 1173《铸造铝合金》中 ZL401 的规定。

（9）应尽可能减少内冷水系统管道接头的数量，条件允许情况下，管道应尽可能在工厂预制、现场组装，尽量减少现场焊接；不锈钢管路的焊接必须采用氩弧焊焊接，焊接前必须开坡口，焊口探伤合格后方能验收。

（四）外冷水系统

（1）应尽可能减少外冷水系统管接头的数量，管道应在工厂预制、现场组装，除外冷水与土建接口处管道外，其他管道不允许现场焊接；此外，容器和管路不得有明显凹陷，焊缝无明显夹渣、疤痕。

（2）管道排气阀、排水阀与无压放水管道之间应设有明显断开点，每个断开点下侧管道均应加装漏斗和滤网，漏斗材质应与管道材质相同。

（3）闭式冷却水应考虑管路设计压力和密封性，主要管路应采用不锈钢材质。

（4）换热盘管应采用连续弯不锈钢换热盘管制管技术，保证盘管内壁的高度清洁及连续弯的高强度，盘管应进行涡流探伤检测，材质为不锈钢 316L，盘管壁厚应不得低于 1.5mm。

（五）除盐水系统

（1）反渗透装置的高压进水管、冲洗水管应采用 304 奥氏体不锈钢。

（2）垫片材质应符合输送介质的耐腐蚀性能；高压部分的密封材料应使用聚四氟乙烯或性能相当的其他材料。

（3）除盐水系统管道焊接质量应符合 DL/T 543《电厂用水处理设备验收导则》的要求，并且应满足 1.5 倍额定压力的水压试验。

（4）反渗透给水泵叶轮和泵体、管道及附件的材料均应采用 316L 不锈钢。

（5）原水、超滤产水、反渗透产水及除盐水箱应采用 304 奥氏体不锈钢材质。

（六）油系统

润滑油系统的主要作用是向调相机各轴承提供润滑油，形成油膜起到润滑效果，同时带走轴承和转子摩擦所产生的热量，并向顶轴油系统及盘车提供油源。

（1）润滑系统油管道宜采用不锈钢材料。

（2）由于塑料垫会与油系统中的润滑油产生化学反应破损、橡皮垫容易老化、石棉纸垫容易破损会产生碎屑进入油系统，造成油质劣化、油管路堵塞。国能发安全〔2023〕

22 号文《防止电力生产事故的二十五项重点要求（2023 版）》规定油系统法兰连接垫片禁止使用塑料垫、橡皮垫（含耐油橡皮垫）和石棉纸垫。油密封制品宜优选用氟硅橡胶材质，低温高海拔地区建议不选用丁晴橡胶材质。

（3）油系统所用管道及附件尽最大可能采用焊接连接，只能在对设备而言必不可少的地方使用法兰及管接头连接。

（4）设备及管道的防腐要求按 DL/T 5072《火力发电厂保温油漆设计规程》执行。

（七）其他部件

本部分主要规范调相机厂房内相关金属设备的材质要求。变压器、避雷针、金具、支柱绝缘子等设备详见换流站或变电站相关金属技术监督标准及规范。

（1）冷却塔不锈钢钢结构需采用经过固溶处理的奥氏体不锈钢。以防止不锈钢钢结构发生晶间腐蚀开裂问题。

（2）户外密闭箱体（操作箱、控制箱、端子箱等）材质选用 06Cr19Ni10 奥氏体不锈钢或耐蚀铝合金，不能使用 2 系或 7 系铝合金。箱体厚度不低于 2mm，双层设计的单层厚度不低于 1mm。

【案例 10-1】某换流站现场检测人员发现 1、2、3 号升压变压器风冷控制柜厚度不合格，现场检测厚度普遍在 1.75mm 左右，低于标准要求的 2mm。

（3）户外表计、阀门、水泵等易受到雨水影响的设备应加装防雨罩。防雨罩材质选用 06Cr19Ni10 奥氏体不锈钢或耐蚀铝合金。

【案例 10-2】某换流站调相机冷却塔自循环水泵表计、电动阀门安装在户外，没有任何遮挡，有可能造成设备进水。后对其加装了防雨罩以防止进水，如图 10-1 所示。

图 10-1　户外水泵及户外表计加装防雨罩

【案例 10-3】某换流站外冷水闸门电机及轨道防雨措施不到位。外冷水闸门电机及轨道为全裸露设计，由于电机轨道中有导电电缆，日晒雨淋后容易造成短路，且闸门和滤网配有吊装装置部分金属部件已出现锈蚀情况。运维人员在外冷水闸门电机及轨道上方增设防雨顶棚，如图 10-2 所示。

图 10-2　外冷水闸门电机及轨道加装防雨棚

（4）铭牌和标识牌应为 06Cr19Ni10 奥氏体不锈钢。

（5）变压器跨接排应为 1 系铝合金、6 系铝合金或 T2 纯铜。

（6）互感器、组合电器封盖、充气阀门应与壳体相同材质或采用铝合金，不应为 2 系或 7 系铝合金。

二、焊接质量监督管理

在调相机相关设备制造和现场安装阶段。主机及其附属设备、外冷水、内冷水、油管道的焊接，其焊材的选择、焊接工艺、焊后热处理、焊接质量检验及其质量评定标准，应符合国家标准和行业标准。

调相机主机及其附属设备、外冷水、内冷水、油管道的焊接工作，必须制定焊接施工方案（或工艺指导卡），并按 GB/T 19866《焊接工艺规程及评定的一般原则》进行焊接工艺评定，受监部件的焊接工作，应由经过焊接基本知识和实际操作技能培训，通过 DL/T 679《焊工技术考核规程》、TSG Z 6002《特种设备焊接操作人员考核细则》考核，持国家质量监督检验检验总局颁发的有效资格证书的焊工担任。对重要部件或焊接位置困难的焊接工作，焊工应经过焊前练习，焊接与实际相同的代样，并经检验合格后方可允许施焊。

焊接所用的焊接材料，包括焊条、焊丝、钨棒、氩气、氧气、乙炔、碳弧气刨用碳棒、二氧化碳和焊剂等，应符合国家标准或行业标准，焊条、焊丝应有质量保证书，并经鉴定确认为合格品才能使用。钨极氩弧焊用的电极，宜采用铈钨棒，所用氩气纯度不低于 99.95%。焊接用氧气纯度不低于 99.5%，乙炔纯度不低于 99.8%，二氧化碳纯度不低于 99.5%。热处理所用表计应经计量部门检定合格，并能做出实际热处理曲线。

焊条、焊丝及其他焊接材料，设专区分类挂牌储存，按产品说明书要求的温度湿度进行保管，防止变质和锈蚀。根据产品的特性要求、焊接材料类型和存放环境，使用方应确定烘干后的焊接材料在常温下的搁置时间，超出规定时间后，使用前应再次烘干，对烘干温度不低于 350℃ 的焊条，其累计烘干次数一般不宜超过 3 次。烘干后的焊接材料应在规定的温度范围内保存，以备使用。为了控制烘干后的焊条置于规定温度范围以外的时间，焊工在领用焊条时应使用事先已经加热至规定温度的保温筒。具体要求见 JB/T 3223《焊接材料质量管理规程》。

受监部件的焊接均应做好技术记录（或焊接工艺指导卡），焊接技术员和焊工班组均应妥善保存备查，同时交金属技术监督专责工程师存档。

（一）接地设备

（1）接地体引出线的垂直部分和接地装置连接（焊接）部位外侧 100mm 范围内应做防腐处理。在做防腐处理前，表面必须除锈并去掉焊接处残留的焊药。接地线在穿过墙壁、楼板和地坪处应加装钢管或其他坚固的保护套，有化学腐蚀的部位还应采取防腐措施。

【案例 10-4】某换流站现场一次接地镀锌扁钢焊接处很多都未进行防锈处理，会导致焊接处生锈、开焊等问题，如图 10-3 所示。

图 10-3　现场镀锌扁铁未进行防锈处理

（2）接地体（线）为铜与铜或铜与钢的连接工艺采用热剂焊（放热焊接）时，其熔接接头必须符合下列规定：被连接的导体必须完全包在接头里。热剂焊（放热焊接）接头的表面应平滑。热剂焊（放热焊接）的接头应无贯穿性的气孔。

【案例 10-5】某换流站调相机区域主接地网在施工过程中存在部分放热焊接接头不饱满、表面不光滑、焊接点未做防腐处理的问题，如图 10-4 所示。根据 GB 50169《电气装置安装工程接地装置施工与规范验收》中 3.4.3 条款要求，接地体（线）为铜与铜或铜

图 10-4 某站接地网铜焊接部位不合格

与钢的连接工艺采用热剂焊（放热焊接）时，其熔接接头必须符合下列规定：①被连接的导体必须完全包在接头里；②要保证连接部位的金属完全熔化，连接牢固；③放热焊接接头的表面应平滑；④放热焊接的接头应无贯穿性的气孔。

（二）管道焊缝

（1）调相机内外进出水管、排污管等的焊缝应在每次大修中进行全面检查，防止焊口运行中开裂泄漏。

（2）润滑油系统管道。执行标准 GB/T 20801.1《压力管道规范 工业管道 第 1 部分：总则》。顶轴油管道环焊缝 100% 射线检测，其他环焊缝 20% 抽检。顶轴油管道对接环焊缝按照 Ⅰ 级检测，结果不低于 Ⅱ 级合格；除顶轴油外的润滑油管道按照 Ⅱ 级检验，结果不低于 Ⅲ 级合格。

（3）冷却系统管道。执行标准 GB/T 20801.5《压力管道规范 工业管道 第 5 部分：检验与试验》。冷却水管道的焊缝（包括管道制造焊缝和现场安装焊缝）分别按照 20% 比例进行抽样检测，环焊缝按照 Ⅱ 级检验，结果不低于 Ⅲ 级合格。发现缺陷时应分析原因并扩大抽查比例（一般为不合格焊口数量的 2 倍），对扩大抽查比例仍存在危害性焊接缺陷的，应对该施工单位焊接的全部焊缝进行无损检测，并对检测不合格焊缝进行重焊处理，重焊后的焊缝应检测合格。

按照国家电网有限公司设备技术〔2021〕115 号《国网设备部关于印发〈2022 年电网设备电气性能、金属及土建专项技术监督工作方案〉的通知》，对顶轴油管道不合格焊缝进行返修消缺，复测合格后方可投入使用。对除顶轴油外的润滑油管道和冷却系统管道焊缝抽检发现存在不合格时，扩大 1 倍抽检比例检测，仍存在不合格焊缝时应对该管道焊缝进行 100% 全检，对发现的不合格焊缝进行返修消缺，复测合格后方可投入使用。

【案例 10-6】某三处待投运站首检期间发现管道焊口大面积不合格。主要是基建阶段施工、安装单位焊接工艺不到位；内冷水管道焊缝抽检比例偏低，导致不合格焊缝未能及时发现。根据标准规定应尽可能减少内冷水系统管道接头的数量，管道应在工厂预制、现场组装，尽量减少现场焊接；不锈钢管路应采用氩弧焊焊接，焊接前应开坡口，所有焊口须探伤合格后方可通过验收；在管道焊接过程中加强对内冷水系统管道焊接质量的监督管理。

（4）化学水系统管道与冷却水系统管道要求相同。

【案例 10-7】某换流站投运前，运维人员发现某站化学水处理系统焊接质量较差，部分试验报告资料缺失。在化学水处理系统架构水压试验前的装配检查过程中，发现装置表观质量较差，多处接口出现毛刺；不锈钢管道焊缝均匀度较差，表面有气孔，内部有焊瘤；所有管道和阀门均未见焊缝外观检查、探伤测试和清洁度检查的相关报告，如图10-5所示。

图 10-5　某换流站化学水处理管道焊接缺陷

三、油水管道监督

（1）冷却水管道的焊缝，见上文"冷却系统管道"要求。

（2）油系统管路应尽量避免使用法兰连接，禁止使用铸铁阀门，以防止油管道泄漏，减少火灾隐患。若油系统管路采用法兰、锁母接头连接方式，容易造成油的泄漏，甚至引起油系统火灾事故。因此除管道与主机、油泵、冷油器和过滤器连接处使用法兰连接，其他连接处应采用焊接连接，以减少火灾隐患。铸铁的含碳量高，脆性大，焊接性很差，一般不能承受高温环境，在焊接过程中易产生白口组织和裂纹，因此油系统禁止使用铸铁阀门。

（3）油系统法兰禁止使用塑料垫、橡皮垫（含耐油橡皮垫）和石棉纸垫。油密封制品宜优选用氟硅橡胶材质，低温高海拔地区不建议选用丁腈橡胶材质。塑料垫会与油系统中的润滑油产生化学反应破损、橡皮垫容易老化、石棉纸垫容易破损会产生碎屑进入油系统，造成油质劣化、油管路堵塞。

【**案例 10-8**】某换流站发现调相机两侧轴承室外端盖密封垫片采用橡胶垫，违反《防止电力生产事故的二十五项重点要求》中"油系统法兰禁止使用塑料垫，橡皮垫（含耐油橡皮垫）和石棉纸垫"的规定，如图10-6所示。

【**案例 10-9**】定、转子内冷水泵漏油问题。国家电网有限公司目前在运的调相机中，多台内冷水泵出现过不同程度的漏油现象。导致漏油的主要原因有：①油杯座螺纹连接处、油杯密封面处密封问题导致漏油；②轴承箱底部油塞石墨垫片，多次松紧后损坏无法起到密封作用；③对中跑偏、老化导致骨架油封损坏。

图 10-6　轴承外端盖密封整改

（4）水泵采用抗老化的石墨材料的骨架油封，轴承箱底部油塞采用紫铜垫片，采用带固封套玻璃油杯，避免漏油现象。

（5）定、转子内冷水泵出口宜设计不锈钢波纹补偿器，内冷水泵与管道应采用柔性法兰连接。

（6）轴瓦安装前应对轴瓦进行检查，确认无脱壳、裂纹等缺陷。轴瓦接触面、轴领、镜板表面粗糙度应符合设计要求。轴瓦合金层与基体结合部位应进行无损探伤检测，防止轴瓦合金层与基体结合不佳造成脱胎、烧瓦。

（7）顶轴油管道环缝（包括管道制造焊缝和现场安装焊缝）应按照 100%比例进行检测；除顶轴油外的润滑油管道环缝（包括管道制造焊缝和现场安装焊缝）应按照 20%比例进行抽样检测；对除顶轴油外的润滑油管道和冷却系统管道焊缝抽检发现存在不合格时，应扩大 1 倍抽检比例检测，仍存在不合格焊缝时应对该管道焊缝进行 100%全检，对发现的不合格焊缝进行返修消缺，复测合格后方可投入使用。

（8）对新建的调相机消防水管，按照国家电网有限公司设备技术〔2021〕115 号《国网设备部关于印发〈2022 年电网设备电气性能、金属及土建专项技术监督工作方案〉的通知》，应对消防水管安装焊缝质量进行无损检测抽检。根据管道规格，按照不低于对接焊缝总数量 5%进行抽检（包括埋地焊缝）。检测实施标准依据 NB/T 47013.2《承压设备无损检测　第 2 部分：射线检测》中相关要求，管道焊缝的检查等级按照 GB 50184《工业金属管道工程施工质量验收规范》Ⅳ级执管道对接环焊缝按 AB 级要求进行射线检测，检测结果不低于Ⅲ级合格。发现不合格焊缝时，按 GB 50184《工业金属管道工程施工质量验收规范》8.2.2 条要求进行扩大检查。对不合格焊缝进行返修消缺，复测合格后方可投入使用。

四、防止转子大轴等重要部件的缺陷

（1）现场验收阶段，应对调相机转子大轴等部件，进行以下资料检查见证。制造商提供的部件质量证明书，质量证明书中有关技术指标应符合现行国家标准、国内外行业标准和合同规定的技术条件；对进口锻件，除应符合有关国家的技术标准和合同规定的技术条件外，还应有商检合格证明单。

（2）制造、验收或安装阶段，应对调相机转子大轴等可见部位进行外观检验，对易出现缺陷的部位重点检查，应无裂纹、严重划痕，对一些可疑缺陷，必要时进行表面探伤。对表面较浅的缺陷应磨除，转子若经磁粉探伤应进行退磁。

【案例 10-10】在安装阶段，监督人员发现某换流站 2 号调相机转子叶片磕碰伤。现场对磕碰处打磨圆滑过渡，对缺陷处渗透探伤，合格后重新阳极氧化，叶片磕碰伤消除。

（3）验收及安装阶段，应对调相机转子励磁端、盘车装置端轴颈部位进行超声波检测。

（4）验收及安装阶段，应对调相机转子进行材质检测，需满足设计要求。

（5）验收及安装阶段，应对调相机转子大轴进行硬度检验，圆周不少于 4 个截面且应包括转子两个端面，每一截面周向间隔 90°进行硬度检验。同一圆周的硬度值偏差不应超过 30HB，同一母线的硬度值偏差不应超过 40HB。若硬度偏离正常值幅度较多，应分析原因，同时进行金相组织检验。

（6）机组检修期间，根据解体情况，应对转子大轴（特别注意变截面位置）、转子风叶等部件进行表面检验，应无裂纹、严重划痕、碰撞痕印，有疑问时进行无损探伤；对表面较浅的缺陷应磨除；转子若经磁粉探伤应进行退磁。

（7）机组检修期间，按照 DL/T 1423《在役发电机护环超声波检测技术导则》、JB/T 10326《在役发电机护环超声波检验技术标准》，对护环进行检测。应对转子护环进行无损探伤和金相检查，检出有裂纹或蚀坑应根据严重程度进行局部处理或更换。测量并记录护环与铁心轴向间隙，与出厂及上次测量数据比对，以判断护环是否存在位移。

（8）根据 JB/T 1581《汽轮机、发电机转子和主轴锻件超声波探伤方法》，机组运行 10 万小时后的第一次解体检修，应视设备状况对转子大轴的可检测部位进行无损探伤。以后的检验为 2 个解体大修周期。

（9）对存在超标缺陷的转子，用断裂力学方法进行安全性评定和缺陷扩展寿命估算；同时根据缺陷性质和严重程度，制定相应的安全运行监督措施。

（10）定子绕组端部引线水路通流截面应达到设计值，引出线外部水路的安装应严格按照厂家的图纸和要求进行，保证（总）水管焊接位置有效截面积满足设计要求。

五、紧固件监督

（1）安装阶段，应按批次分别取样抽检，抽检比例为每个型号每种强度等级抽取 3

套。紧固件检测项目包括外观质量、螺栓楔负载、螺母保证载荷试验及镀锌层厚度检测等。热浸镀锌螺栓镀锌层平均厚度不应小于 50μm，局部最低厚度不应小于 40μm。

（2）对于调相机基座固定螺栓、垫片和螺母，安装前应进行抽查检测。按批次分别取样，抽检比例为每个型号每种强度等级抽取 3 套开展楔负载、保证载荷和成分检测。检测结果依据设计图纸、GB/T 3098.1《紧固件机械性能 螺栓、螺钉和螺柱》、GB/T 3098.2《紧固件机械性能 螺母》进行判定。

（3）螺栓和螺母安装后进行了点焊的，应对螺栓端部点焊处进行 100%渗透或磁粉探伤检查并对螺栓端部进行防腐处理。磁粉和渗透检测结果依据 NB/T 47013.4《承压设备无损检测 第 4 部分：磁粉检测》及 NB/T 47013.5《承压设备无损检测 第 5 部分：渗透检测》判定。

（4）安装及检修阶段，接线端子、导体及法兰面等连接处的螺栓紧固力矩，应符合厂家工艺文件要求。应对变电导流部件的连接螺栓进行紧固力矩复核。在工程验收时螺栓紧固力矩抽检比例为 5%，如存在不合格情况，则全部重新紧固一遍。

（5）集电环小室内附属部件、固定螺栓应安装牢固，电缆应靠近小室边缘布置，防止部件脱落掉入集电环与碳刷之间，引起集电环、碳刷故障。固定散热器的螺栓应加装绝缘帽，防止其对周围部件放电。

【案例 10-11】某换流站 2 号调相机励磁系统发生交流侧三相短路故障，在柜内形成电弧。检查发现固定散热器的螺栓与主回路相连带电，且与快熔距离较近，快熔破裂释放出导电物质后降低了柜内绝缘，使得快熔端部对螺栓放电，形成电弧，造成故障扩大。

六、封闭母线及导电金具的监督

（一）封闭母线

（1）母线导体表面光滑、无裂纹、伤痕、砂眼、锈蚀等，零件应配套齐全。

（2）封闭母线与设备间的连接，为便于拆卸，应采用螺栓连接，螺栓连接的导体接触面应镀银，镀层厚度为 0.012～0.020mm，镀层应均匀，不应有麻面、起皮及未覆盖部分。

（3）外壳表面应无腐蚀及机械损伤且光洁平整、无裂纹、折皱、夹杂物及变形、扭弯等现象。

（4）导体和外壳的焊接，应采用惰性气体保护电弧焊接（氩弧焊）。焊缝截面应不小于被焊截面的 1.25 倍。焊缝宽度以大于坡口宽度 2mm 为宜，深度不超过被焊金属厚度的 5%，未焊透长度不得超过焊缝长度的 10%，焊缝不允许有裂纹、烧穿、焊坑、焊瘤等。焊缝应经 X 射线或超声波探伤检验合格。导体及伸缩节抽样探伤长度不少于焊缝长度的 25%，外壳不少于焊缝长度的 10%。

（5）对于封闭母线内部纵焊缝、环焊缝应加强宏观检查，厂家应将内部焊缝余高打磨掉或确保焊缝光滑，不允许存在可能引起放电的焊瘤、开裂、过烧等缺陷。

（6）运输过程中应妥善包装，应有防雨雪、防潮、防锈、防腐蚀、防震、防冲击等措施。

（二）导电金具

（1）设备验收阶段，对现场金具材质进行现场抽查或查阅材质质量证明文件。钢质接续管应选用含碳量不大于 0.15% 的优质钢，铝质压缩件应采用纯度不低于 99.5% 的铝。以铜合金材料制造的金具，其铜含量不应低于 80%。铸造导线悬垂线夹的本体和压板材料选用高强铝合金。锻造导线悬垂线夹本体材料选用变形铝合金 6082。

（2）金具锌层应连续平滑，允许存在锌层厚度符合要求的发暗或浅灰色的色彩不均匀区域，但不允许有返酸黄斑渗出锌层。无锌区、凸瘤和波纹总面积不应超过镀件总面积的 0.5%，大联板或表面积超过 $2000cm^2$ 的大型零件不超过 0.1%。不同金具的镀锌层厚度要求见表 10-5。

表 10-5 不同金具镀锌层厚度最小值

制件及其厚度（mm）	镀层局部厚度（μm）	镀层平均厚度（μm）
钢厚度≥6	70	85
3≤钢厚度＜6	55	70
铸铁件≥6	70	80
铸铁件＜6	60	70
紧固件（垫圈、销子）	45	55

（3）安装及验收环节，接续管及耐张管压后应检查外观质量，并进行压接尺寸测量。压后应平直，有明显弯曲时应校直，弯曲度不得大于 2%。校直后不得有裂纹，达不到规定时应割断重接。建议采用 X 射线数字成像技术对金具压接质量进行检测。

（4）安装阶段，调相机相关金具接头连接处应按照国家电网有限公司"十步法"处理，以杜绝发热隐患。"十步法"是一种规范化的电力设备接头部位检测维修方法，通过编号、粗测、细检、解体处理、涂抹导电膏、复装接触面等十个环环相扣的步骤，使得检测过程更加精细顺畅，从根本上解决电力设备接头部分发热这一常见疑难杂症，也能有效地检测出接头部位的松动，预防因为接触不良而演变成的发热故障。具体来说，"十步法"分为：

1）逐个制定接头工艺控制表，防止接头遗漏。

2）逐人开展专项技能培训并考试上岗，严格筛选作业人员。

3）初测直流电阻，对厅内超过 $10\mu\Omega$ 的接头进行解体处理。

4）用规定力矩检查紧固，对不满足要求的接头重新紧固并用记号笔划线标记。检查螺栓防松动措施是否良好。

5）拆卸接头，精细处理接头面。用 150 目细砂纸去除导电膏残留，无水酒精清结接触面，用刀口尺和塞尺测量平面度。

6）均匀薄涂导电膏。控制涂抹剂量，用不锈钢尺刮平，再用百洁布擦拭干净，使接线板表面形成一薄层导电膏。

7）均衡牢固复装。复装时应先对角预紧、再用规定力矩拧紧，保证接线板受力均衡，并用记号笔做标记。

8）复测直流电阻，不满足要求的应返工。

9）80%力矩复验。检验合格后，用另一种颜色的记号笔标记，两种标记线不可重合。

10）专人负责全程监督，关键工序由作业人员和监督人员双签证，责任可追溯。

【案例 10-12】某换流站发现金具接头未按国家电网有限公司"十步法"处理，存在发热隐患。套管等金具接头导电脂溢出、无"十步法"记录，螺栓力矩存在未紧固到位的情况。

【案例 10-13】某换流站调相机升压变高压侧套管跳线金具与套管均压环贴在一起，存在发热风险，设计院和厂家对金具和均压环的位置进行微调，使均压环和金具有段距离，防止发生接触位置发热情况，如图 10-7 所示。

图 10-7 某换流站金具安装存在发热隐患

（5）运维检修阶段，根据停电情况应定期开展钢结构件覆盖层的腐蚀评价。根据标准 DL/T 1424《电网金属技术监督规程》，钢结构件厚度（直径）腐蚀减薄至原规格 80%及以下，或部件表面腐蚀坑深度超过 2mm 或者出现锈蚀穿孔、边缘缺口，金具厚度腐蚀减薄至原规格 90%及以下均应更换或加固处理。加强金具腐蚀状况的观测，必要时进行防腐处理；对于运行年限较长、出现腐蚀严重、有效截面损失较多、强度下降严重的，应及时更换。

【案例 10-14】某换流站调相机升压变高压侧出线导线、多处均压环表面氧化腐蚀严重，如图 10-8 所示。

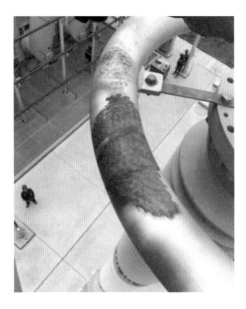

图 10-8　某换流站调相机升压变均压环严重腐蚀

第四节　无损检测技术介绍

一、调相机无损检测现状

润滑油及冷却水系统对调相机的安全运行起着关键作用，调相机不可能切除润滑油、冷却水独立运行，一旦上述管道泄漏，必须立即停机。同时，润滑油管一旦漏油，其焊口返修极其费时费力且存在一定的危险性。故在安装和运维阶段，需采用无损检测技术对重要管路和焊缝进行监督。即便如此重要，调相机的管道焊接质量依旧是问题频出。焊接质量缺陷主要是管道焊接过程中未遵守相关标准要求进行施工，或未按质量检验标准进行检验引起。存在的缺陷主要有焊缝咬边、管道母材异常堆焊、焊疤、未焊透等。2019 年，某省公司下属省级电科院对 2 个投运站的 4 台调相机润滑油、顶轴油、冷却水管道焊口进行 100% 射线探伤，发现焊口综合不合格率超过 70%，主要底片评级超标缺陷为整圈未焊透、未熔合等。为此，基建安装单位投入了大量人力物力进行缺陷返修，延误整体检修工期 2 个月以上。

二、传统无损检测技术

无损检测技术在我国应用已有近 40 年的历史，随着经济的发展和科学技术的革新，管道焊缝无损检测技术也在不断地提升和完善。检测方法多为超声波探伤、X 射线、磁粉、渗透等技术手段。

（1）超声法。超声法可以对管道整体材料进行检测，通过超声波在不同材质中的传导变化来探测管道材料的整体性能和结构变化，尤其是管道的焊接处，超声检测可以及时的发现焊接缺陷，尤其是未焊透、未熔合、夹渣等，并且对连接不严密或承压不足的部位，也可以进行有效的探测，提高管道的安全性，避免重大事故的发生。

（2）磁粉法。磁粉检测法主要应用于铁磁构件和材料，其利用磁粉特性来检测管道及构件的漏洞。检测中先将被检材料进行磁化，然后利用磁力线对各构件和材料进行试验，当磁力线经过各构件和材料时能够产生磁力进而吸附磁粉，同时形成不同类型的磁痕，检测人员可以通过磁痕来找出构件与材料表面的缺陷，如管材漏洞、构件开裂、焊缝缺陷等。

（3）射线检测。射线检测主要利用射线自身的特性进行检测，检测时要求不断地变换探测的位置，通过射线的吸收能力来判断质量缺陷。射线检测中底片的感光度能够对管道焊缝的缺陷进行直接判断，并且定位的准确性较高，便于在检测中查找漏洞，同时能够对焊接厚度和金属材料的表面进行检测。

（4）渗透检测。渗透检测主要利用毛细现象来检测器体、构件、管材、焊缝是否存在缺陷和漏洞，检测方法主要是将渗透液涂抹在被检器物表现，通过观察来检测器物是否存在漏液现象，也可以把器物进行封闭浸入到液体中，看是否有漏液现象。检测主要是对构件和管材进行测试，查找表面的缺陷和接口缺陷，渗透检测法不适用于压力测试和联动性测试。

随着调相机大量投运，设备数量随之大大增加，同时也对电网设备的长期安全稳定运行提出了更高的要求。因此一般意义上的传统检测方法已经不能满足调相机设备无损检测的要求。随着无损检测技术的发展，新技术不断应用，也为电网设备无损检测带来了新机遇与技术革新。

三、超声导波技术

超声导波检测技术利用低频扭曲波或纵波可对管路、管道进行长距离检测，包括对于地下埋管不开挖状态下的长距离检测。超声导波（也称为制导波）的产生机理与薄板中的兰姆波激励机理相类似，也是由于在空间有限的介质内多次往复反射并进一步产生复杂的叠加干涉以及几何弥散形成的。但是对于管道检测，在一般管壁厚度下要产生适当的波型，则需要使用比通常超声波探伤低得多的频率，导波通常使用的频率 $f<100kHz$，因此导波对单个缺陷的检出灵敏度与通常使用频率在兆赫兹级别的超声检测相比是比较低的，但是导波检测的优点是能传播 20～30m 长距离而衰减很小，因此可在一个位置固定脉冲回波阵列就可做大范围的检测，特别适合于检测在役管道的内外壁腐蚀以及焊缝

的危险性缺陷。低频导波长距离超声检测法用于管道在役状态的快速检测，内外壁腐蚀可一次探测到，也能检出管子断面的平面状缺陷。

超声导波检测装置主要由固定在管子上的探伤套环（探头矩阵）、检测装置本体（低频超声探伤仪）和用于控制和数据采样的计算机三部分组成。探头套环由一组并列的等间隔的环能器阵列组成，组成阵列的换能器数量取决于管径大小和使用波型，换能器阵列绕管子周向布置。探伤套环的结构按管道尺寸采用不同节环，用螺丝固定以便于装拆（多用于直径较小的管道），或者充气式环（柔性探头套环），靠空气压力紧套在管子上（多用于直径较大的管道）。接触探头套环的管子表面需要进行清理但无须耦合剂，亦即除安放探头环的位置外，无需在清除和复原大面积包覆层或涂层上花费功夫，这也是超声导波检测的优点之一。

超声导波探头套环上的探头矩阵架在一个探测位置，就可向套环两侧远距离发射和接收 100kHz 以下的回波信号，从而可对探头环两侧各 20～30m 的长距离进行全面检测，可对整个管壁作 100%检测，可检测难以接近的区域如有管夹、支座、套环的管段，也可检测埋藏在地下的暗管，以及交叉路面下或桥梁下的管道等，目前已经广泛应用于直径 50～1200mm 的管道现场检测。

如图 10-9 所示，超声导波检测的工作原理：探头阵列发出一束超声能量脉冲，此脉冲充斥整个圆周方向和整个管壁厚度，向远处传播，导波传输过程中遇到缺陷时，缺陷在径向截面上有一定的面积，导波会在缺陷处返回一定比例的反射波，因此可由同一探头阵列检出返回信号-反射波来发现和判断缺陷的大小。管壁厚度中的任何变化，无论内壁或外壁，都会产生反射信号，被探头阵列接收到，因此可以检出管子内外壁由腐蚀或侵蚀引起的金属缺损（缺陷），根据缺陷产生的附加波型转换信号，可以把金属缺损与管子外形特征（如焊缝轮廓等）识别开来。

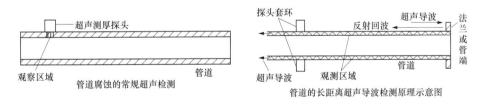

图 10-9　常规超声检测和导波检测对比示意图

导波的检测灵敏度用管道环状截面上的金属缺损面积的百分比评价（测得的量值为管子断面积的百分比），导波设备和计算机结合生成的图像可供专业人员分析和判断超声导波检测得到的回波信号基本上是脉冲回波型，有轴对称和非轴对称信号两种，检测中以法兰、焊缝回波做基准，根据回波幅度、距离、识别是法兰或管辟横截面缺损率的缺陷评价门限等以及轴对称和非轴对称信号幅度之比可以评价管壁减薄程度，能提供有关反射体位置和近似尺寸的信息，确定管道腐蚀的周向和轴向位置。目前超声导波检测灵敏度可达到截面缺损率 3%以上,即一般能检出占管壁截面 3%～9%以上的缺陷区以及内外壁缺陷。

四、声发射技术

声发射技术是一种无损检测的方法,是指被破坏物体材料的局部区域瞬间释放能量的现象。声发射又称弹性波发射现象,我们所见到的轴承因滑动而产生的声音、木头因干燥而裂开的声音、甚至连地震等这些过程都是伴随着声发射现象的产生。声发射也同样可以被看作是材料破损的指示器,如果物体材料永久的静止不动,声发射现象也就不会产生。管道声发射检测技术就是根据管道材料或结构受到内外力作用时,导致其内部系统的不均匀受力,或者存在缺陷导致了局部的应力集中,当这种力达到一定程度,呈现出一种由集聚能量高的状态释放到一种集聚能量低的状态,这种情况通常导致裂纹的产生,直至最后的断裂,这种现象称为声发射现象。声发射是一种常见的物理现象,大多数材料的声发射信号不能被人类所识别,需要借助精密的电子仪器才能检测出来。依靠精密仪器的检测,通过数据的处理与分析,确定声信号源的技术称之为声发射技术。采用这种技术可以对管道结构上的一些泄漏点、阻塞点、裂纹进行泄漏检测。当管道发生类似的泄漏故障时,泄漏点会产生大量的应力波信号,这样由于突然释放能量所产生应力波会带有大量的泄漏处的信息,被传感器所接收,通过过滤杂质波、去噪、声电信号转换、信号放大和计算机处理,最终将泄漏点位置显示在控制室的终端上面。声发射检测技术原理如图 10-10 所示。

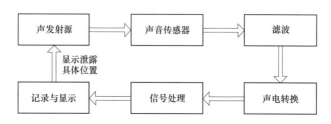

图 10-10 声发射检测技术原理图

声发射检测技术作为一种无损的检测方法,可以广泛地应用于各类容器结构的内部检测、大型器件和复杂容器的检测,其具有的特点如下:

(1)在不损伤检测物体的材料的基础上,实行的是动态缺陷检测而非静态检测;所检测的能够根据温度、压力等外部环境的变化,在线对被检测物体进行实时检测,这样就可以大大提高现场在线能力的可靠性,尽早地预防和检测物体的损坏程度,极大地增加安全性。

(2)声发射检测适用于各种复杂环境。声发射技术所采用的是声信号,对于材料的要求不高,因此无论是低温、有毒、高温、寒冷等各种恶劣条件下,声发射技术都可以采用。

（3）声发射技术由于利用的是材料自身的缺陷所释放的信号，因此对于侦测材料是否发生形变、泄漏、结构改变有着极强的敏感性。

（4）声发射技术对于材料的形状、个体的规则是没有要求的，因此，声发射技术可以适用于结构相对复杂、被检测物体形状不规则的及检测受限制的物体构件，此外对于大型机械的快速检测提供条件。

因此，声发射技术的特点适合于管道泄漏的检测要求。当管道发生泄漏时，释放的气体或液体与管道裂口通过摩擦所产生的能量以应力波的形式释放，此过程可以看作是声发射现象，通过声信号传感器对声发射信号的采集和分析，即可以实现管道泄漏的检测。但是由于声发射信号的本身特性及环境的因素的影响，因此只有通过合适的采集信号和数据整合的方法处理原始信号，才能进一步精确确定泄漏点的位置。

五、红外热成像技术

由热力学原理可知，一切温度高于绝对零度的物体都在不断地以电磁波的形式向外辐射能量，其中，波长为 $0.76 \sim 1000 \mu m$ 的红外光波具有很强的温度效应，其辐射强度遵循斯蒂芬-波尔兹曼定律。利用红外探测器、光学成像物镜等器件接收被测目标的红外辐射能量分布场，并反映到红外探测器的光敏元件上，再由探测器将红外辐射能量转换成电信号，经放大处理并转换为标准视频信号，即可在电视屏或监测器上显示被测目标的温度场，即利用红外热像仪可使人眼看不到的物体外表面温度分布变成人眼可识别的代表目标表面温度分布的热谱图。由于设备缺陷或泄漏处的红外光辐射能量与其他地方的不同，因此，使用红外热像仪拍摄被检设备时，通过拍摄到的图像就可以找出温度异常分布的热点或冷点，由此确定缺陷或泄漏的存在。显然，红外热像检测涉及红外热波的形成、传播和成像 3 个关键环节，热像仪所接收的红外辐射包括目标自身的红外辐射、目标对周围环境的反射辐射和大气的红外辐射 3 部分，要得到高质量热像图以获得好的检测效果，应考虑热激励源、试件表面状况、红外热波传播途径及环境等因素的影响，优化缺陷检测和热像图拍摄的方法。

（一）热激励源的选择

根据热源的不同，红外热成像无损检测分为主动式和被动式。其中，主动红外热像检测法是以外加热源为励源，向被检测物体注入热量，再通过红外热像仪记录不同时刻的温度场信息，根据红外热像图所反映的温度信息来分析判断是否存在质量缺陷。被动红外热像检测法是在无任何外加热源的情况下，利用被检测物体本身的热辐射来检测缺陷的方法。即，当设备内部介质温度与环境温度有明显差异时，设备表面与环境之间的热交换会因缺陷的存在而扰动，且这种扰动是比较稳定的，采用红外热像仪可直接测得缺陷处与非缺陷处的温度差异和缺陷，而无需外加热源。在用低温/高温容器或管道存在热工缺陷和泄漏时，设备内外温差引起的热流途径缺陷有明显的热流扰动，可通过被动式红外热像法进行检测；无内热源的新设备或停用设备，可采用主动式红外热像法进行检测，如脉冲闪光灯、超声波及电磁感应等激励下的红外热像检测。应用时须注意各种方法的特点和适用范围，如：高能脉冲闪光灯进行照射的脉冲热波激励法比较成熟，但不能检测距离表面较深的缺陷；超声热激励源可有效检测闭合裂纹类缺陷，但不适于盲孔那样的开放式缺陷的检测；电磁感应热激励加热速度快，适用范围广，但容易导致缺陷处温度场的均化，检测要求高。

（二）试件表面的激冷作用

当被测对象处于高温且温度稳定的情况下时，可采用表面冷却法进行检测，如表面喷洒水、酒精及低温氮气等，在喷洒这些介质后，会对工件表面造成冷冲击，破坏原有的温度平衡状态，加剧缺陷处热流与其周边热流的不一致，使缺陷对热流的影响在工件表面温度场中更清晰地显现出来，提高对缺陷的检出率。如图 10-11 所示，在钢管试件（内壁有盲孔）受到内部稳定热源加热的状态下，对试件表面喷洒水、酒精和低温氮气进行瞬间冷却，低温氮气冷冲击作用时热像图中的盲孔最清晰，喷洒酒精时的盲孔图样清晰度次之，喷洒水时盲孔图样很模糊。不过，由于低温氮气很易飘散，而水蒸发得最慢，因此，喷洒低温氮气时盲孔的图样持续时间最短，喷洒酒精时的次之，喷洒水时的最长。

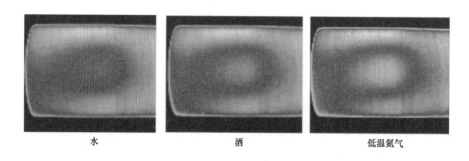

水　　　　　　　　　　酒　　　　　　　　　　低温氮气

图 10-11　不同介质下红外热成像效果图

（三）表面状况的影响

试件表面的红外热像图与试件表面的热发射率密切相关。同一试件，表面被不同发射率材料覆盖时，所得到的热像图会有所不同。如光亮的金属表面发射率低，颜色较深的油漆与金属氧化物的发射率较高，如试件金属表面存在杂质或氧化程度不均匀的氧化层，即使试件表面温度分布均匀，但其热像图仍会表现出不均匀状态。这样，进行缺陷检测时，可能会导致误判。为此，测试时可在试件表面刷上一层黑色涂层，使试件表面热像图能更好地反映试件内部缺陷对热流的扰动情况。如图 10-12 所示，管道上半部刷上黑色油漆后，其热像图明显比下半部的均匀。此外，涂层还有增大热像图中缺陷处与无缺陷处温度差的作用，使缺陷显得更为清晰。

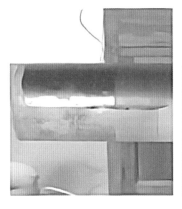

图 10-12　表面涂覆油漆后的热成像效果图

六、磁记忆检测技术

磁记忆检测技术是在传统的磁粉检测技术上发展起来的一门针对铁磁性材料的无损检测方法，也称漏磁检测技术，是在 20 世纪 90 年代由俄罗斯科学家提出。在地磁场中，铁磁性材料的磁性能在应力集中区和形状突变区会产生永久性变化，即具有磁记忆性，使得金属构件的表面磁导率远远小于其他区域，从而形成漏磁场，通过对漏磁场的检测可确定被检设备的应力集中区和形状突变区。相较于传统的磁粉检测技术，金属磁记忆检测不需要外加磁场，设备便携性好，可实现缺陷和应力集中区的快速筛查。

该技术可以对金属构件进行应力集中检测，对于长输管道而言就是可用此技术对以现有检测技术无法进行内检测或无法实现缺陷检测的管道进行检测，管体缺陷处往往伴随应力集中产生，从而导致缺陷处磁场的改变，因此可以用金属磁记忆检测技术进行应力集中检测，诊断油、水管道的安全。

金属磁记忆检测工作的基本原理是记录和分析产生在制件和设备应力集中区中的自有漏磁场的分布情况。该检测方法基于逆磁致伸缩效应（也被称为维拉里效应），逆磁致伸缩效应是指金属材料在受到机械应力时磁化（或磁化率）的产生变化的现象。自有漏磁场反映着磁化强度朝着工作载荷主应力作用方向上的不可逆变化，以及零件和焊缝在其制造于地球磁场中冷却后，其金属组织和制造工艺的遗传性。金属磁记忆方法在检测中，使用的是天然磁化强度和制件及设备金属中对实际变形和金属组织变化的以金属磁记忆形式表现出来的结果。运用应力集中磁检测仪对管道周围磁场异常进行识别，测量 X/Y/Z 三个方向的磁感应强度矢量，通过获取因管道缺陷导致的管道漏磁场变化信号，检测相应的金属应力状态变化和几何形变，结合相应坐标点确定缺陷和位置。其检测原理如图 10-13 所示。

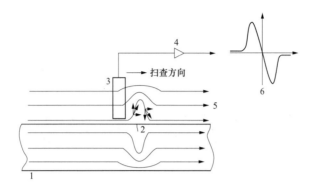

图 10-13　磁记忆检测原理图

1—被检件；2—损伤或应力集中区域；3—传感器；4—放大器；5—表面磁场分部；

6—表面磁场法向分量输出的磁记忆信号

在役调相机中，油水管道常规无损检测方法主要适用于安装阶段或停机后的技术监督，很难做到对调相机管道的在线监测以及寿命评估。上述几种无损检测技术的应用，可实现早期诊断和在线检测。特别是在电力和石化行业，针对重要管道，可利用磁记忆检测技术在不停机的情况下进行在线检测，进行早期诊断，找出应力集中部位作为重点监控点，也可以配合声发射技术查找活动性缺陷，寻找泄漏点。声发射检测技术也可应用于地下埋管的泄漏检测。而超声导波检测对长管线的缺陷筛查有很大的优势。传统的无损检测技术一般只能在出现故障后或问题后才对缺陷零件进行检查，而无法做到在线实时监测和故障判断预测，这必然会影响压力管道检查的相对有效性。相较之下，上述的新型的无损检测可以迅速精确发现管道的缺陷部位，并在避免停止工作的前提下实现关键部位的实时监测，从而迅速发现可能存在的问题。在管道的检查中，可以单独使用或结合使用几种新的非破坏性检查技术，以提高缺陷检测的效率和准确性，并为调相机的正常和稳定运行提供更为坚实的基础技术支持。

第十一章

消防技术监督的要求与实践

第一节　消防技术监督概述

一、消防技术监督的工作要求

电力设备火灾风险受多方面因素影响，需要综合考虑电气故障、油污火灾、火灾蔓延、人为原因和天气条件等多重因素，并采取相应的防控和应急措施以降低火灾风险。随着火灾科学与消防技术的不断进步，大型变电站（换流站）的消防系统也在不断升级和优化，新型消防技术应用有效提高了电力设备安全性，但也对消防系统及设备运维管理提出了更高的要求。需要建立科学的消防设备管理制度，定期对消防设备进行检测和维护，确保其正常运行和有效性。

为进一步加强重要变电站（换流站）消防设备专业化管理和支撑水平，国家电网有限公司成立了国网消防技术中心，依托国网输变电设施火灾防护实验室，承担重要变电站（换流站）的消防技术支撑、消防技术监督等工作。

在国家电网设备〔2021〕443 号《国家电网有限公司关于进一步加强重要变电站（换流站）消防设备管理的通知》中，国家电网有限公司对重要变电站（换流站）消防技术监督提出了一系列工作要求。通知中明确了常态化消防技术监督的责任分工，由省电力公司负责组织，省超高压公司配合，技术支撑单位承担。各省电力公司需要统筹资源力量，明确消防设备管理专业机构，配置专业的消防技术研究人员，承担省内重要变电站（换流站）的消防技术监督和技术支撑工作。

各省电力公司应建立健全所辖重要变电站（换流站）消防设备技术监督体系，编制消防设备技术监督实施方案，明确消防设备技术监督责任，常态化开展所辖重要变电站、换流站所有消防设备设计、制造、验收和运维的全过程技术监督工作。国网消防技术中心负责收集、整理各技术监督单位、各省电力公司所辖重要变电站（换流站）技术监督报告，每年向国网设备部提交《公司系统重要变电站（换流站）消防设备技术监督意见报告》。

这些举措旨在进一步加强重要变电站（换流站）消防设备管理，提升消防系统管理的专业化水平，强化电力设备的安全性。

二、消防技术监督的现状

自国家电网设备〔2021〕443号文发布以来，各省电力公司对重要变电站（换流站）消防技术监督工作有序开展。已有多家省电力公司通过联合国网消防技术中心或引入社会消防技术机构，加快省级消防技术能力建设，划定消防技术监督场站范围，并适时启动重要变电站（换流站）消防技术监督工作。部分省电力公司将调相机站纳入消防技术监督场站范围，参考国家电网有限公司技术监督管理规定，制定了调相机消防技术监督评价细则，分析评价调相机消防系统安全水平及健康状况。

调相机消防安全和换流站紧密相连，调相机的消防给水、消防报警主机和消防控制室常与换流站合用，同时调相机的消防管理沿用和遵守换流站消防相关规定。但事实上，调相机在建筑防火要求、主要设备特性、运维方法等方面还存在一些特殊性。调相机主厂房在电力行业防火设计标准中无对应类别，导致在建筑物火灾危险性分类上存有疑惑和争议。在目前设计中，暂时参照配电装置楼和汽轮机房的规定，将调相机主厂房的火灾危险性定为丁类和耐火等级二级。调相机主厂房中旋转设备较多，设备运行中向厂房空间散发较多热量，同时大量油管道和储油箱等采用室内布置，对主厂房内防火分隔、火灾探测和灭火方式都有重要影响。基于调相机和换流站在消防专业上的联系与区别，调相机消防技术监督需与换流站消防专业相互协作，针对调相机自身消防特性，有的放矢开展技术监督工作。

三、消防技术监督的范围

调相机消防技术监督的主要对象是调相机区域内全部消防系统、消防器材、防火设施以及消防安全重点部位。消防系统包括火灾自动报警系统、消防给水及消火栓系统、各种类型固定式自动灭火系统、事故排油系统、消防应急照明和疏散指示系统等火灾防控设施。消防器材包括灭火器、正压式空气呼吸器、消防水带等可移动的消防物资。防火设施包括防火（隔）墙、防火门窗、钢构架、变压器事故储油池等建构筑物，也包括用于保温隔热、防火延燃、电气绝缘、泄压防爆等耐火阻燃材料，或其他用于提升调相机站防火性能的被动防火设施。消防安全重点部位专指火灾危险性高、发生火灾影响大、发生火灾损失重的场所或部位，是结合各个调相机站具体情况分析研判后确定的强化消防管控场所，调相机的消防安全重点部位一般应包括配电间、工程师站、消防储瓶间、蓄电池室、升压变、GIS开关、润滑油系统、励磁小室、电缆沟等。

四、消防技术监督的目的

调相机消防技术监督是国家电网有限公司贯彻落实习近平总书记关于防范化解重大安全风险的重要指示精神、严格落实企业消防安全主体责任、强化消防安全管理体系机制建设、深化隐患排查治理机制的重要举措。通过开展消防技术监督工作，提前介入加强消防规划设计与调相机各专业安全融合的技术性审查，加强对消防建设工程质量的源头管控，指导解决消防设备采购制造和运输安装以及消防系统调试验收工作中遇到的技术问题，督促各岗位人员履行其消防职责，促进完善调相机站消防安全管理体系，确保消防系统正常运行和良好维护。通过建立消防技术监督机制，协同其他形式的消防监督检查工作，合力构建更多层次、更密致、更高效的消防监督网络，使各种形式的消防监督活动在范围上互为补充、在内容上各有侧重、在方法上相互配合，原则上做到消防隐患排查横向到边、纵向到底，为调相机站消防安全提供有力保障。

在调相机正常运行时，消防系统主要处于监视、备用或准工作状态，消防系统控制和功能无法全面验证，灭火效能往往处于日常消防管理的盲区。消防技术监督需要抓重点、督弱点、查盲点，结合调相机实际情况，把可能导致火灾事故的重点不安全因素、正常运行条件下难以实施检测的弱点项目、日常消防监督管理中容易被忽视的问题纳入技术监督范围，并通过制定合理的技术监督计划，将技术监督内容融入到生产业务当中，建立专业化技术监督机制，促进与消防管理的良好互动，积极探索和创新技术监督工作新途径，主动作为提升技术监督实效。

本章主要介绍消防技术监督实践经验以及相关技术要点，涉及调相机规划可研、工程设计、采购制造、运输安装、调试验收、运维检修、退役报废全过程，为技术监督人员加强生产区域内消防系统、消防器材、防火设施以及消防安全重点部位管理提供参考。

五、消防技术监督的依据

新型电力系统给电网带了深刻改变，调相机作为重要配套工程正加快建设，目前尚没有专门的调相机消防标准，被广泛应用的 GB 50229《火力发电厂与变电站设计防火标准》并未对调相机设计防火做出明确规定，常用的 DL 5027《电力设备典型消防规程》也仅有一条与调相机相关的条文。因此，调相机站消防技术监督主要依据通用消防技术标准，同时参考设备特征相近似的电力消防规定开展工作。针对性标准的缺位将给消防技术监督带来一定的困难和挑战，这就要求消防技术监督应根据国家电网有限公司相应标准、规定及反事故措施等要求，在准确把握相关标准条文内涵的基础上，充分考虑引用标准对调相机的适用性，以安全和质量为中心，以有效的测试和管理为手段，结合新技术、新设备、新工艺应用情况，深入开展技术监督工作。

消防技术监督必备的法律法规、标准和规章制度见表 11-1，对消防设计的技术监督宜根据调相机的消防设计审查时间使用相应的版本，对消防设施设备的运行维护保养等其他工作的技术监督应查询、使用最新的版本。

表 11-1　　　　　　　　　　　　　　消防技术监督必备标准

序号	标准号	标准名称
1	主席令第八十一号	中华人民共和国消防法（2021 年修订）
2	厅字〔2019〕34 号	中共中央办公厅国务院办公厅印发《关于深化消防执法改革的意见》的通知
3	中华人民共和国公安部令第 61 号	机关、团体、企业、事业单位消防安全管理规定
4	中华人民共和国公安部令第 107 号	消防监督检查规定
5	国能发安全〔2023〕22 号	国家能源局关于印发《防止电力生产事故的二十五项重点要求（2023 版）》的通知
6	GB/T 2406.2	塑料　用氧指数法测定燃烧行为　第 2 部分：室温试验
7	GB/T 2408	塑料　燃烧性能的测定　水平法和垂直法
8	GB/T 3216	回转动力泵　水力性能验收试验 1 级、2 级和 3 级
9	GB 4452	室外消火栓
10	GB 4715	点型感烟火灾探测器
11	GB 4716	点型感温火灾探测器
12	GB 4717	火灾报警控制器
13	GB/T 5464	建筑材料不燃性试验方法
14	GB 6245	消防泵
15	GB 8624	建筑材料及制品燃烧性能分级
16	GB/T 8626	建筑材料可燃性试验方法
17	GB/T 11785	铺地材料的燃烧性能测定 辐射热源法
18	GB 12791	点型紫外火焰探测器
19	GB 14003	线型光束感烟火灾探测器
20	GB/T 14402	建筑材料及制品的燃烧性能 燃烧热值的测定
21	GB 15631	特种火灾探测器
22	GB 16806	消防联动控制系统
23	GB 17429	火灾显示盘
24	GB 17945	消防应急照明和疏散指示系统
25	GB 19880	手动火灾报警按钮
26	GB/T 20284	建筑材料或制品的单体燃烧试验
27	GB 20517	独立式感烟火灾探测报警器
28	GB 23864	防火封堵材料
29	GB 25201	建筑消防设施的维护管理
30	GB 25506	消防控制室通用技术要求
31	GB 26851	火灾声和/或光警报器
32	GB 29837	火灾探测报警产品的维修保养与报废
33	GB 35181	重大火灾隐患判定方法

序号	标准号	标准名称
34	GB 50016	建筑设计防火规范
35	GB 50058	爆炸危险环境电力装置设计规范
36	GB 50084	自动喷水灭火系统设计规范
37	GB 50116	火灾自动报警系统设计规范
38	GB 50140	建筑灭火器配置设计规范
39	GB 50166	火灾自动报警系统施工及验收标准
40	GB 50219	水喷雾灭火系统技术规范
41	GB 50229	火力发电厂与变电站设计防火标准
42	GB 50370	气体灭火系统设计规范
43	GB 50444	建筑灭火器配置验收及检查规范
44	GB 50974	消防给水及消火栓系统技术规范
45	GB 51251	建筑防烟排烟系统技术标准
46	DL 5027	电力设备典型消防规程
47	DL/T 5707	电力工程电缆防火封堵施工工艺导则
48	DLGJ 154	电缆防火措施设计和施工验收标准
49	XF 124	正压式消防空气呼吸器
50	XF 503	建筑消防设施检测技术规程
51	XF 1035	消防产品工厂检查通用要求
52	CECS 187	油浸变压器排油注氮装置技术规程
53	TSG 23	气瓶安全技术规程
54	Q/GDW 10799.7	国家电网有限公司电力安全工作规程 第7部分:调相机部分
55	Q/GDW 11886	国家电网有限公司消防安全监督检查工作规范
56	Q/GDW 13001	高海拔外绝缘配置技术规范
57	国家电网设备〔2021〕416号	国家电网有限公司防止调相机事故措施及释义
58	国家电网设备〔2021〕443号	国家电网有限公司关于进一步加强重要变电站(换流站)消防设备管理的通知
59	国网(安监/3)1018—2020	国家电网有限公司消防安全监督管理办法
60	国网(运检/2)295—2014	国家电网有限公司电网设备消防管理规定
61	—	国家电网有限公司全过程技术监督精益化管理实施细则(修订版)
62	设备变电〔2018〕15号	变电站(换流站)消防设备设施完善化改造原则(试行)
63	设备直流〔2020〕50号	换流站消防系统运行规程(试行)

六、消防技术监督的档案检查

消防技术监督的档案检查见表11-2。

表 11-2 消防技术监督的档案检查

编号	名称	说明
1	1）消防设计审查意见书。 2）消防验收意见书	建筑消防合法性档案
2	1）建筑平面图。 2）消防系统竣工图。 3）消防系统设计图	消防设计文件
3	1）防火巡查、防火检查制度。 2）消防控制室值班制度。 3）消防安全培训教育制度。 4）火灾隐患整改制度。 5）消防安全重点部位管理制度。 6）消防应急预案	换流站消防安全管理制度
4	1）消防泵、喷淋泵操作规程。 2）雨淋阀操作规程。 3）气体灭火系统操作规程。 4）火灾报警主机操作规程	消防设施操作规程，应将简明操作流程张贴上墙
5	1）防火巡查、检查记录。 2）消防控制室值班记录。 3）动火作业管理记录。 4）消防设施检测报告。 5）消防设施维保记录。 6）消防安全教育培训记录。 7）消防应急演练记录	消防管理台账记录，应有签字和内容记录

第二节 消防技术监督重点内容

调相机消防技术监督应涵盖规划可研、工程设计、采购制造、运输安装、调试验收、运维检修、退役报废等全过程，现对调相机消防全过程技术监督中应重点关注的内容进行详细介绍。

一、防止火灾自动报警系统误报、漏报和缓报

（一）正确设计探测报警和联动逻辑

火灾探测报警的可靠性包括及时响应和抑制误报能力。通常需要火灾自动报警系统联动控制的消防设备，其联动触发信号采用的是两个独立的报警触发装置报警信号的"与"逻辑组合，通过设置两种类型的探测器进行复合探测，尽可能减少甚至避免探测器误报引起系统的误动作。调相机主厂房内直流 UPS 间、配电间、电子间、工程师站设置气体灭火系统，并设有烟感探测器、温感探测器组合。调相机润滑油系统配置水喷雾灭火系统，当润滑油系统火灾探测器两点动作时，自动启动相应润滑油系统水喷雾灭火系

统。调相机升压变压器水喷雾系统还与变压器保护系统联动，当变压器火灾探测器两点动作和变压器跳闸同时发生时，才自动启动相应变压器水喷雾灭火系统。调相机不同的场所安装的火灾探测器主要包括点型感温火灾探测器（简称温感）、点型感烟火灾探测器（简称烟感）、缆式线型感温火灾探测器（简称感温电缆）、线型光纤感温火灾探测器（简称感温光纤）、可燃气体探测器等，个别探测器可能受产品质量、使用环境及人为损坏等原因而产生误动作，向运维人员和消防系统传递假火警信息。虽然火灾探测器误报是较常见的消防故障，但有时小故障却可能导致严重后果，可能触发自动灭火系统启动喷放灭火剂，造成电力设备跳闸、信息数据丢失、人身伤害等事件或事故。正确设计探测报警和联动逻辑至关重要，消防技术监督应通过模拟动作试验，对联动启动灭火系统的探测器逻辑组合进行验证，或通过检查消防检测报告确认灭火系统自动启动功能正常。

（二）抓好消防产品合法性和一致性检查

从近年来火灾自动报警系统的使用情况来看，个别企业存在送检产品与实际工程应用产品质量不一致或更改已通过检验的产品等现象，造成产品质量存在先天缺陷，使火灾自动报警系统容易产生响应不及时、误报率高、误动作等问题，严重影响系统的稳定性和可靠性。火灾自动报警系统设备产品进入施工现场应具有清单、使用说明书、质量合格证明文件、国家法定质检机构的检验报告等文件，若属于强制认证产品还应有认证证书和认证标识。

表 11-3　　　　　　　强制性产品认证目录中火灾报警产品清单

序号	产品类别		认证依据
1	点型感烟火灾探测器		GB 4715
2	点型感温火灾探测器		GB 4716
3	独立式感烟火灾探测报警器		GB 20517
4	手动火灾报警按钮		GB 19880
5	点型紫外火焰探测器		GB 12791
6	特种火灾探测器	点型红外火焰探测器	GB 15631
		吸气式感烟火灾探测器	
		图像型火灾探测器	
		点型一氧化碳火灾探测器	
7	线型光束感烟火灾探测器		GB 14003
8	火灾显示盘		GB 17429
9	火灾声和/或光警报器	火灾声光（声/光）警报器	GB 26851
10	火灾报警控制器		GB 4717

火灾自动报警系统中强制性认证产品类别和认证依据详见表 11-3，系统中强制性认证产品进场前必须具备与产品对应的检验报告和认证证书，且产品的名称、型号、规格应与认证证书和检验报告一致。检验报告、认证证书和认证标识是证明产品满足国家相关标准和法规要求的法定证据，认证标识如图 11-1 所示，其中 CCCF 的强制性认证标志是 3C 认证标志，红色消防产品身份信息标识（A 签）贴于产品本体，黄色消防产品身份信息标识（B 签）贴于检验报告内。消防产品身份信息标识具有唯一的 14 位明码和二维码，可以通过扫描二维码、登录中国消防产品信息网或应急管理部消防产品合格评定中心网站查询产品的身份信息及销售流向，图 11-2 是强制认证产品消防信息查询结果示例以及从查询结果页面上可供查看的认证证书和检验报告，图 11-3 是某场所安装的无强制认证标志的火灾探测器。

3C认证标志

消防产品身份信息标识
A签

消防产品身份信息标识
B签

图 11-1　强制性认证产品的认证标识

图 11-2　强制性认证产品消防信息查询结果示例（一）

No.:Dz201614244

CMA CAL ilac-MRA CNAS
TESTING
CNAS L0259

国家消防电子产品质量监督检验中心
检验报告

No：Dz201614244   共 11 页 第 1 页

产品名称	火灾报警控制器	型　号	GS-KD-QKP1
认证委托人	海湾安全技术有限公司	检验类别	型式试验
生 产 者	海湾安全技术有限公司	生产日期	2016 年 7 月
生产企业	海湾安全技术有限公司	抽 样 者	/
抽样基数	/	抽样地点	/
样品数量	2 台	抽样日期	/
样品状态	完好	受理日期	2016 年 12 月 19 日
检验依据	GB 4717-2005《火灾报警控制器》 CNCA-C18-01：2014《强制性产品认证实施规则 火灾报警产品》 CCCF-HZBJ-01《强制性产品认证实施细则 火灾报警产品 火灾探测报警产品》		
检验项目	全项		
检验结论	经检验，所检验项目符合 GB 4717-2005《火灾报警控制器》要求，按照上述检验依据综合判定为合格。 以下空白。 签发日期：2017 年 3 月16 日		
备注	报告中符号"/"表示无内容，"—"表示不适用于该产品。		

批准：   审核：   编制：

检 验 报 告

认证委托人：海湾安全技术有限公司
产品型号名称：GS-KD-QKP1 型火灾报警控制器
检 验 类 别：型式试验

国家消防电子产品质量监督检验中心

图 11-2　强制性认证产品消防信息查询结果示例（二）

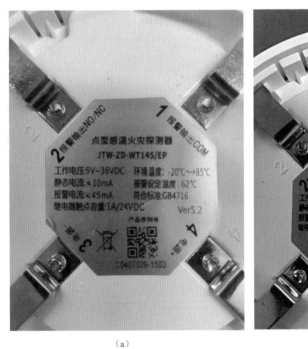

（a）

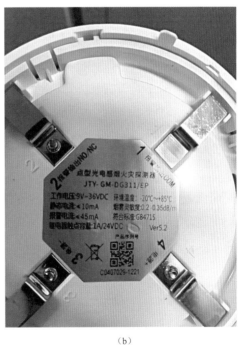

（b）

图 11-3　某场所安装的无 3C 强制认证标志的火灾探测器

（a）点型感温火灾探测器；（b）点型感烟火灾探测器

系统中非国家强制认证的产品名称、型号、规格应与检验报告一致，检验报告中未包括的配接产品接入系统时，应提供系统组件兼容性检验报告。对于非国家强制认证的产品，应通过核对检验报告来确保该产品是通过国家相关检验机构检验的产品。

（三）改进优化探测器布置方式

感温电缆在变压器上布置时，应采用接触式敷设方式，以"S"形布置在变压器外表面，感温电缆的敏感部件应采用连续无接头方式安装，如确需中间接线，应采用专用接线盒连接，敏感部件安装敷设时应按不大于 2m 的间距进行固定，应避免重力挤压冲击，不应硬性折弯、扭转，探测器的弯曲半径宜大于 0.2m。图 11-4 为感温电缆在变压器上布置的示例图，感温电缆呈"S"形布置敷设于变压器本体外表面，采用螺旋缠绕方式布置于油枕外表面。

图 11-4　变压器感温电缆敷设方法示意图

采用感温电缆对电缆桥架或支架进行探测保护时，感温电缆应采用接触式布置，如图 11-5 所示，感温电缆敷设于被保护电缆（表层电缆）外护套上面，固定卡具宜选用阻燃塑料卡具，固定卡具的间距不宜大于 2m。

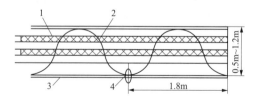

图 11-5　感温电缆在电缆桥架或支架上接触式布置示意图

1—动力电缆；2—探测器热敏电缆；3—电缆桥架；4—固定卡具

感温光纤具有高可靠性、高安全性、抗电磁干扰能力强、绝缘性能高等优点，可以工作在高压、大电流、潮湿及爆炸环境中，一根光纤可探测数千米范围，但其最小报警长度比缆式线型感温火灾探测器长得多，只能适用于比较长的区域同时发热或起火初期燃烧面比较大的场所。调相机可采用感温光纤对动力电缆进行保护，应采用一根感温光缆保护一根动力电缆的方式，并应沿动力电缆敷设，如图 11-6 所示。感温光纤的敏感部件应采用产品配套的固定装置固定，固定装置的间距不宜大于 2m。每个光通道配接的感温光纤的始端及末端应各设置不小于 8m 的余量段，感温光纤穿越相邻的报警区域时，两侧应分别设置不小 8m 的余量段。

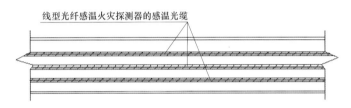

图 11-6 感温光纤沿电缆通长布置示意图

电缆接头是电缆最容易发热的部位，调相机电缆接头可采用感温电缆、感温光纤、光栅光纤进行探测保护。采用感温电缆时，应保证感温电缆在接头部位的设置长度应大于其有效探测长度，如图 11-7 中方案 I。采用感温光纤时，其感温光缆的延展长度不应少于探测单元长度的 1.5 倍，光纤弯曲时弯曲半径应大于 50mm，如图 11-7 中方案 II。采用光栅光纤时，应在电缆接头部位设置感温光栅，如图 11-7 中方案III。

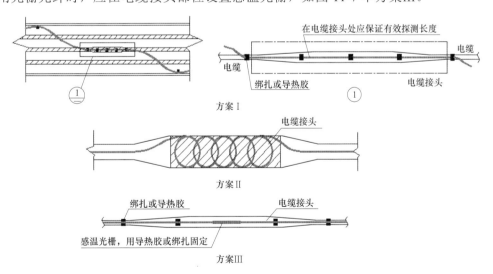

图 11-7 线型感温火灾探测器在电缆接头处敷设示意图

（四）严格规范弱电模块安装

针对弱电模块或模块箱安装质量，采用现场查看和测量方式，对安装位置、安装方式、防护措施和标识等进行监督检查。火灾自动报警系统的弱电模块不应安装在配电柜或控制柜内，如图 11-8 所示，防止强电对弱电模块产生干扰。同一报警区域内的模块宜集中安装在金属箱内，如图 11-9 所示，并应采取防潮、防腐蚀等措施。与模块匹配的终端电阻等部件应靠近连接部件安装，用于检测模块与连接部件连线的短路、断路。模块的连接导线应留有不小于 150mm 的余量，其端部应有明显的永久性标识。隐蔽安装时在安装处附近应设置检修孔和尺寸不小于 100mm×100mm 的永久性标识。

图 11-8　模块不应安装在控制柜内

图 11-9　集中安装的模块箱

（五）做好系统调试验证及运维管理工作

火灾自动报警系统在投产前，需要通过调试对各项功能和性能进行验证。一直以来，该系统调试工作交由厂家负责。站内人员在调试过程中参与不足，在验收时对火灾自动报警系统工作原理、控制方式、功能要求等内容尚未非常熟悉，难以及时发现深层次问题。在投产后，结合调相机站设备的例行巡视和全面巡视，对火灾自动报警系统进行检查，但巡视内容以外观检查为主，检查深度不足，而消防维保周期较长，可能无法对系统功能和性能缺陷进行及时处理。

应重视对火灾自动报警系统的调试验证，首先按照产品对应的现行国家标准对系统部件的主要功能和性能进行检查，并符合国家标准的规定，然后按照设计文件和 GB 50116《火灾自动报警系统设计规范》的规定，对每个报警区域、防护区域或防烟区域设置的消防系统进行分系统的联动控制功能调试，对不符合项应进行整改，整改后进行重新调试。

系统竣工后，建设单位应组织施工、设计、监理等单位进行系统验收，验收不合格不得投入使用。系统检测、验收时，应对施工单位提供的资料进行齐全性和符合性检查。

火灾自动报警系统投运后，应根据 GB 50166《火灾自动报警系统施工及验收标准》及国家电网有限公司调相机运维相关规定做好系统运行维护，靠近走道的雨淋阀应重点保护，宜采取防撞误动的隔离措施，如图 11-10 所示。系统设备的维修、保养及系统产品的寿命应符合 GB 29837《火灾探测报警产品的维修保养与报废》的规定，达到寿命极限的产品应及时更换。

图 11-10　靠近走道的雨淋阀防误撞误动措施示例

二、防止消防水系统冬季冻结和管网欠压

消防水系统多数时间处于准工作状态，相比于动态水流，准工作状态下消防水池内的静止水面和消防管道内的静止水流更加容易结冰。我国有很多工程案例因消防水池、水箱设置在露天场地且没有进行良好保温，导致在冬季寒冷天气下被冻住，火灾发生时无法正常供水；一些工程案例采取放水排干的错误防冻措施，导致火灾发生时消防管网无水而灭火失败；许多地方因阀门井保温性能差且消防给水管道与冰冻线的净距不足，在冬季时消防管道结冰爆管。我国南北温差较大，在东北、华北和西北等严寒和寒冷地区，调相机消防水系统在安装、试验、日常运维管理中应采取正确的防冻措施。在迎峰度冬过程中，应加强消防水系统防冻技术监督，对消防水源、给水管网、消防水系统设备等各方面进行全面排查，防止消防水结冰导致雨淋阀误开启、管道接头脱开或爆管等事故引起灭火系统误动事故，防止发生火灾时灭火系统拒动导致灭火失败。

（一）认真抓好消防水源防冻工作

严寒和寒冷地区的调相机消防水池和高位消防水箱应采取防冻措施。通常根据消防水池水箱的具体情况，采取保温、采暖或深埋在冰冻线以下等措施。消防水池的顶板埋置于冰冻线以下。消防水箱设置在环境温度不低于 5℃消防水箱间内，或采取电气伴热、加热器保温等防冻措施，保证消防水温度不应低于 5℃，如图 11-11 所示。

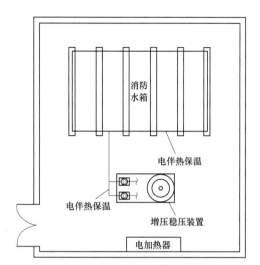

注：水箱和管道采用电伴热保温，电伴热带外保温层厚50mm；
设置电加热器，保证水箱间环境温度5℃以上。

图 11-11　消防水箱防冻措施示意图

（二）采取有效消防管网防冻措施

严寒和寒冷地区的调相机消防给水管道、阀门井及水压试验应采取防冻措施。架空充水管道应设置在环境温度不低于 5℃ 的区域，当环境温度低于 5℃ 时，应采取防冻措施；室外架空管道当温差变化较大时应校核管道系统的膨胀和收缩，并应采取相应的技术措施。埋地管道应考虑冰冻线的位置，最小管顶覆土应至少在冰冻线以下 0.30m，以保证管道防冻。室外阀门井应采取防冻措施，在结冰地区的阀门井应采用防冻阀门井。水压试验时环境温度不宜低于 5℃，当低于 5℃ 时，水压试验应采取防冻措施，防止在试压过程中发生冰冻而造成雨淋阀误开启、管道接头脱开或爆管事故。

（三）切实加强消防设备防冻能力

严寒和寒冷地区的调相机室外消火栓、消防软管卷盘、水喷雾、水泵接合器等消防水系统设备应根据当地的条件采取防冻措施。消防水系统供水设施安装时，环境温度不应低于 5℃；当环境温度低于 5℃ 时，应适当采取保温、伴热、采暖和泄水等预防措施。地下消防水泵接合器的接口在井下的位置应符合设计要求和技术标准规定，接口太低不利于消防员快速对接，接口太高不利于冬季防冻，应使水泵接合器的接口与井盖底面的距离不大于 0.4m 且不应小于井盖的半径，冰冻线低于 0.4m 的地区可选用双层防冻室外阀门井井盖。寒冷地区泵房及雨淋阀室应配置保温设备和环境监测系统，低温告警信号应上传至监控后台，保证最低工作环境温度，防止系统误动。

（四）检查确认灭火器温度范围

严寒和寒冷地区调相机设置的灭火器应适用于低温使用环境，不同灭火器的使用温度范围见表 11-4，若设置水基型灭火器和机械泡沫灭火器应添加防冻剂，或选用干粉灭火器、洁净气体灭火器和二氧化碳灭火器。

表 11-4　　　　　　　　　　　　灭火器的使用温度范围

灭火器类型		使用温度（℃）
水型灭火器	不加防冻剂	+5～+55
	添加防冻剂	−10～+55

灭火器类型		使用温度（℃）
机械泡沫灭火器	不加防冻剂	+5～+55
	添加防冻剂	−10～+55
干粉灭火器	二氧化碳驱动	−10～+55
	氮气驱动	−20～+55
洁净气体灭火器		−20～+55
二氧化碳灭火器		−10～+55

（五）检查管网压力和稳压设备运行情况

在火灾初期，消防水泵并非第一时间启动，水灭火设施只能依靠消防给水管网当时压力快速出水。调相机站厂房属于工业建筑，按 GB 50974《消防给水及消火栓系统技术规范》对消防给水管网压力的相关规定，站内最不利点处消火栓的静水压力不应低于0.10MPa；如果厂房建筑体积小于 20000m^3 时，站内最不利点处消火栓的静水压力不宜低于 0.07MPa。

在准工作状态下，维持消防给水管网压力的方法包括设置高位消防水箱和设置稳压装置。当调相机站采用高位消防水箱时，应检查高位消防水箱处于最低有效水位时，应能满足最不利点消火栓的静水压力不低于 0.10 或 0.07MPa。当高位消防水箱不能满足静压要求时，在规划设计阶段应设计稳压泵和气压水罐。

稳压泵一般由消防给水管网上设置的电接点压力表（如图 11-12 所示）或气压水罐上设置的压力开关控制，在管网压力降低至启泵压力时自动启泵，在管网压力升高至停泵压力时自动停泵。气压罐具有储存压力能和调节管网水容积的作用，能够避免稳压泵频繁启停。

图 11-12　稳压泵电接点压力表

在稳压泵和气压水罐配合下，消防给水管网时刻保持不低于 0.10MPa 或 0.07MPa。

当发生火灾时，随着消火栓的投入使用，小流量的稳压泵无法维持系统压力，当管网压力降至消防水泵启泵压力时，稳压泵停止，消防水泵自动启动，接管消防水供应。

在运维检修阶段，应检查稳压泵的运行情况。稳压泵运行异常主要有三种情形：稳压泵不启动、稳压泵在规定时间内不能恢复压力、稳压泵频繁启动。在稳压泵不启动时，应进一步检查是否存在稳压泵启泵压力设定过高、压力开关（电接点压力表）损坏、稳压泵控制线路问题、稳压泵本身故障、消防水泵过早启动等问题。在稳压泵超规定时间仍不能恢复压力时，应进一步检查是否存在消防给水管网有漏水点、稳压泵出口压力低、稳压泵停泵压力设定过低、消防水管道内残存空气、系统修后首次注水、工作时应关闭的阀门关闭不严、稳压泵损坏或老化等问题。在稳压泵频繁启动时，应进一步检查是否存在稳压泵启停压力设定不正确、系统管网渗漏严重致不能正常保压、电接点压力表（压力开关）损坏、控制柜失灵、气压罐容积过小等问题。

三、防止气体灭火系统意外伤害和灭火失效

气体灭火系统是以化学气体、惰性气体或气溶胶为组分的自动化灭火系统，目前调相机配置的气体灭火系统主要是七氟丙烷灭火系统、IG541 混合气体灭火系统和热气溶胶灭火系统，应用于相对密闭的着火空间，在火灾时喷放设计规定用量的灭火剂，建立必要的灭火浓度并保持一定浸渍时间，通过窒息、冷却或化学抑制作用达到阻断燃烧的目的。用一套气体灭火剂储存装置通过管网的选择分配，保护两个或两个以上防护区的灭火系统，称为组合分配系统。调相机低压配电间、35kV 配电间、电子间、工程师室一般设计为采用一套组合分配式的气体灭火系统进行同时保护，设置专门的储瓶间存放灭火剂储瓶和启动气体储瓶，通过管网系统将管道和喷头延伸到各个防护区内部，通过控制阀门开关状态切换通往不同防护区的管路，将灭火剂从储瓶间准确输送到着火的防护区。典型组合分配气体灭火系统的组成如图 11-13 所示，由灭火剂储存装置、启动分配装置、输送释放装置、联动控制装置等组成。当气体灭火控制器接收到两个不同类型火灾探测器的火警信号时，启动联动控制装置（切断非消防电源、停止着火防护区内的风机和空调、关闭防火阀），延时 30s（防护区内人员疏散时间）后，发出电信号打开启动气瓶的瓶头阀，利用高压驱动气体将着火防护区对应的选择阀打开，同时或随后打开灭火剂储存容器上的容器阀，使灭火剂经管道输送到喷头，向着火防护区喷洒灭火。气体灭火系统应定期检查和试验，保持备用状态，一旦发生火灾能自动投入使用，但气体灭火系统自身也是危险源，如果管理不当，可能造成人身伤害和财产损失。消防技术监督应同时关注气体灭火系统的安全性和灭火效能。

（一）切实保障系统自身安全

气体灭火系统的危险性主要体现在储存容器物理爆炸、系统超压爆管和误喷。

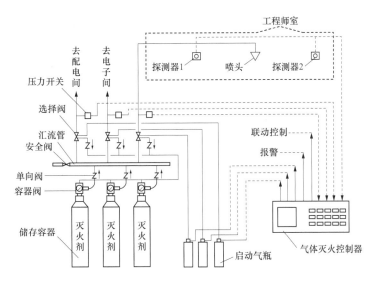

图 11-13　典型组合分配气体灭火系统组成

（1）检查气瓶使用状况，避免物理爆炸。一些气体灭火剂贮存压力非常高，如 IG541 储存容器二级充压达 20MPa，在受到强外力冲击或高温热冲击时，储存容器即有可能发生物理爆炸。应对储存容器、驱动气体储瓶进行检查，通过气瓶制造钢印标识检查实际容积、生产日期、使用年限，通过气瓶定期检验钢印标识检查上次检验日期和下次检验日期，检查气瓶是否超过设计使用年限或 TSG 23《气瓶安全技术规程》规定的报废条件。

（2）检查系统组件质量，避免超压爆管。气体灭火系统启动喷放时，瞬间释放的灭火剂压力对系统管网和组件带来强烈冲击，对组件产品质量、管网安装质量是一次严格考验。为防止灭火时系统管网超压爆管，应对系统组件的市场准入是否合法、泄压阀和安全阀的整定压力是否符合规范要求、系统安装是否与设计文件一致进行检查。例如，对某 IG541 气体灭火系统进行检查时，发现一组灭火剂储气瓶集流管上安全阀已安装，而另一组灭火剂储气瓶集流管上采用螺栓堵塞代替安全阀安装，如图 11-14 所示。

图 11-14　灭火剂储气瓶集流管上安全阀已安装（左图）和未安装（右图）示例

（3）检查防误操作措施，避免误喷。我国气体灭火系统误喷事故时有发生，尤其是全淹没灭火系统误喷事故，对生产设备和人员安全危险性更大。七氟丙烷灭火系统误喷时会分解出 HF 有害气体，IG541 灭火系统误喷时对防护区产生高压冲击波，热气溶胶误喷时产生浓烟和局部高温。为防止误喷事故，应检查系统启动控制的保护措施，手动控制应有防止误操作的警示显示，现场手动启动按钮应有防护罩等措施，驱动气瓶的机械应急操作装置应设安全销并加铅封。

还应注意的是，在系统调试完成后，驱动气瓶的机械应急操作装置应设安全销并加铅封，但瓶头阀保险销应当正确拔除。瓶头阀保险销系指瓶头阀的安全插销，是为防止在钢瓶运输、安装、充装、检修、检查和检验过程中意外释放灭火剂所设置。气瓶安装、充装、检修、检查和检验完毕，需要将固定灭火系统保持在正常待用状态时，应及时拔除瓶头阀保险销。图 11-15 为某场所七氟丙烷驱动气瓶，投运时未拔除瓶头阀保险销，无法满足固定式灭火装置的即刻可用性的要求。

（4）检查气体防护区的设置，避免灭火剂喷放后造成危害。对于调相机站，除了采用热气溶胶预制灭火系统进行保护的电缆沟外，其他采用全淹没灭火系统保护的防护区，如工程师站、电子间、配电间等，应在其出入口处设置手动、自动转换控制装置。当人员进入防护区时，应能将灭火系统转换为手动控制方式；当人员离开时，应能恢复为自动控制方式。防护区应有保证人员在 30s 内疏散完毕的通道和出口、应急照明与疏散指示标志。防护区内应设火灾声报警器，防护区的入口处应设火灾声、光报警器和灭火剂喷放指示灯，以及防护区采用的相应气体灭火系统的永久性标志牌。灭火剂喷放指示灯信号，应保持到防护区通风换气后，以手动方式解除。防护区的

图 11-15　瓶头阀保险销未正确拔除

门应向疏散方向开启，并能自行关闭；用于疏散的门必须能从防护区内打开。通过加强对防护区对气体控制转换装置、声光报警、应急照明、安全疏散设施等方面的检查，尽量降低灭火剂误喷或喷放灭火时可能产生的危害。

【案例 11-1】某公司高压配电间选用 IG541 气体灭火系统进行防护，在没有火情的情况下误动作，灭火剂气体全部释放，所幸没有造成人员伤亡和设备损坏。事故原因为，启动气体电磁瓶头阀的第一张膜片有细微的孔洞，气体慢性泄漏，压力聚集所造成误喷。

（二）巩固强化系统灭火效能

在灭火效能方面，全淹没气体灭火方式是以灭火浓度为条件的。灭火浓度是指在 101kPa

大气压和规定的温度条件下，扑灭某种火灾所需气体灭火剂在空气中的最小体积百分比，灭火设计浓度应比灭火浓度高。七氟丙烷灭火系统的灭火设计浓度不应小于 1.3 倍灭火浓度，典型推荐值为油浸变压器室和带油开关的配电室 9%、通信机房和电子计算机房 8%。IG541 灭火系统、S 型和 K 型热气溶胶灭火系统的灭火浓度和灭火设计浓度可参考 GB 50370《气体灭火系统设计规范》相关规定。

（1）核算实际灭火浓度。对于涉及防护区装修改造、气瓶维保、灭火剂充装、系统管网改造等可能影响实际灭火浓度的情况，应对实际灭火浓度进行核算。为了保证应用时的人身安全和设备安全，实际应用的灭火浓度也不是越高越好，在达到灭火设计浓度基础上，七氟丙烷灭火系统防护区实际应用的浓度不应大于灭火设计浓度的 1.1 倍。有人工作防护区的灭火设计浓度或实际使用浓度，不应大于有毒性反应浓度（LOAEL 浓度），该值见表 11-5。

表 11-5　　　　　　　　七氟丙烷和 IG541 的 NOAEL 浓度和 LOAEL 浓度

项目	七氟丙烷	IG541
NOAEL 浓度	9.0%	43%
LOAEL 浓度	10.5%	52%

（2）检查防护区承压和泄压设计。气体灭火剂喷放后，需要一定的浸渍时间使灭火剂能够对火场温度进行冷却、对氧气浓度进行稀释、对燃烧反应进行化学抑制，这就要求防护区围护结构能承受气体灭火剂喷放后大幅上升的内压，防止灭火剂喷放时围护结构超压受损，并且具有良好的气密性。防护区应设置泄压口，降低气体灭火剂喷放时的峰值压力，起到保护围护结构的作用。对于七氟丙烷灭火系统，由于灭火剂比空气重，泄压口应开在防护区净高的 2/3 以上，减少灭火剂从泄压口的流失量。

（3）测试防护区通风空调联动情况。防护区内通风空调系统应与消防控制系统联动，在消防系统喷放灭火气体前，通风空调设备的防火阀、防火风口、电动风阀及百叶窗等应能自行关闭，防止火灾时通风空调系统仍往里送风助燃，同时防止火焰和烟气通过通风空调管道向外蔓延。

（4）检查灾后排风机运行规程。防护区应设置灭火后机械通风装置，排风口宜设在防护区的下部并应直通室外，通风换气次数应不少于每小时 6 次。应对灾后排风机的运行规程进行检查，防止灾后排风机误用于火灾时排烟，导致灭火剂被抽走无法灭火。

四、防止高海拔地区消防管道绝缘净距不足

我国高海拔地区是指海拔超过 1000m 的地域，主要分布在西藏、青海、陕北等地，气压、湿度、温度等参数随着海拔增大而随之有很大程度变化，总体上气温气压偏低、昼夜温差较大、空气湿度低、雷暴天气较多。在消防方面，根据 GB 50219《水喷雾灭火

系统技术规范》规定，当保护对象为油浸式电力变压器时，变压器绝缘子升高座孔口、储油柜、散热器、集油坑应设水雾喷头保护，因此，调相机升压变四周和上方空间一般布置有消防水管和多个水雾喷头，如图 11-16 所示。由于消防管道及部件的环绕布置，升压变空间电位和电场分布可能发生改变，使消防水管表面产生陡然升高的电场，引发瓷柱对消防水管放电，而高海拔地区所处大气环境的大气压强降低，使放电故障更加容易发生。

图 11-16　升压变水喷雾灭火系统管道喷头布置

空气间隙和绝缘子构成了电气设备的外绝缘，空气间隙的击穿电压及绝缘子的闪络电压与大气条件有关。空气间隙放电电压受空气密度和湿度的影响，空气密度或湿度越低，放电电压越低。随着海拔增加，空气密度下降，外绝缘放电电压随之下降。Q/GDW 13001《高海拔外绝缘配置技术规范》制定了高海拔地区户外变电站一次设备要求的最小电弧距离，提供了一个最小的、无危险的间隙，要求实际空气间隙至少应等于规定的最小电弧距离，如表 11-6 所示。

表 11-6　　　　　　　高海拔地区户外变电站一次设备的最小电弧距离　　　　　（单位：mm）

电压等级	海拔（m）											
	1000		2000		2500		3000		3500		4000	
	相对地	相间	相对地	相间	相对地	相间	相对地	相间	相对地	相间	相对地	相间
220J	1800	2000	2000	2200	2100	2300	2170	2370	2280	2480	2350	2550
330J	2500	2800	2950	3250	3200	3500	3480	3780	3820	4120	—	—
500J	3800	4300	4680	—	5600	—	—	—	—	—	—	—
750J	5500	7200	5950	—	6300	—	6700	—	7400	—	—	—

注　J 表示接地，一表示不需考虑的情况。

高海拔对电气设备性能存在不利影响，调相机设备需根据地形和气候条件进行选型设计和运行维护，适应当地特殊环境要求，保障设备正常稳定运行。在高海拔地区，应加强调相机消防管道安全净距技术监督，防止净距不足引发放电故障。调相机升压变外绝缘试验电压和空气间隙放电电压应采用合适的海拔校正系数进行修正，升压变水喷雾灭火系统管道应以变压器制造厂提供的绝缘净距数据为准进行设计。针对绝缘净距参数，技术监督应在工程设计和设备安装阶段提前介入，重点审查设计净距是否满足海拔修正后绝缘净距要求，在设备安装时通过直接测量进一步核实实际净距是否符合设计要求，防止因绝缘净距不足引起放电故障。

【案例 11-2】2021 年 4 月，某换流站调相机升压变套管闪络导致跳机。事故的根本原因为变压器消防管安装位置较高，如图 11-17 所示，消防管距离 750kV 调相机升压变高压侧 B 相套管较近，外绝缘设计距离不足，导致在强雨水天气下最终形成 750kV 套管高压端沿增爬伞裙外沿至消防管闪络放电通道，放电痕迹如图 11-18、图 11-19 所示，造成变压器本体保护动作，进而引发变压器跳闸。

图 11-17　750kV 套管与消防管之间净距不足示意图

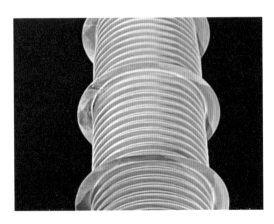

图 11-18　套管伞裙放电痕迹

图 11-19　掉落消防管拐臂处放电痕迹

五、其他应重点关注内容

（一）消防设计应考虑周全

（1）水喷雾灭火系统。根据《国家电网有限公司全过程技术监督精益化管理实施细则（修订版）》中变压器监督要求：水喷雾灭火系统的动作功率应大于 8W。根据《国家电网有限公司防止调相机事故措施及释义》，雨淋阀位置设计应满足发生火灾时具备人员进入现场应急手动操作的条件，雨淋阀应具备远程及就地操作功能，雨淋阀手动开启装置应设置防误动误碰措施。水喷雾灭火系统覆盖范围内的交流油泵电机、电控柜、电动阀门、压力开关、压力变送器等电气元件应具备 IPX5 及以上防水等级要求，进线方式应采取下进线，如不满足要求应采取防水措施，防止试喷试验或设施误动作喷水导致设备损坏，造成机组停机等情况。

【案例 11-3】2021 年 3 月，某调相机站内综合楼消防管道断裂，导致消防管网压力降低，站内消防泵启动引发消防管网压力波动，导致雨淋阀异常动作喷水，致使润滑油系统接线盒进水，引发跳机。

（2）变压器排油注氮保护装置。根据《国家电网有限公司全过程技术监督精益化管理实施细则（修订版）》中变压器监督要求：采用排油注氮保护装置的变压器应采用具有联动功能的双浮球结构的气体继电器。排油注氮灭火系统装置动作逻辑关系应满足本体重瓦斯保护、主变压器断路器跳闸、油箱超压开关（火灾探测器）同时动作才能启动排油充氮保护；排油注氮启动（触发）功率应大于 220V×5A（DC）；排油及注氮阀动作线圈功率应大于 220V×6A（DC）；注氮阀与排油阀间应设有机械联锁阀门。

（3）变压器防火墙。当油量为 2500kg 及以上的屋外油浸变压器之间的防火间距不能满足《国家电网有限公司全过程技术监督精益化管理实施细则（修订版）》中变压器监督要求：应设置防火墙。户外油浸式变压器之间设置防火墙时，防火墙的高度应高于变压器储油柜，防火墙的长度不应小于变压器贮油池两侧各 1m，防火墙与变压器散热器外廓距离不应小于 1m，防火墙应达到一级耐火等级，防火墙耐火极限不低于 3h。

（4）蓄电池室。根据《国家电网有限公司防止调相机事故措施及释义》，容量在 300Ah 及以上的阀控式蓄电池组应安装在各自独立的专用蓄电池室内或在蓄电池组间设置防爆隔火墙。根据 DL 5027《电力设备典型消防规程》，容易产生爆炸性气体的蓄电池室内应安装防爆型探测器。蓄电池室应装有防爆型通风装置，通风道应单独设置，不应通向烟道或厂房内的总通风系统。蓄电池室应使用防爆型照明。调相机站蓄电池室危险区域的分级应根据 GB 50058《爆炸危险环境电力装置设计规范》确定，除非满足规范要求的例外条件，否则蓄电池危险区域应属于 IIC 级分类。图 11-20 为某场所蓄电池室通风装置防爆等级为 IIB，不满足防爆等级 IIC 要求。

图 11-20　蓄电池室通风机防爆等级低于 IIC

（5）基础设施。根据《国家电网有限公司全过程技术监督精益化管理实施细则（修订版）》中变压器监督要求：户内单台总油量为 100kg 以上的电气设备，应设置挡油设施及将事故油排至安全处的设施，挡油设施的容积宜按油量的 20%设计；当不能满足上述要求时，应设置能容纳全部油量的贮油设施。户外单台油量为 1000kg 以上的电气设备，应设置贮油或挡油设施，其容积宜按设备油量的 20%设计，并能将事故油排至总事故贮油池。总事故贮油池的容量应按其接入的油量最大的一台设备确定，并设置油水分离装置。当不能满足上述要求时，应设置能容纳相应电气设备全部油量的贮油设施，并设置油水分离装置。总油量超过 100kg 的屋内油浸变压器应设置单独的变压器室。

（二）消防采购制造应留备品备件

根据 GB 50166《火灾自动报警系统施工及验收标准》，不同类型的探测器、手报、模块等现场部件应有不少于设备总数 1%的备品。根据 GB 50084《自动喷水灭火系统设计规范》，自动喷水灭火系统应有备用洒水喷头，其数量不应少于总数的 1%，且每种型号均不得少于 10 只。

（三）消防安装施工应符合要求

（1）水喷雾灭火系统安装。根据《国家电网有限公司防止调相机事故措施及释义》，水喷雾灭火系统管道安装前应分段进行清洗。施工过程中，应保证管道内部清洁，不得留有焊渣、氧化皮或其他异物。水雾喷头在安装前应进行系统试压、冲洗和吹扫。

（2）电缆沟。根据《国家电网有限公司全过程技术监督精益化管理实施细则（修订版）》中变压器监督要求：靠近变压器的电缆沟，应设有防火延燃措施，盖板应封堵。可采用防止变压器油流入电缆沟内的卡槽式电缆沟盖板或在普通电缆沟盖板上覆盖防火玻璃丝纤维布等措施。

（3）蓄电池室。根据 DL 5027《电力设备典型消防规程》，蓄电池室的开关、熔断器、插座等应装在蓄电池室的外面。蓄电池室的照明线应采用耐酸导线，并用暗线敷设。凡是进出蓄电池室的电缆、电线，在穿墙处应用耐酸瓷管或聚氯乙烯硬管穿线，并在其进出口端用耐酸材料将管口封堵。

（四）消防调试验收应完整严格且达标

（1）系统调试。根据 GB 50166《火灾自动报警系统施工及验收标准》规定，气体灭火系统、水喷雾灭火系统、消火栓系统、防烟与排烟系统、消防应急照明及疏散指示系统、电梯与非消防电源等相关系统的联动控制调试，应在各分系统功能调试合格后进行。系统设备功能调试、系统的联动控制功能调试结束后，应恢复系统设备之间、系统设备和受控设备之间的正常连接，并应使系统设备、受控设备恢复正常工作状态。

（2）系统验收。根据《国家电网有限公司防止调相机事故措施及释义》，系统验收应有完整的工程消防技术档案和施工管理资料，消防系统设计、设备资料、系统及组部件试验报告应齐全。

（五）消防运维检修应安全合规

（1）水喷雾灭火系统。根据《国家电网有限公司防止调相机事故措施及释义》要求，正常工作状态下，应将水喷雾灭火系统设置在自动控制状态，当发生系统故障或需进行检修必须退出自动控制状态时，应经站内消防专职管理人员同意，处理完成后立即恢复自动控制状态。调相机年度检修时，应开展水喷雾灭火系统的试喷试验。消防管网及雨淋阀上的压力表和压力变送器应定期开展校验，并及时更换有故障的压力表和压力变送器。

【案例 11-4】某换流站调相机由于消防主泵压力表故障，当管网压力低于 0.35MPa 时不能及时启动。雨淋阀进水腔和控制腔压力表在雨淋阀复位后，压力表仍显示较大压差。

（2）火灾自动报警系统。根据 GB 50166《火灾自动报警系统施工及验收规范》规定，火灾自动报警系统应保持连续正常运行，不得随意中断。

（3）调相机油系统。根据《国家电网有限公司防止调相机事故措施及释义》，油区的各项施工及检修措施应符合防火、防爆要求，消防措施完善，防火标志鲜明，防火制度健全。严禁火种带进油区，油区内严禁吸烟，油管道法兰、阀门及可能漏油部位附近不准有明火。必须明火作业时要采取有效措施，严格执行动火制度。禁止在油管道上进行焊接工作，在拆下的油管道上进行焊接，必须事先将管子冲洗干净。油管道法兰、阀门及轴承等应保持严密不漏油，如有漏油及时消除。油箱上面禁止明火作业，如工作需要，应封闭油箱上部孔盖，做好油箱防火隔离措施。严禁用拆卸仪表的方法排放管道内的空气。废油应全部收集，严禁随意排放，造成火灾隐患。

第三节　消防技术监督推荐性试验

一、建筑材料燃烧性能检测

建筑材料分为平板状建筑材料、铺地材料、管状绝热材料，不同材料的分级判据不完全相同，这些分级判据包括炉内温升、质量损失率、持续燃烧时间、总热值等多个指标的不同组合。涉及防火要求的项目，应查看项目所配置材料的燃烧性能等级标识，核对燃烧性能是否符合设计要求。根据实际情况需要，可对材料的燃烧性能进行抽样检测，或委托专门机构检测并实施见证监督。对燃烧性能等级委托检测进行见证监督时，应检查分级判据的选用是否正确、非匀质样品各组分是否按规范分别测试、试验安装方法与实际使用场景是否相符合、样品裁切制备对检测结果是否造成影响等关键点，监督检测过程规范执行。

（1）建筑材料的燃烧性能等级。按 GB 8624《建筑材料及制品燃烧性能分级》规定，建筑材料的燃烧性能可分为不燃（A 级）、难燃（B1 级）、可燃（B2 级）和易燃（B3 级）四个等级，与欧盟标准规定的燃烧性能等级的对应关系见表 11-7。

表 11-7　　　　　　　　　　　建筑材料及制品的燃烧性能等级

名称	燃烧性能等级	
	国家标准	欧盟标准
不燃材料（制品）	A	A1、A2
难燃材料（制品）	B1	B、C
可燃材料（制品）	B2	D、E
易燃材料（制品）	B3	F

经检测符合 GB 8624《建筑材料及制品燃烧性能分级》规定的建筑材料，其产品及说明书应冠以产品燃烧性能等级标识及附加信息，如图 11-21 所示，其中附加信息又包括产烟特性（s1、s2、s3）、燃烧滴落物/微粒等级（d0、d1、d2）和烟气毒性等级（t0、t1、t2）。

（2）平板状建筑材料的燃烧性能分级判据。调相机中平板状建筑材料包括防火隔板、防火槽盒、烟风管道和吊顶等，其燃烧性能等级和分级判据见表 11-8。表中满足 A1、A2 级即为 A 级，满足 B 级、C 级即为 B1 级，满足 D 级、E 级即为 B2 级。对墙面保温泡沫塑料，除符合表 11-8 规定外应同时满足以下要求：B1 级氧指数值 OI≥30%；B2 级氧指数值 OI≥26%；试验标准为 GB/T 2406.2《塑料 用氧指数法测定燃烧行为 第 2 部分：室温试验》。

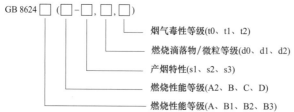

示例：产品燃烧性能等级标识为 GB 8624 B1(B-s1,d0,t1)，表示该产品属于难燃 B1 级，
燃烧性能按欧盟标准细分为 B 级，产烟特性等级为 s1 级，燃烧滴落物为 d0 级，烟气毒
性等级为 t1 级。

图 11-21　燃烧性能等级标识及附加信息

表 11-8 平板状建筑材料燃烧性能检测方法

燃烧性能等级		判断方法	分级判据
A	A1	判据（1）和判据（2）同时成立	（1）GB/T 5464[a] 试验结果符合以下条件： 炉内温升 $\Delta T \leq 30℃$； 质量损失率 $\Delta m \leq 50\%$； 持续燃烧时间 $t_f = 0$
			（2）GB/T 14402 试验结果符合以下条件： 总热值 $PCS \leq 2.0MJ/kg^{a,b,c,e}$； 总热值 $PCS \leq 1.4MJ/m^{2\ d}$
	A2	判据（3）和判据（5）同时成立；或判据（4）和判据（5）同时成立	（3）GB/T 5464[a] 试验结果符合以下条件： 炉内温升 $\Delta T \leq 50℃$； 质量损失率 $\Delta m \leq 50\%$； 持续燃烧时间 $t_f \leq 20S$
			（4）GB/T 14402 试验结果符合以下条件： 总热值 $PCS \leq 3.0MJ/kg^{a,e}$； 总热值 $PCS \leq 4MJ/m^{2\ b,d}$
			（5）GB/T 20284 试验结果符合以下条件： 燃烧增长速率指数 $FIGRA_{0.2MJ} \leq 120W/s$； 火焰横向蔓延未达到试样长翼试样边缘； 600s 的总放热量 $THR_{600s} \leq 7.5MJ$
B1	B	判据（6）和判据（7）同时成立	（6）GB/T 20284 试验结果符合以下条件： 燃烧增长速率指数 $FIGRA_{0.2MJ} \leq 120W/s$； 火焰横向蔓延未达到试样长翼试样边缘； 600s 的总放热量 $THR_{600s} \leq 7.5MJ$
			（7）GB/T 8626 点火时间 30s 试验结果符合以下条件： 60s 内焰尖高度 $F_s \leq 150mm$； 60s 内无燃烧滴落物引燃滤纸现象
	C	判据（8）和判据（9）同时成立	（8）GB/T 20284 试验结果符合以下条件： 燃烧增长速率指数 $FIGRA_{0.2MJ} \leq 250W/s$； 火焰横向蔓延未达到试样长翼试样边缘； 600s 的总放热量 $THR_{600s} \leq 15MJ$

燃烧性能等级		判断方法	分级判据
B1	C	判据（8）和判据（9）同时成立	（9）GB/T 8626 点火时间 30s 试验结果符合以下条件： 60s 内焰尖高度 F_s≤150mm； 60s 内无燃烧滴落物引燃滤纸现象
B2	D	判据（10）和判据（11）同时成立	（10）GB/T 20284 试验结果符合以下条件： 燃烧增长速率指数 $FIGRA_{0.4MJ}$≤750W/s
			（11）GB/T 8626 点火时间 30s 试验结果符合以下条件： 60s 内焰尖高度 F_s≤150mm； 60s 内无燃烧滴落物引燃滤纸现象
	E	判据（12）成立	（12）GB/T 8626 点火时间 15s 试验结果符合以下条件： 20s 内焰尖高度 F_s≤150mm； 20s 内无燃烧滴落物引燃滤纸现象
B3	F	无性能要求	

a　匀质制品或非匀质制品的主要组分。
b　非匀质制品的外部次要组分。
c　当外部次要组分的 PCS≤2.0MJ/m² 时，若整体制品的 $FIGRA_{0.2MJ}$≤20W/s、LFS＜试样边缘、THR_{600s}≤4.0MJ 并达到 s1 和 d0 级，则达到 A1 级。
d　非匀质制品的任一内部次要组分。
e　整体制品

（3）铺地材料的燃烧性能分级判据。铺地材料是指可铺设在地面上的材料或制品，调相机铺地材料主要是覆盖在电缆沟盖板上的玻璃纤维布。《变电站（换流站）消防设备设施完善化改造原则（试行）》要求：靠近充油设备的电缆沟，应设有防火延燃措施，盖板应封堵，可采用在普通电缆沟盖板上覆盖防火玻璃丝纤维布等措施。铺地材料燃烧性能等级和分级判据见表 11-9。表中满足 A1、A2 级即为 A 级，满足 B 级、C 级即为 B1 级，满足 D 级、E 级即为 B2 级。

表 11-9　　　　　　　　　　铺地材料燃烧性能检测方法

燃烧性能等级		判断方法	分级判据
A	A1	判据（1）和判据（2）同时成立	（1）GB/T 5464[a] 试验结果符合以下条件： 炉内温升 ΔT≤30℃； 质量损失率 Δm≤50%； 持续燃烧时间 t_f＝0
			（2）GB/T 14402 试验结果符合以下条件： 总热值 PCS≤2.0MJ/kg[a,b,d]； 总热值 PCS≤1.4MJ/m²[d]
	A2	判据（3）和判据（5）同时成立；或判据（4）和判据（5）同时成立	（3）GB/T 5464[a] 试验结果符合以下条件： 炉内温升 ΔT≤50℃； 质量损失率 Δm≤50%； 持续燃烧时间 t_f≤20S
			（4）GB/T 14402 试验结果符合以下条件： 总热值 PCS≤3.0MJ/kg[a,e]； 总热值 PCS≤4MJ/m²[d,d]
			（5）GB/T 11785[e] 试验结果符合以下条件： 临界热辐射通量 CHF≥8.0kW/m²

燃烧性能等级		判断方法	分级判据
B1	B	判据（6）和判据（7）同时成立	（6）GB/T 11785^e 试验结果符合以下条件： 临界热辐射通量 CHF≥8.0kW/m^2
			（7）GB/T 8626 试验结果符合以下条件： 20s 内焰尖高度 F_s≤150mm
	C	判据（8）和判据（9）同时成立	（8）GB/T 11785^e 试验结果符合以下条件： 临界热辐射通量 CHF≥4.5kW/m^2
			（9）GB/T 8626 点火时间 15s 试验结果符合以下条件： 20s 内焰尖高度 F_s≤150mm
B2	D	判据（10）和判据（11）同时成立	（10）GB/T 11785^e 试验结果符合以下条件： 临界热辐射通量 CHF≥3kW/m^2
			（11）GB/T 8626 点火时间 15s 试验结果符合以下条件： 20s 内焰尖高度 F_s≤150mm
	E	判据（12）和判据（13）同时成立	（12）GB/T 11785^e 试验结果符合以下条件： 临界热辐射通量 CHF≥2.2kW/m^2
			（13）GB/T 8626 点火时间 15s 试验结果符合以下条件： 20s 内焰尖高度 F_s≤150mm
B3	F	无性能要求	

a 匀质制品或非匀质制品的主要组分。
b 非匀质制品的外部次要组分。
c 非匀质制品的任一内部次要组分。
d 整体制品。
e 试验最长时间 30min

（4）管状绝热材料的燃烧性能分级判据。管状绝热材料是指具有绝热性能的圆形管道状材料，调相机中管状绝热材料包括橡塑保温管、玻璃纤维保温管等，其燃烧性能等级和分级判据见表 11-10。表中满足 A1、A2 级即为 A 级，满足 B 级、C 级即为 B1 级，满足 D 级、E 级即为 B2 级。当管状绝热材料的外径大于 300mm 时，其燃烧性能等级和分级判据见表 11-10。

表 11-10　　　　　　　　管状绝热材料燃烧性能检测方法

燃烧性能等级		试验方法	分级判据
A	A1	判据（1）和判据（2）同时成立	（1）GB/T 5464^a 试验结果符合以下条件： 炉内温升 ΔT≤30℃； 质量损失率 Δm≤50%； 持续燃烧时间 t_f=0
			（2）GB/T 14402 试验结果符合以下条件： 总热值 PCS≤2.0MJ/kg^{a,b,d}； 总热值 PCS≤1.4MJ/m$^{2\ d}$

燃烧性能等级		试验方法	分级判据
A	A2	判据（3）和判据（5）同时成立；或判据（4）和判据（5）同时成立	（3）GB/T 5464ᵃ 试验结果符合以下条件： 炉内温升 $\Delta T \leqslant 50℃$； 质量损失率 $\Delta m \leqslant 50\%$； 持续燃烧时间 $t_f \leqslant 20S$
			（4）GB/T 14402 试验结果符合以下条件： 总热值 $PCS \leqslant 3.0MJ/kg^{a,e}$； 总热值 $PCS \leqslant 4MJ/m^{2\ d,d}$
			（5）GB/T 20284 试验结果符合以下条件： 燃烧增长速率指数 $FIGRA_{0.2MJ} \leqslant 270W/s$； 火焰横向蔓延未达到试样长翼试样边缘； 600s 的总放热量 $THR_{600s} \leqslant 7.5MJ$
B1	B	判据（6）和判据（7）同时成立	（6）GB/T 20284 试验结果符合以下条件： 燃烧增长速率指数 $FIGRA_{0.2MJ} \leqslant 270W/s$； 火焰横向蔓延未达到试样长翼试样边缘； 600s 的总放热量 $THR_{600s} \leqslant 7.5MJ$
			（7）GB/T 8626 点火时间 30s 试验结果符合以下条件： 60s 内焰尖高度 $F_s \leqslant 150mm$； 60s 内无燃烧滴落物引燃滤纸现象
	C	判据（8）和判据（9）同时成立	（8）GB/T 20284 试验结果符合以下条件： 燃烧增长速率指数 $FIGRA_{0.4MJ} \leqslant 460W/s$； 火焰横向蔓延未达到试样长翼试样边缘； 600s 的总放热量 $THR_{600s} \leqslant 15MJ$
			（9）GB/T 8626 点火时间 30s 试验结果符合以下条件： 20s 内焰尖高度 $F_s \leqslant 150mm$； 60s 内无燃烧滴落物引燃滤纸现象
B2	D	判据（10）和判据（11）同时成立	（10）GB/T 20284 试验结果符合以下条件： 燃烧增长速率指数 $FIGRA_{0.4MJ} \leqslant 210W/s$； 600s 的总放热量 $THR_{600s} < 100MJ$
			（11）GB/T 8626 点火时间 30s 试验结果符合以下条件： 20s 内焰尖高度 $F_s \leqslant 150mm$； 60s 内无燃烧滴落物引燃滤纸现象
	E	判据（12）和判据（13）同时成立	（12）GB/T 11785ᵉ 试验结果符合以下条件： 临界热辐射通量 $CHF \geqslant 2.2kW/m^2$
			（13）GB/T 8626 点火时间 15s 试验结果符合以下条件： 20s 内焰尖高度 $F_s \leqslant 150mm$； 20s 内无燃烧滴落物引燃滤纸现象
B3	F	无性能要求	

a 匀质制品或非匀质制品的主要组分。
b 非匀质制品的外部次要组分。
c 非匀质制品的任一内部次要组分。
d 整体制品

二、防火封堵材料燃烧及耐火性能检测

设备安装和系统管线施工过程中留下的孔洞、缝隙等部位，降低了原有防火分隔墙

体或结构件的耐火性能，在火灾情况下易引起火势蔓延。为了保持防火分隔的完整性和有效性，需对防火分隔构件或结构上的贯穿孔口和缝隙采取相应的防火封堵措施。

防火封堵材料是指具有防火、防烟功能，用于密封或填塞建筑物、构筑物以及各类设施中的贯穿孔洞、环形缝隙及建筑缝隙，便于更换且符合有关性能要求的材料。防火封堵组件是由多种防火封堵材料以及耐火隔热材料共同构成的用以维持结构耐火性能，且便于更换的组合系统。一直以来，对调相机的防火封堵材料及组件的技术监督，侧重于施工工艺质量检查，但对燃烧性能和耐火性能的检查重视不足。防火封堵材料或组件作为结构整体的一部分，也应达到该结构整体相应的耐火要求，具有与封堵部位构件或结构相适应的耐受火焰、高温烟气和其他热作用的性能。在采购制造阶段，可参考 XF 1035《消防产品工厂检查通用要求》对潜在供应商进行工厂检查，了解比较工厂质量保证能力，还可对潜在供应商的产品性能进行实测比选。在运输安装阶段，应对产品一致性进行检查，并对进场材料进行抽检。

（一）防火封堵材料的燃烧性能要求

通过燃烧性能等级测定试验评价得到防火封堵材料的燃烧性能等级，试验方法分为水平燃烧法和垂直燃烧法。将长方形条状试样的一端固定在垂直夹具上，另一端暴露于规定的试验火焰中，通过测量线性燃烧速率，评价试样的水平燃烧行为，HB 级是水平燃烧法评价中最严格等级；将长方形条状试样的一端固定在垂直夹具上，另一端暴露于规定的试验火焰中，通过测量余焰和余辉时间、燃烧的范围和燃烧颗粒滴落情况，评价试样的垂直燃烧行为，V-0 级是垂直燃烧法评价中最严格等级。

国家标准 GB 23864《防火封堵材料》对防火封堵材料的燃烧性能进行了具体规定。阻火包用织物应满足损毁长度不大于 150mm，续燃时间不大于 5s，阴燃时间不大于 5s，且燃烧滴落物未引起脱脂棉燃烧或阴燃。柔性有机堵料和防火密封胶的燃烧性能不低于 GB/T 2408《塑料 燃烧性能的测定 水平法和垂直法》规定的 HB 级。泡沫封堵材料的燃烧性能应满足平均燃烧时间不大于 30s，平均燃烧高度不大于 250mm。除无机堵料外，其他封堵材料的燃烧性能不低于 GB/T 2408《塑料 燃烧性能的测定 水平法和垂直法》规定的 V-0 级。

（二）防火封堵材料的耐火性能要求

耐火极限需通过耐火试验检测得到，受火条件和升温条件与防火封堵组件应用场景的火灾类型有关。通过设置符合国家标准要求的试验条件，测试从受到火的作用时起，至失去承载能力、完整性或隔热性时止所用时间，耐火极限的试验结果用小时表示。

GB 50229《火力发电厂与变电站设计防火标准》对防火封堵组件的耐火性能也进行了具体规定。电缆从室外进入室内的入口处、电缆竖井的出入口处，建（构）筑物中电缆引至电气柜、盘或控制屏、台的开孔部位，电缆贯穿隔墙、楼板的空洞应采用电缆防火封堵材料进行封堵，其防火封堵组件的耐火极限不应低于被贯穿物的耐火极限，且不低于 1.00h。在电缆竖井中，宜每间隔不大于 7m 采用耐火极限不低于 3.00h 的不燃烧体或防火封堵材料封堵。防火墙上的电缆孔洞应采用电缆防火封堵材料或防火封堵组件进行封堵，并应采取防止火焰延燃的措施，其防火封堵组件的耐火极限应为 3.00h。

三、消防水泵运行性能检测

水作为火灾扑救过程中的主要灭火剂，其供应量的多少直接影响着灭火的成效。根据统计，成功扑救火灾的案例中，有 93% 的火场消防给水条件较好；而扑救火灾不利的案例中，有 81.5% 的火场缺乏消防用水。火灾控制和扑救所需的消防用水主要由消防给水系统供应，因此消防给水的供水能力和安全可靠性决定了灭火的成效。

当换流站主体工程已有的消防给水系统能够满足调相机消防供水要求时，调相机可利用换流站主体工程所配置的消防给水系统，不需另外新建消防给水系统。如浙江金华调相机消防给水系统，自换流站站区消防水管网中引接 2 根消防供水干管，沿调相机主厂房周围道路环状布置室外消防管网，从室外消防管网引接 2 根进户管至室内消防管网。室外消防管网按规范布置室外消火栓，室内消防管网向主厂房室内消火栓和水喷雾灭火系统供水。调相机平时消防管网压力通过换流站站区消防泵房内稳压泵或高位消防水箱维持，火灾时通过换流站站区消防泵房内消防水泵提供消防水量和压力。

灭火过程中，火场形势瞬息万变，水枪、喷头、阀门等设备的快开、快关动作对消防水系统带来阶跃性冲击，引起消防水泵运行工况波动较大。消防水泵的运行工况点可能位于在水泵性能曲线的任何一点，这就要求消防水泵在静态工况和动态工况下都应具有良好的运行性能，其流量扬程性能曲线应为无驼峰、无拐点的光滑曲线，如图 11-22 所示的流量-扬程（Q-H）曲线，避免水泵喘振运行，消防水泵所配驱动器的功率应满足所选水泵流量扬程性能曲线上任何一点运行所需功率的要求，如图 11-22 所示的流量-功率（Q-N）曲线，保障消防水系统在紧急情况下所需的流量和压力。

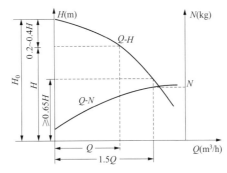

图 11-22　消防水泵特性曲线要求

Q—设计流量；H—设计流量时水泵扬程；H_0—零流量时水泵扬程；N—功率

消防水泵性能曲线上有三个比较特殊的流量点，对消防水泵的运行特性存在重要的影响。①在零流量点处，消防水泵零流量时的水泵扬程 H_0 不应超过设计消防流量 Q 时的水泵扬程 H 的 140%，防止系统在小流量运行时压力过高，造成系统管网投资过大，或者系统超压过大；同时，H_0 不宜小于 $1.2H$，为消防水泵的性能曲线预留一定的坡度，有利于消防水泵实际运行中压力和水力控制。②设计流量点处，消防水泵应满足 Q 和 H 的要求且工作压力不应超过 $1.05H$。③在 1.5 倍设计流量点处，在出流量为 $1.5Q$ 时，扬程不应低于 $0.65H$。

在设计选型阶段，消防水泵性能一般能满足规范要求。而对于服役年限较长、系统部分改造或设备检修更换的消防水系统，可能存在管网水力特性改变、电机功率不匹配、新设备选型不合理、机械设备性能退化等问题，从而影响消防水泵对系统水量水压的供应能力。在技术监督中，有条件情况下可以对消防水泵运行性能进行测试，更加深入地评价消防水系统整体灭火效能。

消防水泵运行性能检测监督是通过试验确定泵的转速、扬程、流量之间的关系，分析消防泵在检修前后、或在不同季节气温下、或在投运时间不断延长情况下运行性能的变化情况，评价消防水泵维护保养情况，及时发现消防泵性能缺陷。当多台消防水泵并联时，并联泵组的 Q-H 曲线不具有线性相加性，消防技术监督还应校核流量叠加对消防水泵出口压力的影响。图 11-23 显示了多台水泵并联后对压力的影响：当消防水系统中只有一台消防泵运行时，运行泵的工况点在 S 点处；当消防水系统中有两台消防泵并联运行时，为使系统达到水力稳定，消防泵的工况点从 S 点移到了 Ms 点，此时对应每台泵的流量降低了 ΔQ，而对应每台泵的扬程增大了 ΔH。

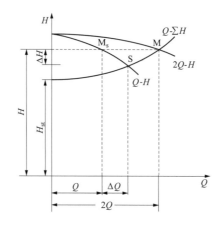

图 11-23　多台水泵并联后对压力影响图示

Q—单台设计流量；H—设计扬程；$\sum H$—管网水头损失总和；H_{st}—供水几何高度；

M—泵组设计工况点；Ms—单泵实际工况点

当水泵流量小或压力不高时可采用消防水泵试验管试验或临时设施试验，但当水泵流量和压力大时不便采用试验管或临时设施测试时，宜采用固定仪表测试，如图 11-24 所示，流量测量装置安装在试水排水管的试水阀门后，压力表安装在止回阀前。每一次测量应持续足够的运行时间，同时对转速、压力、流量进行测量。各个测试点的最佳拟合曲线为消防泵在试验条件下的运行性能曲线，应尽量保证不同时期检测监督所采用的测量方法、测点位置、测量仪器相同，保证不同时期检测监督的试验条件相同或修正后相同，使不同时期检测监督获得的性能曲线具有可比性。

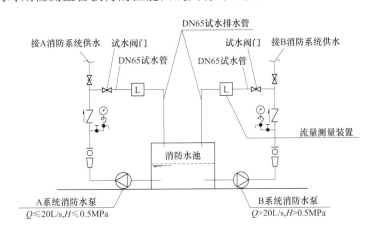

图 11-24　消防水泵流量和压力测试装置示意图

消防泵转速是指消防泵功率输入轴转速，可用直接显示的转速表、光学或磁性计数器、或频闪观测仪进行测量。在交流电动机驱动泵的情况下，转速也可以通过供电频率和电动机转差率数据评价得出。消防泵压力包括泵进口压力和泵出口压力，用于计算消防泵扬程。当消防泵吸深定为 1m 时，可认为扬程近似等于出口压力，试验中只需测量泵出口压力。压力测量项目要求按图 11-24 安装压力表，通过直接测量方式保证预期测量精度，确有困难时，可先测量消防水管网中其他测量点的压力值，再采用相应的液面高度差修正得到消防泵出口压力。消防泵流量应优先通过固定安装的流量计进行测量，在未安装流量计或未预留流量测量接口时，推荐采用超声波法进行测量，具有较好的可操作性和便捷性。

四、消防雾化性能检测

水雾喷头所喷洒出的雾滴直径用符号 Dv 表示，是采用喷雾液滴体积来表示雾滴粒径大小和分布情况的技术参数，例如，Dv0.99 表示喷雾液体总体积中，1%是由直径大于该数值的雾滴，99%是由直径小于或等于该数值的雾滴组成。根据国家固定灭火系统和耐火构件质量监督检验中心针对水喷雾喷头的大量雾滴直径测试数据，其 Dv0.5 多为 $200 \sim 400\mu m$，Dv0.99 一般小于 $800\mu m$。由此，我国结合实验数据并参考美国消防协会 NPFA 相关定义方法，在 GB 50219《水喷雾灭火系统技术规范》中对水雾喷头的定义为：

在一定压力作用下，在设定区域内能将水流分解为直径 1mm 以下的水滴，并按设计的洒水形状喷出的喷头。

按启动方式，水喷雾可分为电动启动水喷雾灭火系统和传动管启动水喷雾灭火系统。调相机升压变一般选用响应更快速的电动启动方式，典型电动启动水喷雾灭火系统是由水源、供水设备、稳压装置、管道、雨淋报警阀组、过滤器和水雾喷头等组成，如图 11-25 所示。

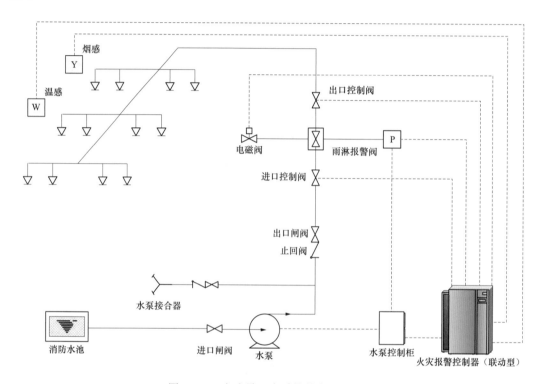

图 11-25　水喷雾灭火系统基本组成示例

水喷雾灭火系统通过水泵升压、喷洒撞击、喷头内离心等方法将消防水流分解为不连续的细小水雾喷洒出来，形成雾状射流对升压变进行灭火防护。灭火机理包括表面冷却、窒息、稀释和冲击乳化。雾滴通过吸收火焰和起火设备表面的热量，降低燃烧热释放速率，雾滴直径越小，雾滴汽化效率越高，对火场冷却降温能力越强。水雾滴在火场遇热汽化，形成体积增大 1700 倍的水蒸气，雾滴直径越小，其蒸发速度越快，水蒸气弥漫包围起火设备并隔绝氧气，起到窒息灭火作用。水喷雾和细水雾灭火系统应用于电气设备的火灾防护时，既要确保灭火有效，也要考虑设备的电气安全。1982 年，公安部天津消防研究所委托天津电力试验所对该所研制的水雾喷头进行了电绝缘性能试验，试验结果表明：水雾喷头工作压力越高，水雾滴直径越小，泄漏电流也越小。1991 年，公安部天津消防研究所会同有关单位开展了水喷雾带电喷淋时的绝缘程度试验，两只喷头同时同向朝 240kV（相电压）高压电极直接喷水，喷头距电极 2.3m，喷头处水压为 0.4MPa，雾滴直径约 0.2mm，供给强度为 25L/（min·m²），带电喷淋 1min，试验结果表明：水喷雾具有良好的电绝缘性，直接喷向带电的高压电极时，漏电电流十分微小，且不会产生闪络现象。在消防技术监督中，有条件情况下可采用激光粒度仪对实喷雾化性能进行测试，评价水喷雾系统对升压变的防护灭火能力和水雾的电绝缘性能；在条件不足情况下，应对水喷雾灭火系统的喷头工作压力进行检查，当水雾喷头工作压力不低于 0.35MPa 时，可认为雾化性能满足要求。

七言排律·调相机

千里银线万里塔，神器护航特高压。

吞吐无功数百日，昼夜旋转当铠甲。

英贤谋略雄心下，士气高涨敢为先。

戮力同心除病患，朝霜暮雪晓星眠。

转子似柱铸铁魂，定子如磐佑平安。

疑难杂症何足惧，斗志昂扬白云间。

群才汇聚勇担当，乾坤斗转排万难。

精兵强将守阵地，胜利号角响震天。

功绩赫赫不问名，雄风阵阵援四邻。

旌旗招展心所向，高山大海步难停。

宏伟蓝图已绘就，共铸辉煌臻化境。

浩浩夜空电流涌，千家万户灯长明。

编 者

（2024 年 1 月）